Go 语言区块链

应用开发 从入门到精通

高野◎编著

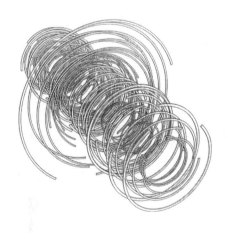

北京大学出版社

PEKING UNIVERSITY PRESS

内 容 提 要

本书全面系统地介绍了Go语言区块链应用工程师所需要的基础知识和各种技术。全书分为基础篇、进阶篇和实战篇3部分，共7章，其中1~2章为基础篇，介绍Go语言环境安装、基础语法、函数编程、容器编程、面向对象编程、并发编程以及网络编程；3~5章为进阶篇，第3章介绍区块链基本原理、发展历程、开发技术选型、行业应用案例，第4章主要介绍智能合约，包括Solidity基础语法，多个经典案例，以及Go语言如何调用智能合约，第5章主要介绍区块链原理的程序化实践，包括Go语言实现Base58编码、P2P网络、PoW共识、区块链组块，以及UTXO账户模型实现；6~7章为实战篇，介绍2个实战项目，第6章介绍如何实现Go语言版的区块链钱包项目，内容包括助记词生成、私钥存储、Coin交易及Token交易等内容，第7章介绍如何实现一个版权交易系统，内容包括如何设计区块链应用系统、后端功能如何与区块链相结合等，它既是一个区块链系统应用项目，也是一个Go语言Web服务器项目。

图书在版编目(CIP)数据

Go语言区块链应用开发从入门到精通 / 高野编著. — 北京：北京大学出版社，2021.5
ISBN 978-7-301-32134-8

Ⅰ. ①G… Ⅱ. ①高… Ⅲ. ①程序语言 – 程序设计 Ⅳ. ①TP312

中国版本图书馆CIP数据核字(2021)第068261号

书　　　　名	Go语言区块链应用开发从入门到精通	
	Go YUYAN QUKUAI LIAN YINGYONG KAIFA CONG RUMEN DAO JINGTONG	
著作责任者	高　野　编著	
责任编辑	王继伟　吴秀川	
标准书号	ISBN 978-7-301-32134-8	
出版发行	北京大学出版社	
地　　　址	北京市海淀区成府路205 号　　100871	
网　　　址	http://www.pup.cn　　　新浪微博：@北京大学出版社	
电子信箱	pup7@pup.cn	
电　　　话	邮购部 010-62752015　发行部 010-62750672　编辑部 010-62570390	
印刷者	北京鑫海金澳胶印有限公司	
经销者	新华书店	
	787毫米×1092毫米　16开本　20.25印张　501千字	
	2021年5月第1版　2021年5月第1次印刷	
印　　　数	1–4000册	
定　　　价	89.00元	

序言

　　区块链的发展从一开始就与数字资产紧密结合，这既是区块链的大幸，又是区块链的大不幸。尤其是在中国，在当前这样一个务求速成的浮躁时代，一百个进入区块链领域的人，九十九个都希望快速成功，因此常出现囫囵吞枣、大干快上、自吹自擂、乱打一气的现象。这不但与国家对区块链"核心技术自主创新重要突破口"的定位相左，也不符合任何一项技术和产业的客观发展规律。

　　三年来，我一直致力于区块链的传播、布道和通证经济的研究。按照我的理解和实践，以区块链为基础构造的新模式，由于其底层技术所赋予的透明性、可信性及制度刚性，对于改造经济和社会治理方面确实有很大的潜力。但要把这一潜力发挥出来，还是需要认真想一想的。就通证经济来说，它首先要求用通证作为经济活动的数字化媒介和数据采集工具，然后根据数据所体现出来的经济活动的模式，使用算法激励对经济活动予以干预和调整，以达成外生的经济目标。这个过程并不是轻易能够做到的，尤其是在当前的法规环境下，在五花八门的应用场景里，要把逻辑走通，还是要花一些工夫的。

　　举个例子，就区块链与通证在某个新行业中的应用来说，我的团队与合作方进行了上百个小时的交流和探讨，才梳理出一个貌似技术和商业模式皆可行，但还有待完善和验证的逻辑。我认为就算专业水平和资源支持均大大提升，只要当事人秉持认真态度，在一个新的领域做类似的探索，总要花上数月乃至一年以上的时间。毕竟这属于在未知领域的探索和创新，与过往几十年里我们习惯的复制、改进、上规模是截然不同的事情。如果某个区块链团队刚刚进入一个新领域，短时间内就宣布取得重大进展，甚至推出解决方案，豪言壮语、雄心万丈、鲜衣怒马、高朋满座，但是对于基本商业逻辑却语焉不详，以其昏昏，使人昭昭，则极大概率其逻辑是不通的，其实践也将以一地鸡毛收场。

　　商业模式的设计如此，技术亦复如此。区块链在技术上还是有很多独特、细微之处，不下经年累月的工夫，难以绝知。今天大多数区块链应用，是基于若干流行开源项目发展的，因此对于技术人员的要求，不必也不应该一味求高求深，反而需要其在最短的时间里掌握技术大概，从而可以立刻着手实干。目前市面上多数讲授区块链技术的图书，也是为此目标服务的，因此也主要停留在区块链应用技术层面，对于原理也是以文字阐述为主。这是合理的，也反映了行业实际。著名区块链技术专家 Andreas M. Antonopoulos 的 *Mastering Bitcoin* 和 *Mastering Ethereum* 便是此类著作的代表。

　　但是既然我们要把区块链作为"核心技术自主创新突破口"，就不能全是速成班学员，总还是要涌现出一部分技术专家，他们能够对区块链底层的各种关键技术透彻理解，应对各种变化的需求，甚至做出技术层面的创新。这就需要研究者进入代码层面，将区块链的主要技术细节彻底搞通。能够为此目标服务的作品，目前还不多，本书就是其中一本。

2015 年以来，Go 语言逐渐成为最主要的区块链构建语言之一，这得益于其在性能、抽象度、简单性和现代性之中的巧妙平衡。以太坊最流行的 go-ethereum 版本和超级账本 Fabric 都是用 Go 语言实现的。因此，Go 语言也成为开发区块链技术的优选语言。本书基于 Go 语言，将区块链当中最重要的技术点完整讲述了一遍，代码翔实，解释清晰，语言朴实而不乏活泼，不仅是精进区块链技术的佳作，也是提升 Go 语言编程技术的难得的参考用书。

作者高野曾与我共事，他不但是优秀的技术专家和讲师，更是一位性格笃实的研究者。自决定进入区块链领域以来，他数年如一日地钻研以太坊等技术体系，上至应用，下至系统，逢山开路，遇水架桥，从不自我设限。作为经验丰富的技术培训讲师，他相比于一般应用开发者，有更高的自我要求，就是不但能够把程序写出来、跑起来，而且能讲清楚，这本书就是他钻研区块链技术数年的集成之作。读者随意展卷品读，会立刻感受到其特色，那就是踏踏实实凭代码说话，没有半分虚华与炫耀。我想这样一本书是配得上"高端"二字的，也是区块链领域有抱负、有进取心的技术人员的手边良册。

我们每个人在进入一个新领域的时候，都不免有速成的愿望，但稍有阅历之后便会明白，在任何一个领域要得真知，没有相当长时间的积累与实干都是不可能的，即便是天才，也只能缩短而无法越过这个过程。这本书是作者数年积累与实干的记录，足以助力有心人向上攀爬，故我乐于推荐。

数字资产研究院副院长、通证思维实验室联合发起人　　孟　岩

前言

为什么写这本书？

自比特币诞生以来，区块链技术发展已经超过10年。10年间，世人对区块链技术褒贬不一。2019年10月24日，中共中央政治局就区块链技术发展现状和趋势进行了第十八次集体学习，中共中央总书记习近平在主持学习时强调，区块链技术的集成应用在新的技术革新和产业变革中起着重要作用。自此，大力发展区块链技术已经成为国家战略的重要方向。

Go语言是一门兼顾高运行效率和高效开发的新型语言。由于Go语言对密码学算法支持完备，像以太坊及Hyperledger Fabric这样名声大噪的区块链项目都使用Go语言作为开发语言，由此可见Go语言在区块链行业的地位。无论是区块链底层开发，还是基于区块链系统的应用开发，Go语言都可以发挥巨大的作用。

笔者曾经阅读过很多区块链书籍，感受是讲概念、讲思路的居多，实例与实现细节不足。笔者认为，对于程序员来说，光讲概念是远远不够的，只有理论与实践相结合才能让人对区块链理解得更透彻。另外，笔者在多年前尝试使用Go语言后就彻底爱上了这门语言，也坚信它拥有无限美好的未来。基于以上这些原因，希望能够将自己对于区块链技术的理解，对Go语言的热爱，分享给广大读者，吸引和帮助更多的人加入区块链行业中来。

本书的特点是什么？

本书的特点可以用四个字形容——"码农气质"。笔者认为只有用代码实践过，才算是对区块链真正理解了。因此，本书的最大特点就是代码实践，让读者对区块链原理的理解达到代码级。全书共7章，先从Go语言基础讲起，再到区块链原理和智能合约开发，最后为两个典型的区块链应用实战案例。本书实际有两条线，一条明线是区块链从入门到应用实战，另一条是Go语言从入门到项目实战，因为版权交易系统本身也是一个Go语言Web项目，读者不光学习了区块链的开发，也掌握了Go语言后端开发能力。本书整体特点归纳如下。

（1）理论与实践相结合，每个理论都有对应的实践代码讲解，读者参考源码，完成实例，就可以看到实践效果。

（2）每章都配备实训与问答。读者阅读后，能尽快巩固知识点，可以做到举一反三、学以致用。

（3）内容知识体系系统、完备，可以快速帮助读者搭建区块链应用开发知识体系。

（4）易学易懂，零基础读者只要能够理解一些编程上的关键术语就可以阅读本书。Go语言和Solidity是两门独立的开发语言，在本书中都进行了较为细致的讲解，便于读者由浅入深地学习。

在这本书里写了些什么？

本书内容安排与知识架构如下。

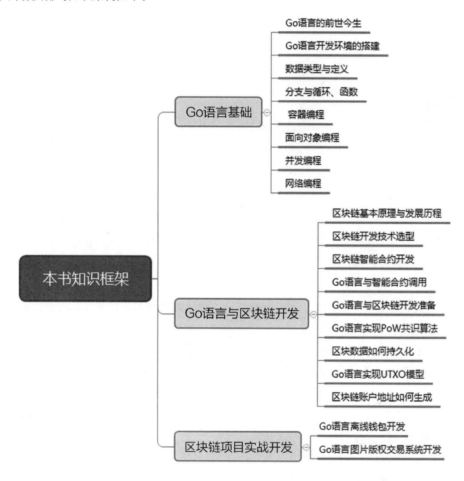

写给读者的学习建议

阅读本书时，如果是零基础，建议读者从第1篇Go语言基础开始学起；如果读者已经具备Go语言基础，可以跳过第1篇，直接从第2篇Go语言与区块链开发开始学习。因为区块链的很多原理都需要通过Go语言加以实践，如果不懂Go语言语法，学习起来就会困难重重，很多时候还要去关注语法本身，这样就达不到事半功倍的效果。

区块链应用开发的难度并不高，读者只要掌握了区块链原理、智能合约开发、一定的区块链系统设计思想，就可以做出自己想要的区块链应用。但是，内容看懂了与实验做出来不是一回事儿，只有实实在在地操作时，才能了解所有的细节，并深刻体会区块链的原理并发现被忽略的一些细节问题。因此，强烈建议读者在阅读的同时，一定要动手实践相关实验，这样才能把知识掌握牢固，打下良好的基础。

除了书，您还能得到什么？

（1）赠送：案例源码。提供书中完整的案例源代码，方便读者学习参考、分析使用。

（2）赠送：总计380分钟与书内容同步的实训视频教程，方便读者学习，更好地掌握、理解书中的重点难点内容。

（3）赠送：职场高效人士学习资源大礼包，包括《微信高手技巧随身查》《QQ 高手技巧随身查》《手机办公10招就够》三本电子书，以及《5 分钟学会番茄工作法》《10 招精通超级时间整理术》两部视频教程，让您轻松应对职场那些事。

温馨提示：以上资源，请用微信扫一扫下方二维码关注公众号，输入代码GY200608，获取下载地址及密码。

资源下载

官方微信公众号

本书由凤凰高新教育策划，高野老师执笔编写。在本书的编写过程中，作者竭尽所能为您呈现最好、最全的实用内容，但仍难免有疏漏和不妥之处，敬请广大读者不吝指正。

目录
Contents

第 2 篇　进阶篇

第 3 章　区块链原理、发展与应用 ·· 88

第 3 篇　实战篇

第 **1** 篇

基础篇

现在，越来越多的人意识到了区块链这项技术的重要性。而比区块链诞生早一点的Go语言也获得了区块链行业第一编程语言的称号。为了后续的案例讲解更流畅，读者需要先掌握Go语言的开发基础。通过对本篇的学习，读者可以掌握Go语言的基本开发技能，能够编写出稳定、健壮的Go语言后端服务器代码。

第1章
初识Go语言

本章导读

　　Go语言出身名门（无论是创作团队还是在背后推动的谷歌公司都足够强大），自诞生以来就拥有大量拥趸。本章主要解决两个疑问，其一是为什么要学习Go语言，了解Go语言的发展史及Go语言可以做什么；其二是Go语言开发环境如何搭建，包括编译环境及IDE选择等问题。

知识要点

通过对本章内容的学习，您将掌握以下知识：

- Go语言相关历史
- Go语言的一些优秀项目
- Go语言环境安装与配置方法
- Go语言开发常用的相关IDE工具

1.1 为什么要学习Go语言

做任何一件事情前，人们都会习惯性地先问为什么，在学习上更是如此。为什么要学习 Go 语言呢？想要回答这个问题，就要了解 Go 语言的特性，本节就先来了解 Go 语言的前世今生，它有哪些特点，以及可以用来做什么。

1.1.1 Go语言的前世今生

开发语言的发展不能忽视硬件发展在背后的推动作用，在 CPU 和内存都比较紧张的时代，C 语言一定会比 Java 更受欢迎，而一旦硬件不是问题时，C 语言的开发效率问题就成为它最大的弊端。一般来说，离底层越近的语言运行效率越高，但是开发效率也随之降低；离底层越远的语言运行效率越低，相应的开发效率会显著提高。随着硬件的发展，运行效率可以通过堆积服务器来成倍提高，相比硬件成本而言，目前企业显然更关注开发效率。Go 语言的诞生打破了人们对开发语言的认知，它有着媲美 C/C++ 的运行效率，同时又有着超高的开发效率。

Go 语言，它的全称是 "The Go Programming Language"，缩写为 GoLang，习惯上叫它 Go 语言。接下来简单介绍一下 Go 语言的产生过程。在 2007 年，当 C++ 委员们又一次宣布增加若干个特性之后，Google 的几位大牛再也坐不住了。他们决定做点什么，于是经过多次讨论，最终决定再发明一门新的语言。有感于 C++ 那烦琐得让人崩溃的设计，他们对这门新发明的语言最初的期望就是简洁，并且把它命名为 "Go"。Google 公司给每个员工留有 20% 的自由时间，也就是说每个员工每天都有 20% 的时间来决定自己做点什么。于是前面提到的几位大牛就利用这个 20% 时间来实现 Go 语言，经过无数次讨论，他们决定以 C 语言为原型，同时借鉴其他语言的优秀特性进行研发。2009 年，Go 语言诞生了，并且直接开源。

读者可能会关心前面提到的几位 Google 大牛都是谁？ Go 语言创作团队核心成员很多，在这里主要介绍三位大咖和当前的团队老大。

1. 肯·汤普逊

肯·汤普逊（Ken Thompson）是 Go 语言首席作者，对于 IT 人士来说，他的大名如雷贯耳，毕竟这位老爷子可是 IT 界的历史性人物，对整个 IT 行业影响深远。1969 年，他与"小伙伴"丹尼斯·里奇共同发明了 UNIX 操作系统，在此之前他还发明了 B 语言，在 UNIX 系统诞生后，他又协助丹尼斯·里奇发明了 C 语言（因为他们要用一种新语言重构 UNIX）。光是 UNIX 系统和 C 语言这两项就可以看出肯·汤普逊和丹尼斯·里奇给我们留下的宝贵财富了，两人也共同获得了 1983 年的图灵奖。肯·汤普逊早年在贝尔实验室做研究工作，UNIX 系统就是在实验室发明的，他在 60 多岁的时候被 Google 尊养起来，也就是说他参与设计 Go 语言的时候已经 60 多岁了，这在我们国内似乎是不可想象的。此外，肯·汤普逊也是 "Plan 9" 操作系统及 "UTF-8" 编码的作者。

2. 罗布·派克

罗布·派克是肯·汤普逊的长期搭档，两人不只在贝尔实验室一起工作，后来也共同在 Google

工作。两人曾共同开发了"UTF-8"编码，同时罗布·派克是 Go 团队的第一任老大，Go 语言的吉祥物 gopher（囊地鼠）也是他夫人（Renee French）绘制的。

3. 罗伯特·格瑞史莫

罗伯特·格瑞史莫相比于肯·汤普逊和罗布·派克就年轻多了，曾参与 V8 JavaScript 引擎和 Java HotSpot 虚拟机的研发，目前主要维护 Go 白皮书和代码解析器等。

4. 罗斯·考克斯

罗斯·考克斯于 2008 年从麻省理工学院博士毕业后就加入了 Go 核心设计、开发团队，他的代码提交量排在团队第一位。团队很多拿不定的主意都是由他来拍板的。考克斯是 Go 团队的现任老大。

通过前面的团队背景介绍，相信读者可以感受到 Go 语言是含着金汤匙诞生的，它与 C 语言有着千丝万缕的联系，同时又很好地借鉴了其他语言的优点，高效运行与高效开发两不误，这样的语言想不火都难！

1.1.2 Go语言能做什么

通过前面的介绍，我们可以得出结论，Go 语言是有"背景"的，也许读者更加关注 Go 语言到底能做什么。不过，在此之前，我还是要先给大家介绍 Go 语言到底是一门什么样的语言，它有哪些特点。

Go 语言是一门静态强类型、编译型、并发型，并具有垃圾回收功能的编程语言。所谓强类型是指 Go 语言在编译时，所有类型都要确定。Go 语言语法接近 C 语言，但更加追求大道至简，这与 C++ 走了完全不同的道路。Go 语言有以下一些优点。

- 天然高并发。
- 运行效率高。
- 内存回收（Garbage Collection，简称 GC）。
- 开发效率高。
- 代码风格统一（喜欢阅读源码的码农双手点赞）。
- 编译快速。
- 部署简单。

> **温馨提示**
> Go 语言的优点在使用过程中才会体会得更深哦！

通过上面的介绍，我们不难发现，Go 语言能做的事情很多，目前 Go 语言应用最为广泛的是后端服务开发部分。Go 语言号称是网络时代的 C 语言，它在 Web 开发上确实有优势，相应地根据 Go 语言编写的 Web 开发框架也非常多，其中就有在国内非常受欢迎的 beego。著名的 B 站和今日头条都是使用 Go 语言对原系统进行了重构。

除了在后端服务方面，Go 语言在云计算方面的应用也非常广泛，目前很多主流云计算的公司都在使用 Go 语言，如腾讯、阿里巴巴、百度、华为、七牛等。

利用 Go 语言实现的著名产品也非常多，如大名鼎鼎的 Docker，业界最火爆的服务编排管理系统 Kubernetes，etcd、consul、flannel 等著名项目也都是用 Go 语言来实现的。当然，我们也不能漏掉区块链，毕竟 Go 语言有着区块链第一编程语言之称。Go 语言之所以获得这样的美誉，主要是因为它对加密算法的支持，以太坊最为流行的 go-ethereum 版本、超级账本（Hyperledge Fabric）都是使用 Go 语言开发完成的。

介绍到这里，相信读者应该明白为什么要学习 Go 语言了。对于这样一个有背景、有场景、迎合大众的开发语言，想不火都难！作为一个从业 10 年以上的程序员，可以负责任地对大家说，用 Go 语言写程序是会上瘾的！

1.2　Go语言开发环境搭建

在明确了为什么要学习 Go 语言之后，接下来就该考虑怎样学习的事情。学习的基本思路一般都是这样的：安装开发环境，学基础语法，再做一两个项目。本节主要介绍 Go 语言开发的准备工作，包括如何搭建编译、运行环境，如何安装相关工具等。

1.2.1　多平台开发环境搭建

由于目前主流使用的操作系统是 Windows、Linux 及 macOS，因此接下来主要介绍这三个操作系统下 Go 语言开发环境的安装。

1. 在Windows系统下安装

可以在 https://studygolang.com/dl 下载 Go 语言的安装包，不同版本的安装包如图 1-1 所示。

推荐下载

源码
go1.14.3.src.tar.gz (21MB)

Apple macOS
macOS 10.8 or later, Intel 64-bit 处理器
go1.14.3.darwin-amd64.pkg
(120MB)

Linux
Linux 2.6.23 or later, Intel 64-bit 处理器
go1.14.3.linux-amd64.tar.gz
(118MB)

Microsoft Windows
Windows XP SP2 or later, Intel 64-bit 处理器
go1.14.3.windows-amd64.msi
(115MB)

Windows平台安装包

图 1-1　安装包下载

对于 Windows 安装文件来说，只需根据提示不断执行下一步就可以了。

步骤 01：双击运行安装程序，将看到图 1-2 所示的"打开文件 - 安全警告"窗口，单击【运行】按钮。

步骤 02：在显示的窗口单击【Next】按钮，如图 1-3 所示。

图 1-2　单击【运行】按钮

图 1-3　单击【Next】按钮

步骤 03：在弹出的窗口中勾选"I accept the terms in the License Agreement"的复选框，之后单击【Next】按钮，如图 1-4 所示。

步骤 04：选择安装路径，之后单击【Next】按钮，如图 1-5 所示。这里也可以选择默认安装路径。

图 1-4　接受许可协议

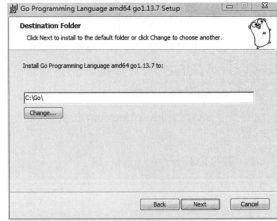

图 1-5　选择安装路径

步骤 05：在弹出的窗口中单击【Install】按钮开始安装，如图 1-6 所示。

步骤 06：系统开始自动安装文件，等待一段时间，将看到安装完成的提示窗口，然后单击【Finish】按钮完成安装，如图 1-7 所示。

安装完成后，使用【Win ⊞ +R】组合键可以打开命令行终端，执行"go env"命令检测 Go 语言是否已经安装成功，如果看到图 1-8 所示的结果，就代表 Go 语言环境已经安装成功了。

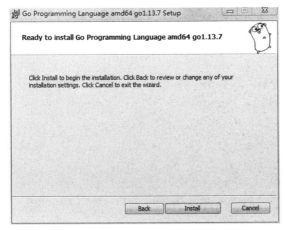
图 1-6　单击【Install】按钮开始安装

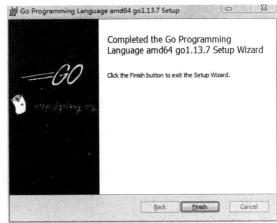
图 1-7　单击【Finish】按钮完成安装

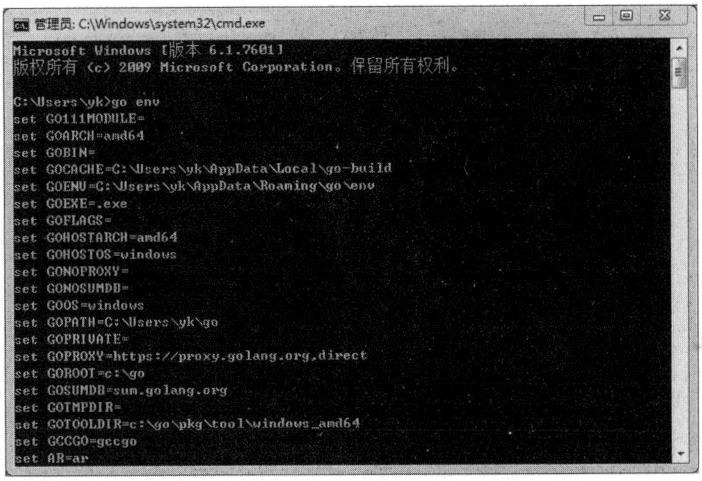

图 1-8　Windows 下 Go 语言环境变量示意图

2. 在Linux系统下安装

在 Linux 平台可以下载安装包安装，也可以使用命令行来操作。以 Ubuntu 系统为例（centOS需要使用 yum 进行安装），运行下面两句指令就可以搞定 Go 语言的安装。

```
sudo apt-get update
sudo apt-get install golang
```

命令行安装的好处是方便，不过默认安装的版本未必是最新的。下面介绍如何下载安装包，并且安装 Go 语言的开发环境。

步骤 01：进入 install 目录，下载安装包。

```
mkdir ~/install
cd ~/install
wget https://studygolang.com/dl/golang/go1.12.7.linux-amd64.tar.gz
```

温馨提示

amd64 代表该版本支持 64 位操作系统，其中 amd 代表的是 CPU 的架构，与之对应的是 X86 架构。

步骤 02：将压缩包解压到家目录下，得到目标二进制文件。

```
tar -zxvf go1.12.7.linux-amd64.tar.gz -C ~/
```

步骤 03：检查 Go 语言工具包是否存在。

```
$ls $HOME/go/bin
go   gofmt godoc
```

需要对工具包内容简单介绍一下，其中 go 就是 Go 语言编译、运行、测试等所用的工具，gofmt 是 Go 语言的特色工具，它会将代码按照统一标准格式化，godoc 是 Go 语言提供的帮助手册（部分安装包解压后可能没有），可以随时查看官方包的使用说明。

步骤 04：设置 GOROOT、GOPATH、GOBIN、PATH 环境变量。

```
echo 'export GOROOT=$HOME/go' >> ~/.bashrc
mkdir ~/gowork
echo 'export GOPATH=$HOME/gowork' >> ~/.bashrc
echo 'export GOBIN=$GOROOT/bin' >> ~/.bashrc
echo 'export PATH=$GOBIN:$GOPATH/bin:$PATH' >> ~/.bashrc
```

步骤 05：执行 go env 命令检查 Go 语言环境是否正常。

```
parallels@parallels-vm:~$ go env
GOARCH="amd64"
GOBIN=""
GOCACHE="/home/ubuntu/.cache/go-build"
GOEXE=""
GOFLAGS=""
GOHOSTARCH="amd64"
GOHOSTOS="linux"
GOOS="linux"
GOPATH="/home/ubuntu/gowork"
GOPROXY=""
GORACE=""
GOROOT="/home/ubuntu/go"
GOTMPDIR=""
GOTOOLDIR="/home/ubuntu/go/pkg/tool/linux_amd64"
GCCGO="gccgo"
CC="gcc"
CXX="g++"
```

```
CGO_ENABLED="1"
GOMOD=""
CGO_CFLAGS="-g -O2"
CGO_CPPFLAGS=""
CGO_CXXFLAGS="-g -O2"
CGO_FFLAGS="-g -O2"
CGO_LDFLAGS="-g -O2"
PKG_CONFIG="pkg-config"
GOGCCFLAGS="-fPIC -m64 -pthread -fmessage-length=0 -fdebug-prefix-
map=/tmp/go-build052037651=/tmp/go-build -gno-record-gcc-switches"
```

如果看到类似上面的输出，代表 Go 语言开发环境配置完成了。

温馨提示

即使是使用命令行的安装方式，GOPATH 的路径最好还是自己来配置。

3. 在macOS系统下安装

因为 macOS 也属于类 UNIX 系统，所以和 Linux 环境的安装方法差不多。我们也可以使用命令行或安装包的方式，如果使用命令行的话，借助 brew 工具就可以了。

```
brew install golang
```

macOS 系统安装与 Linux 平台的安装方式相同，只不过要注意选择 macOS 系统对应的安装包，下面以 1.12.15 版的安装为例进行介绍。

步骤 01：进入 install 目录，下载安装包。

```
mkdir ~/install
cd ~/install
wget https://studygolang.com/dl/golang/go1.12.15.darwin-amd64.tar.gz
```

步骤 02：将安装包解压到家目录下，得到目标二进制文件。

```
tar -zxvf go1.12.7.linux-amd64.tar.gz -C ~/
```

步骤 03：配置对应的环境变量。

```
echo 'export GOROOT=$HOME/go' >> ~/.bash_profile
mkdir ~/gowork
echo 'export GOPATH=$HOME/gowork' >> ~/.bash_profile
echo 'export GOBIN=$GOROOT/bin' >> ~/.bash_profile
echo 'export PATH=$GOBIN:$GOPATH/bin:$PATH' >> ~/.bash_profile
```

温馨提示

macOS 与 Linux 对应的环境变量配置文件略有不同。

安装 Go 语言，初学者可以使用命令行的方式，对 Linux 或 macOS 系统操作比较熟练的读者推荐使用安装包解压缩安装的方式，程序员还是喜欢把一切掌握在自己手里的感觉。

安装好 Go 语言的开发环境后，不要激动，下一步就该跑一跑所谓的 "hello world" 程序了。Go 语言的 "hello world" 就是下面这段代码，为了便于理解，加了一些注释。

```
// 我是注释
/*
    我还是注释
*/
package main // 包名

// 导入包
import (
    "fmt" // 官方提供的包，标准化输出、格式化字符串等功能尽在掌握
)

func main() { // 主函数
    fmt.Println("hello world") // 打印 hello world，并输出换行
}
```

稍微解释一下这段代码，然后再介绍如何执行。Go 语言是一个基于包开发、面向工程的编译型语言。每个代码文件头部都要定义包名，如果是 main 函数入口所在文件，package 也必须是 main。Go 语言的函数调用基本都是围绕包来展开，方式是 "包名.函数名"，如代码中的 fmt.Println。fmt.Println 的作用是打印参数的内容，并且打印一个换行。另外需要特别注意的是 Go 语言语法风格的统一，如 "{" 永远没有机会独立一行存在，这虽然近乎苛刻，但也解决了很多程序员的痛点问题。

> **温馨提示**
> 如果使用 IDE 会感受更深，Go 语言有专门的代码标准化进程，保存后自动将代码对齐。

下面来运行一下代码（以 Mac 环境作为演示环境），首先将代码保存为 01-hello.go 文件，然后打开文件所在目录。

执行 ls 01-hello.go 命令，查看文件是否存在。

```
bogon:book yk$ ls 01-hello.go
01-hello.go
```

文件存在后，可以执行 go build 命令来编译此代码。

```
bogon:book yk$ go build 01-hello.go
```

此时，再执行 ls 01-hello* 命令，可以看到目录下多出一个 01-hello 的文件，这个文件就是编译

后的可执行文件。

```
bogon:book yk$ ls 01-hello*
01-hello    01-hello.go
```

此时，运行这个可执行文件，将得到下面的结果。

```
bogon:book yk$ ./01-hello
hello world
```

除了这种方式，Go 语言工具包中还提供了一种直接编译后运行的命令：go run。此命令会编译 Go 代码，只不过会在临时目录生成一个临时可执行文件，go run 命令最终会把这个可执行文件运行起来，让我们看到执行结果，但本目录下并不会像之前 go build 那样看到一个可执行文件，这样测试代码更便捷一些。使用 rm 01-hello 先删除编译后的文件，然后来执行 go run 01-hello.go。

```
bogon:book yk$ rm 01-hello
01-hello.go
bogon:book yk$ go run 01-hello.go
hello world
```

> **温馨提示**
>
> IDE 环境虽然可以直接运行，不过推荐大家到命令行窗口来运行程序，Go 语言是面向工程的开发语言，在一个目录内只能存在一个 main 函数，在一个目录内如果多个文件都含有 main 函数，IDE 环境在编译时将发生问题。

1.2.2　Go语言IDE开发工具介绍

一个资深的程序员可能对开发环境有着近乎偏执的要求，一定要把计算机调配到最适合自己编写代码的状态，为此可能要花费很长的时间，或许这就是传说中的"磨刀不误砍柴工"。

Go 语言的编译环境安装后，就可以运行 Go 语言的代码了。不过对于开发者来说，光能够运行还远远不够。对于很多 Linux 大神来说，他们喜欢用 Linux 自带的编辑器（Vim 或 Emacs）编辑代码，当然对于开发 Go 语言来说，还需要安装一些插件，毕竟没有代码提示的编辑器太考验程序员的记忆了！例如，选择 Vim 的可以安装"vim-go"插件，安装步骤在这里就不介绍了。

下面介绍几款主流的图形界面化的 IDE 工具，以满足大多数码农的需求。

1. GoLand

GoLand 是一款基于 Java 语言开发的 Go 语言 IDE 工具，如图 1-9 所示。它支持 Windows、Mac 及 Linux 平台，文件大小约 700M，整体使用效果非常棒，不过对计算机性能有一定要求。下载地址：https://www.jetbrains.com/go/download/download-thanks.html?platform=mac。

2. LiteIDE

LiteIDE 是一款基于 C++/QT 开发的 Go 语言 IDE 工具，如图 1-10 所示。它支持 Windows、

Mac 及 Linux 平台，文件大小不到 100M，代码提示功能非常棒，不过调试功能一般，开源、免费。下载地址：https://sourceforge.net/projects/liteide/。

图 1-9　GoLand 下载示意图

图 1-10　LiteIDE 下载示意图

3. VsCode

VsCode 是一款基于 JS/Electron 开发的各类开发语言 IDE 工具，如图 1-11 所示。它支持 Windows、Mac 及 Linux 平台，文件大小为 200M 以上，需要自行安装语言插件，开源、免费。下载地址：https://code.visualstudio.com/。

图 1-11　VsCode 下载示意图

疑难解答

No.1：Go 程序员应该选择哪个 IDE 开发工具？

支持 Go 语言的 IDE 环境很多，到底选择哪一款呢？其实这个问题没有标准答案。对于程序员来说，只有适合不适合，习惯不习惯。如果是 Java 程序员，使用 Eclipse 安装 Go 的编译环境也可以很好地进行 Go 语言开发，大多数 Go 开发者选择的是 GoLand 或 LiteIDE，两者都是跨平台的，GoLand 是专门针对 Go 语言做的一款 IDE，代码提示与调试功能都非常棒，但 GoLand 需要购买 License，并且对计算机性能有一定要求，而 LiteIDE 相对轻量级，除了代码调试不太理想外，其余都非常棒，更核心的是它开源、免费。如果对调试非常看重，可以选择 GoLand，如果无所谓的话，建议选择 LiteIDE。

No.2：Go 程序员应该选择哪个操作系统?

Go 语言虽然是一门跨平台的语言,但是由于 Go 语言与 C 语言有着千丝万缕的联系,以及肯·汤普逊的背景因素,Go 语言开发者仍然应该把类 UNIX 平台作为首选,这个类 UNIX 系统包括 Linux、macOS、FreeBSD 等。由于主流服务器也基本会基于类 UNIX 系统来部署,因此强烈推荐 Go 语言开发者选择一款适合自己的类 UNIX 系统。

实训：查看并使用 Go 语言命令行帮助手册

【实训说明】

Go 语言开发环境搭建好之后,可以很便捷地利用命令行工具查看帮助手册,实训的目标是让读者快速体验 Go 语言的开发和运行环境,了解命令行帮助手册的使用。

【实现方法】

打开终端窗口,体验 Go 工具集及相关手册。

1. 查看帮助总纲

执行 go help 命令,可以看到 go 帮助手册的总纲,我们使用过的 go run、go build 在帮助手册中都能看到。

go help 显示效果如图 1-12 所示。

```
ubuntu@VM-0-12-ubuntu:~$ go help
Go is a tool for managing Go source code.

Usage:

        go <command> [arguments]

The commands are:

        bug         start a bug report
        build       compile packages and dependencies
        clean       remove object files and cached files
        doc         show documentation for package or symbol
        env         print Go environment information
        fix         update packages to use new APIs
        fmt         gofmt (reformat) package sources
        generate    generate Go files by processing source
        get         download and install packages and dependencies
        install     compile and install packages and dependencies
        list        list packages or modules
        mod         module maintenance
        run         compile and run Go program
        test        test packages
        tool        run specified go tool
        version     print Go version
        vet         report likely mistakes in packages

Use "go help <command>" for more information about a command.
```

图 1-12　go help 显示效果图

2. 查看build相关帮助

执行 go help build 命令，可以看到 Go 语言编译命令的相关帮助，包括支持哪些参数，以及参数含义是什么等。go install、go get、go clean 等命令都可以通过此方式查看帮助手册。

go help build 显示效果如图 1-13 所示。

```
ubuntu@VM-0-12-ubuntu:~$ go help build
usage: go build [-o output] [-i] [build flags] [packages]

Build compiles the packages named by the import paths,
along with their dependencies, but it does not install the results.

If the arguments to build are a list of .go files, build treats
them as a list of source files specifying a single package.

When compiling a single main package, build writes
the resulting executable to an output file named after
the first source file ('go build ed.go rx.go' writes 'ed' or 'ed.exe')
or the source/code directory ('go build unix/sam' writes 'sam' or 'sam.exe').
The '.exe' suffix is added when writing a Windows executable.
```

图 1-13　go help build 显示效果图

3. 查看文档帮助

执行 go help doc，可以看到 Go 语言编码相关的文档帮助，在帮助里可以看到 go doc <pkg> 这样的帮助提示，其中的 <pkg> 代表对应的包名，如果想要查看 fmt 包的帮助，可以使用命令：go doc fmt。

go help doc 显示效果如图 1-14 所示。

```
ubuntu@VM-0-12-ubuntu:~$ go help doc
usage: go doc [-u] [-c] [package|[package.]symbol[.methodOrField]]

Doc prints the documentation comments associated with the item identified by its
arguments (a package, const, func, type, var, method, or struct field)
followed by a one-line summary of each of the first-level items "under"
that item (package-level declarations for a package, methods for a type,
etc.).

Doc accepts zero, one, or two arguments.

Given no arguments, that is, when run as

        go doc

it prints the package documentation for the package in the current directory.
If the package is a command (package main), the exported symbols of the package
are elided from the presentation unless the -cmd flag is provided.

When run with one argument, the argument is treated as a Go-syntax-like
representation of the item to be documented. What the argument selects depends
on what is installed in GOROOT and GOPATH, as well as the form of the argument,
which is schematically one of these:

        go doc <pkg>
        go doc <sym>[.<methodOrField>]
```

图 1-14　go help doc 显示效果图

4. 查看pkg帮助手册

执行 go doc fmt 命令，可以看到之前用过的 fmt 包内包含的函数及详细介绍，读者不妨详细阅读一下。除了查看 fmt 的手册，也可以查看 net、os、io 等官方 pkg 对应的帮助手册。

go doc fmt 显示效果如图 1-15 所示。

```
ubuntu@VM-0-12-ubuntu:~$ go doc fmt
package fmt // import "fmt"

Package fmt implements formatted I/O with functions analogous to C's printf
and scanf. The format 'verbs' are derived from C's but are simpler.

Printing

The verbs:

General:

    %v  the value in a default format
        when printing structs, the plus flag (%+v) adds field names
    %#v a Go-syntax representation of the value
    %T  a Go-syntax representation of the type of the value
    %%  a literal percent sign; consumes no value

Boolean:

    %t  the word true or false
```

图 1-15　go doc fmt 显示效果图

本章总结

　　本章主要讲解了 Go 语言发展历史、Go 语言的主要应用方向及 Go 语言的开发环境搭建方法，其中 Go 语言开发环境搭建需要读者自己动手来完成，并且需要选取一款自己喜欢的 IDE 开发环境，另外读者需要熟悉 Go 语言的工具包，如怎样编译、如何运行等内容。

第2章
Go语言基础语法

本章导读

　　Go语言是一门容易让开发者上瘾的语言，本章的目标也就是让读者对Go语言上瘾。本章将从数据类型、变量和常量基础讲起，依次介绍Go语言的条件和循环写法，函数的一些特性，如何进行面向对象编程等知识。当然，Go语言的特色并发编程和网络编程是我们重点关注的部分，掌握了这些知识，我们便可以轻松地编写出高并发网络服务器。

知识要点

通过对本章内容的学习，您将掌握以下知识：

- Go语言基础语法
- Go语言容器化编程
- Go语言面向对象编程方法
- Go语言并发原理
- Go语言channel的使用
- Go语言网络编程技能

2.1　数据类型与定义

对于开发者来说，接触任何一门语言，首先了解的一定是数据类型。Go 语言作为新型的高级语言，它的数据类型设计全面而丰富，本节将详细介绍 Go 语言的数据类型，变量和常量如何定义，以及指针的使用，这些都是学习一门语言的基础。

2.1.1　数据类型丰富

Go 语言的数据类型非常丰富，同时在设计上又极为贴心和严谨。Go 语言中可以使用布尔、整型、浮点型、复数、字节等基础类型，同时也可以使用数组、切片、map、channel、函数、结构体等复合数据类型。下面先从基础类型说起，了解一下基础数据类型的名称及其取值范围。

1. 布尔类型

对于布尔类型，对应的值是 true 或 false。

2. 整型

为了更好地跨平台，Go 语言的整型定义非常清晰，取值范围和说明如表 2-1 所示。

表 2-1　整型及取值范围

类型	取值范围	描述
uint8	0 ～ 255	无符号 8 位整数
uint16	0 ～ 65535	无符号 16 位整型
uint32	0 ～ 4294967295	无符号 32 位整型
uint64	0 ～ 18446744073709551615	无符号 64 位整型
uint	32 位系统代表 uint32，64 位系统代表 uint64	
int8	–128 ～ 127	有符号 8 位整数
int16	–32768 ～ 32767	有符号 16 位整型
int32	–2147483648 ～ 2147483647	有符号 32 位整型
int64	–9223372036854775808 ～ 9223372036854775807	有符号 64 位整型
int	32 位系统代表 uint32，64 位系统代表 int64	

3. 浮点型和复数类型

Go 语言不光有 float 这样的浮点型类型，还有高中数学中使用过的复数类型，具体类型分类和描述如表 2-2 所示。

表 2-2　浮点型类型和复数类型说明

类型	描述
float32	IEEE-754 32 位浮点型数
float64	IEEE-754 64 位浮点型数
complex64	32 位实数和虚数
complex128	64 位实数和虚数

4. 其他类型

除了前面介绍的类型，Go 语言还定义了 byte、rune、string 和 uintptr 这样的类型。string 类型就不用多说了，byte 类型和 rune 类型在 Go 语言开发中很常见，尤其 byte 类型更是 Go 语言内存和缓冲区操作的关键。这几种常见类型的说明如表 2-3 所示。

表 2-3　其他常用类型说明

类型	描述
byte	类似 uint8
rune	类似 uint32
string	字符串类型
uintptr	无符号整型，存放指针

以上是 Go 语言内部可以直接使用的基础数据类型，对于复合类型在此不展开介绍，后面会针对各个部分内容进行详细介绍。

2.1.2　如何定义变量

前面已经介绍了 Go 语言相关的数据类型，那么如何使用这些数据类型呢？这就涉及变量和常量等的定义问题。变量，顾名思义就是可以变化的量，变量的值在程序执行过程中是可以变化的，如定义一个整型数 a，a 的值在程序中可以随着我们的修改而改变。想要定义变量，需要使用 "var" 关键字（var 是 variable 的缩写），定义变量的语法如下：

```
var identifier type
```

下面列举几个定义变量的例子。

```
var a int32   // 定义一个 32 位整型变量 a
var pi float64 // 定义一个 64 位浮点型变量 pi
var c string  // 定义一个字符串变量 c
```

对于已经定义的变量，可以使用 "=" 进行赋值操作。

```
var a int32   // 定义一个 32 位整型变量 a
var pi float64 // 定义一个 64 位浮点型变量 pi
var c string   // 定义一个字符串变量 c
a = 100
b = 3.14
c = "hello world"
```

温馨提示

如果变量只定义而未赋值，默认会按照零值进行初始化，如整型数初始化为 0，字符串初始化为空串（""）。

与大多数语言一样，Go 语言也可以在定义变量的同时进行赋值。示例代码如下：

```
var a int32 = 100 // 定义并赋值
```

Go 语言是一门新语言，它的优势是可以借鉴其他语言的优点，如支持类型推导。于是，上面的语句也可以写成这样：

```
var a = 100 // 定义并赋值
```

设计者本着方便大众的角度去考虑，既然已经支持了类型推导，那么索性变量赋值的时候也可以支持一个 "=" 对多个变量赋值，而且使用同一个 "=" 赋值的变量类型可以是不同的。示例代码如下：

```
var a, pi, c = 100, 3.14, "hello wolrd" // 定义并赋值
```

它等价于：

```
var a = 100
var pi = 3.14
var c = "hello wolrd"
```

这样的语法已经非常简洁，但设计者仍不满意。他们不满意还要写一个 "var" 关键字，为此他们设计了 ":=" 语法，使用 ":="，可以定义变量并且赋值（此时 "var" 不必写，而且也不允许写），于是可以把代码精简成下面这样：

```
a, pi, c := 100, 3.14, "hello wolrd" // 定义并赋值
```

使用 ":=" 确实简单多了，但是 ":=" 也有自己的规则。首先，":=" 左侧的所有变量中至少有一个变量的名字在该代码段中是第一次出现，否则语法检测会报错，道理很简单，既然要定义变量，而变量名已经被定义过了，再用相同的名字势必造成冲突。其次，":=" 的语句必须出现在函数体内部，在全局变量区是不允许使用 ":=" 定义的。

> **温馨提示**
>
> Go 语言的变量一旦定义了，就必须使用，否则编译器会认为存在错误，并提示"xx declared and not used"。

在介绍了数据类型的定义后，有必要介绍一下 Go 语言的 Print 函数族，Print 相关的函数都在 Go 语言的 fmt 包中，在代码中使用"import fmt"之后就可以使用 fmt 包下相关的函数。在前期主要使用"Printf"和"Println"这 2 个函数，这 2 个函数都是变参函数，它们的主要区别是"Printf"需要自己指定格式化，"Println"则是按照默认的值表示方法打印并且输出一个换行。将上述定义的变量值打印到屏幕，可以编写类似下面的代码：

```
package main

import (
    "fmt"
)

func main() {
    var a, pi, c = 100, 3.14, "hello wolrd"
    fmt.Printf("%d\n", a)
    fmt.Printf("%4.2f\n", pi)
    fmt.Printf("%s\n", c)
    fmt.Println(a, pi, c)
}
```

执行以上代码，将看到下面的结果：

```
100
3.14
hello wolrd
100 3.14 hello wolrd
```

2.1.3　如何定义常量

此前，介绍了变量的定义和赋值方式，简单来说，变量就是定义了一个标识符，这个标识符代表的值是可变的。与之相对应的，还有一类标识符在程序运行期间值是不会发生变化的，这种标识符叫作常量。

变量和常量主要有两点区别，其一是常量的值不可修改；其二是语法上的区别，变量使用"var"关键字，常量使用"const"关键字。常量和变量一样，同样支持类型推导。因此可以指定类型，也可以不指定。例如，下面这两种定义 pi 的方式都是允许的。

```
const pi float = 3.14
const pi = 3.14
```

> **温馨提示**
>
> 常量不允许使用 ":=" 定义，那样做，编译器会认为那是变量。

变量和常量在实际应用中作用不同，如要计算圆的面积，需要使用半径和圆周率这 2 个值，对于不同的圆来说半径就是一个变量，但圆周率是固定的，永远不会变。计算圆面积的代码如下：

```go
package main

import (
    "fmt"
)

func main() {
    const pi = 3.14        // 圆周率是常量
    var r float32 = 3.0 // 定义变量半径 r
    fmt.Println("area = ", r*r*pi) // 计算圆的面积并打印
    r = 4.0 //r 值可以修改
    fmt.Println("area = ", r*r*pi)
}
```

执行代码，可以看到这样的结果：

```
area =  28.26
area =  50.24
```

2.1.4　如何优雅地定义枚举类型

在很多开发语言当中，都会有枚举类型的使用。所谓枚举，其实是一种派生数据类型，它是用户定义的若干常量的集合，如定义一周的七天、一年的十二个月等，这些都可以用枚举类型很好地表示。枚举其实是一种特殊使用的常量，在 Go 语言当中定义枚举也需要使用 "const" 关键字。

例如，我们来定义一周的七天，需要七个枚举值，代码可以写成这样：

```go
const (
    Sun = 1
    Mon = 2
    Tue = 3
    Wed = 4
    Thu = 5
    Fri = 6
    Sat = 7
)
```

这样写显然有些麻烦,我们能忍,但是 Go 语言的设计者不想忍,这与 Go 语言设计的"简洁"初衷不符。为此,Go 语言设计了"iota"关键字,可以让我们优雅地定义枚举。之前的代码,可以这样改造。

```
const (
    Sun = iota
    Mon
    Tue
    Wed
    Thu
    Fri
    Sat
)
```

如果依次打印这些枚举值,将会看到"0、1、2、3、4、5、6"。这种写法用 iota 替代了枚举值的赋值,除 Sun 使用"="赋值外,其余枚举值都没有显性赋值,它们都会依据惯性直接继承 Sun 的赋值方式,也就是说可以认为"Mon = iota……",iota 初始值是从 0 开始,并且自动增长。下面再来看一个例子,这一次要定义几个水果的枚举值。

```
const (
    apple, banana = iota + 1, iota + 2
    peach, pear
    orange, mango
)
```

在这段代码中,各个水果代表的值是多少呢?将 apple, banana, peach,pear, orange, mango 的值分别打印一下,将看到的结果是"1、2、2、3、3、4"。按照前面对 iota 和枚举的了解,上述代码等同于:

```
const (
    apple, banana = iota + 1, iota + 2
    peach, pear = iota + 1, iota + 2
    orange, mango = iota + 1, iota + 2
)
```

前面已经知道 iota 是自动增长的,但要注意的是,iota 的这个增长是在一个"="作用域结束后。因此枚举第一行 apple 和 banana 对应的 iota 值是 0,而 peach 和 pear 对应的 iota 值是 1,orange 和

mango 对应的 iota 值是 2，这样我们也就理解了为什么是"1、2、2、3、3、4"这样的输出了。

有时候 iota 也可以在枚举定义中途去改变表达式的值，读者可以分析一下下面代码定义的枚举值都是多少。

```
const (
    login = iota // itoa = 0
    logout
    user    = iota + 1
    account = iota + 3
)
```

温馨提示

分析完后可以编写打印语句，执行一下以验证自己的分析。

2.1.5 不用害怕指针

听到指针这个词会让很多开发者感到头疼，这就像条件反射一样。即使没做过 C 语言开发，很多读者也都应该知道，指针是 C 语言的精髓，只有用好了指针才算真正会 C 语言。对于 C 语言来说指针是一道门槛，而且这道门槛非常高，很多开发者当听到类似"指针的指针"这样的词语后，可能干脆就此选择放弃 C 语言了。

前面已经介绍了 Go 语言和 C 语言的关系，也知道了这两门语言都与肯·汤普逊有着密切的联系。读者也许已经开始担心，Go 语言是否也有指针，指针是否也会是 Go 语言的一道门槛？这一点读者不必担心，在 Go 语言中指针确实存在，但是指针的作用只是指向内存单元的地址，通过地址可以影响到内存单元的数据，仅此而已。开发者在使用 Go 语言时不必再害怕指针了。当然，指针的基本原理还是有必要弄清楚的。指针指向示意图如图 2-1 所示。

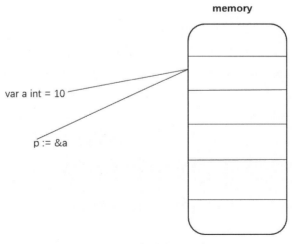

图 2-1　指针指向示意图

Go 语言使用指针的本质作用是间接赋值，这一点与 C 语言一致。看看下面的代码，p 就是指向变量 a 的指针，通过"*p"就可以修改 a 变量的值。

```
package main

import (
    "fmt"
)

func main() {
    var a int = 10
    p := &a
    *p = 100
    fmt.Println(a, *p)
}
```

该代码的执行结果如下：

```
100 100
```

Go 语言的指针先介绍到这里，在后面的学习中，仍然会遇到指针，始终牢记一点，指针的本质作用是间接赋值，这在大部分场景下足够用了。

2.2　分支与循环

分支和循环是一门高级语言的必要组成部分，本节主要介绍 Go 语言的条件分支处理和循环语句方式。

2.2.1　if语句的写法

Go 语言的分支判断需要使用"if"关键字加上条件，这个条件可以是表达式，也可以是一个值，但是需要注意，Go 语言是一种强语言类型的语言，在"if"后的值一定是一个布尔值。例如，下面的写法就不会被编译器所允许。

```
var a = 10
if a {
    fmt.Println("It is true!")
}
```

在 Go 语言语法设计中，简洁是始终如一的追求，在编写"if"语句时，在其他语言里需要使用的小括号在这里可以省略，事实上，即使我们写了小括号也会被 Go 语言的自动格式化给去掉。

站在编译器的角度，既然遇到了"if"，那么后面肯定会是一个条件判断，所以无须使用括号来特别表示。另外，读者应该也注意到了，Go 语言对于语法的格式有着自己的执着要求，如"{"就一定不能出现在一行的开头，它必须跟随在上一行代码的末尾。

除了"if"，有时候我们也需要"else"来处理其他的可能，"if...else..."整体的语法格式是这样：

```
if < COND-1 > {
    //do sth
} else if < COND-2 > {
    //do sth
} else if < COND-3 > {
    //do sth
 ...
} else if < COND-N > {
    //do sth
} else {
    //do sth
}
```

下面，以具体的例子来实践一下，读者应该可以猜出输出的结果是什么。

```
package main

import (
    "fmt"
)

func main() {
    var a = 10
    if a > 10 {
        fmt.Println("a bigger than 10.")
    } else if a < 10 {
        fmt.Println("a less than 10.")
    } else {
        fmt.Println("a equal 10.")
    }
}
```

除了 if 分支之外，Go 语言同样支持"switch case"这样的分支写法，下面就是一个使用 swich 的例子。

```
package main

import (
```

```
    "fmt"
)

func main() {

    var fruit string
    fmt.Println("Please input a fruit's name")
    fmt.Scanf("%s", &fruit) // 接收标准输入
    switch fruit {
    case "apple":
        fmt.Println("I want 2 apple")
    case "banana":
        fmt.Println("I want 1 banana")
    case "pear":
        fmt.Println("I want 5 pear")
    case "orange":
        fmt.Println("I want 3 orange")
    default:
        fmt.Println("Are you kiding me?")
    }

}
```

在代码中，使用了"fmt.Scanf"函数，该函数的作用是阻塞等待标准输入的内容，将读到的输入保存到"fruit"变量中。执行上述代码时，它会因输入水果名称的不同而产生不同的输出结果。

2.2.2　一个关键字支持所有循环方式

有时候，同样的代码需要连续、重复地执行，此时最好使用循环。如果对 C 语言有所了解，那么大家一定知道 C 语言之中设计了多种循环方式，如"do while""while""for"等循环方式。本着简洁的原则，Go 语言同样对此部分进行了优化，前面我们介绍过的那些设计者认为想要支持循环，只使用一个"for"就够了。当然，这并不是代表 Go 语言不能支持"while"循环这样的方式。

下面，以求 1+2+3+...+100 之和为例，使用不同的循环语法分别来实现循环。

方式一：常见 for 循环模式。

```
sum := 0
    for i := 1; i <= 100; i++ {
        sum += i
    }
    fmt.Println("sum = ", sum)
```

方式二：while 循环模式。

```
i := 1
    sum := 0
    for i <= 100 {
        sum += i
        i++
    }
    fmt.Println("sum = ", sum)
```

方式三：模拟死循环模式，使用 break 打断循环。

```
i := 1
    sum := 0
    for {
        sum += i
        i++
        if i > 100 {
            break // 打断循环
        }
    }
    fmt.Println("sum = ", sum)
```

上述三种方式都可以实现求和的目标，理解了这些例子，也就可以掌握 Go 语言循环语句的不同写法了。

2.3　函数

函数同样是程序开发语言当中的重要组成部分，当一段相同的功能反复被调用时，把它抽象成一个功能函数是一个好的选择，这是一劳永逸的事情。本节将介绍 Go 语言函数的相关特性，主要包括函数的定义方式、返回值及函数闭包。

2.3.1　Go语言函数的特色

对于函数的学习，首先要关注函数的语法。

```
func function_name( [parameter list] ) [return_types] {
```

```
    函数体
}
```

函数各部分的组成如下。

（1）Func：function 的缩写，是定义函数的关键字。

（2）function_name：函数的名称。

（3）[parameter list]：函数列表，可以有 0 个或多个。

（4）[return_types]：返回值类型，可以有 0 个或多个返回值。

温馨提示

注意"{"的位置。

接着来实现一个函数，输入 2 个整数，返回它们的和，代码如下：

```
package main

import (
    "fmt"
)

func main() {
    a, b := 10, 20
    fmt.Printf("%d + %d = %d\n", a, b, add(a, b))
}

func add(a int, b int) int {
    return a + b
}
```

分析代码，可以发现 Go 语言并没有要求函数的定义一定要在调用之前。此外，本着简洁的原则，Go 语言在函数参数声明时，如果邻近的参数类型相同，则可以使用简便写法，用一个类型同时修饰多个参数，我们可以把 add 函数修改成下面的样子。

```
func add(a, b int) int {
    return a + b
}
```

下面，再来实现一个函数，将函数的 2 个输入 a 和 b 的值进行互换。这个例子也不难，借助一个临时变量，很容易就可以写出下面的代码：

```
package main

import (
    "fmt"
```

```
)

func main() {
    a, b := 10, 20
    swap(a, b)
    fmt.Println(a, b)
}

func swap(a, b int) {
    temp := a
    a = b
    b = temp
}
```

可是这个代码在执行后，发现 a 和 b 并没有互换，问题出现在哪里呢？问题出现在函数参数值传递上。当前定义函数使用值传递的方式将 a 和 b 的值传递过来，在 swap 内部对参数 a 和 b 进行的修改并不会影响到 swap 调用时传入的 a 和 b 本身。如何能做到通过 swap 影响原来的传入参数呢？别忘了，前面介绍过指针，指针的作用是间接赋值，在这里可以将 swap 进行调整，让传入的参数是指向 a 和 b 的地址，这样针对地址进行的修改就会影响到原变量本身了。代码修改如下：

```
package main

import (
    "fmt"
)

func main() {
    a, b := 10, 20
    swap(&a, &b)
    fmt.Println(a, b)
}

func swap(a, b *int) {
    temp := *a
    *a = *b
    *b = temp
}
```

对于这个例子，还有其他解决办法，别忘了 Go 语言是有多个返回值的，将传入参数的 a 和 b 都返回，并且返回顺序调换一下是不是也可以解决问题呢？代码如下：

```
package main
```

```
import (
    "fmt"
)

func main() {
    a, b := 10, 20
    // 一定要用 a 和 b 去接收返回值
    a, b = swap(a, b)
    fmt.Println(a, b)
}

func swap(a, b int) (int, int) {
    return b, a
}
```

2.3.2　函数闭包

除了上述介绍的函数特点外，Go 语言也支持匿名函数。所谓匿名函数，就是没有函数名称的函数，对于程序员来说，匿名函数可以让编码更自由，起码不必浪费脑细胞思考函数叫什么名字。站在语言的角度，设计匿名函数可以支持更多的功能，如函数作为参数就是其中之一。下面，先举一个简单的匿名函数的例子，这个函数需要 2 个输入参数 a 和 b，最终返回 a+b 的值，变量 c 用来接收这个匿名函数调用后的返回值，代码执行后，c 的取值结果将是 10+20=30。

```
c := func(a, b int) int {
    return a + b
}(10, 20)
```

温馨提示

匿名函数体后带小括号才代表该匿名函数被调用。

有了匿名函数做铺垫，再来尝试将函数作为参数。先做一下准备工作，分别实现一个加法函数和一个减法函数。

```
func add(a, b int) int {
    return a + b
}

func sub(a, b int) int {
    return a - b
}
```

接着实现一个调用函数，这个调用函数有 3 个参数，其中最后一个参数 f 是一个函数，它的原

型是 "func(a, b int) int"。

```
func add_sub(a, b int, f func(a, b int) int) int {
    return f(a, b)
}
```

由于 add 和 sub 都符合 "f func(a, b int) int" 这个函数原型，因此 add 和 sub 都可以作为参数传递，这样在 add_sub 内部调用 f(a, b) 时，就会随着传入参数的改变而调用加法或减法。下面的调用方式都是允许的。

```
add_sub(10, 20, add) //10 + 20
add_sub(10, 20, sub) //10 - 20
```

在理解了匿名函数后，我们来探讨函数闭包。所谓闭包就是在自函数内部可以读取父函数的变量。下面是一段函数闭包的示例代码，函数的返回值是一个匿名函数。

```
func getSequence() func() int {
    i := 0
    return func() int {
        i += 1
        return i
    }
}
```

注意 getSequence() 中的内部结构，i 在该函数内部定义，但是在返回的匿名函数中对这个 i 进行了引用（闭包），并且把这个 i 进行了返回。每当 getSequence() 被调用时实际得到的是 func() int 为原型的函数。由于该函数对 i 的引用一直存在，因此本来是临时地址的 i 在 getSequence 返回后并不会被释放，内存分析如图 2-2 所示。

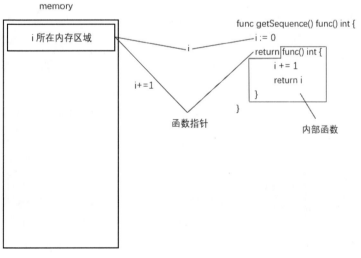

图 2-2　函数闭包内存分析图（1）

这个 getSequence() 函数的作用很有意思，在通过 getSequence() 调用得到的函数每次调用时，都会促使 i 的值自增，这样就得到了类似数据库中的自增序列那样的功能。用下面的代码体验一下 getSequence() 的作用。

```go
// 函数闭包
package main

import (
    "fmt"
)

func main() {
    nextnumber := getSequence() //nextnumber 是一个函数，可调用
    fmt.Println(nextnumber())
    fmt.Println(nextnumber())
    fmt.Println(nextnumber())
}

func getSequence() func() int {
    i := 0
    return func() int {
        i += 1
        return i
    }
}
```

执行该代码，结果如下：

```
1
2
3
```

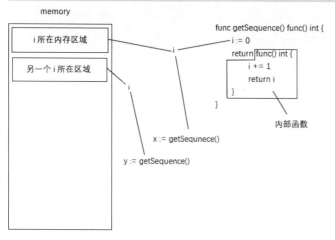

为了加深理解，不妨再思考一个问题。如果再用一个 f := getSequence()，f 和 nextnumber 交替调用，彼此会互相影响吗？可以再利用内存分析一下，虽然 getSequence() 被调用时 i 是不释放的，但是不同的 getSequence() 调用时对应的 i 的内存地址是不同的，也就是说 2 次调用会产生 2 个独立的 i，彼此之间不会受到影响，内存分析如图 2-3 所示。

图 2-3　函数闭包内存分析图（2）

再通过代码来测试一下上面的分析：

```go
package main

import (
    "fmt"
)

func main() {
    nextnumber := getSequence() //nextnumber 是一个函数，可调用
    fmt.Println(nextnumber())
    fmt.Println(nextnumber())
    f := getSequence()
    fmt.Println(f())
    fmt.Println(f())
    fmt.Println(nextnumber())
}

// 序列函数
func getSequence() func() int {
    i := 0
    return func() int {
        i += 1
        return i
    }
}
```

执行结果如下：

```
1
2
1
2
3
```

通过对几个例子的学习，相信读者对 Go 语言的函数已经有了一个清晰的认识，Go 语言的函数真是灵活而多变。

2.4　容器编程

容器，是容纳物料的基本装置，在开发语言层面，容器就是可以容纳各种数据的装置。此前介

33

绍的数据类型都是基础类型，容器其实也是一种数据类型，只不过它是复合类型。本节主要介绍 Go 语言的容器化编程方法，即数组、切片及 map 的使用。

2.4.1　数组的使用

数组是相同类型数据的集合，只不过需要注意的是，Go 语言中的数组大小是固定的。数组中存放的数据类型可以是 Go 语言原生的，也可以是自定义的（在下一节会介绍自定义结构）。数组声明如下：

```
var variable_name [SIZE]variable_type
```

本着举一反三的原则，如果把数组当作一种数据类型的话，声明所得到的数组标识符也不过是一种特殊的变量而已。下面举几个数组定义的例子。

```
var sa [10]int64 // 定义一个 10 个 int64 类型的数组
var ss [3]string = [3]string{"lily","lucy","lilei"}// 定义 3 个长度的字
符串数组
```

与变量一样，同样可以使用 ":=" 对数组进行定义并赋值。

如果想访问数组的元素，可以通过下标的方式。在 Go 语言当中，fmt 包的 Println 功能非常强大，它可以推导出数据类型，然后进行打印。因此可以直接用 fmt.Println 打印数组及其他复合类型。

```
package main

import (
    "fmt"
)

func main() {
    var a1 [5]int = [5]int{1, 2, 3, 4}
    fmt.Println(a1)
    a1[4] = 6 // 使用数组下标对数组的第 5 个元素赋值
    fmt.Println(a1)
    s1 := [4]string{"lily","lucy","lilei"} // 元素个数不能超过数组个数
    fmt.Println(s1)
}
```

执行代码，将会看到如下结果：

```
[1 2 3 4 0]
[1 2 3 4 6]
[lily lucy lilei ]
```

数组的长度是固定的，对于数组的使用，需特别注意不要越界！如果初始化时填写的元素个数小于数组大小，该数组所占内存区域仍然是按照数组定义时的大小申请的。Go 语言会把未初始化

的数组元素填写为该类型对应的零值或空值。

在 Go 语言当中，同样可以使用多维数组。下面的例子定义了一个 3 行 4 列的数组，并且对这个数组通过循环遍历访问。

```go
package main

import (
    "fmt"
)

func main() {

    //Go 语言当中的二维数组，可以理解为 3 行 4 列
    a2 := [3][4]int{
        {0, 1, 2, 3},    /*  第 1 行索引为 0 */
        {4, 5, 6, 7},    /*  第 2 行索引为 1 */
        {8, 9, 10, 11}, /* 第 3 行索引为 2 */
    }
    // 注意上述数组初始化的逗号
    fmt.Println(a2)
    // 如何遍历该数组？可以写 2 层 for 循环
    for i := 0; i < 3; i++ {
        for j := 0; j < 4; j++ {
            fmt.Printf("i = %d, j = %d, val = %d\n", i, j, a2[i][j])
        }
    }
}
```

执行代码将会看到下面的结果：

```
[[0 1 2 3] [4 5 6 7] [8 9 10 11]]
i = 0, j = 0, val = 0
i = 0, j = 1, val = 1
i = 0, j = 2, val = 2
i = 0, j = 3, val = 3
i = 1, j = 0, val = 4
i = 1, j = 1, val = 5
i = 1, j = 2, val = 6
i = 1, j = 3, val = 7
i = 2, j = 0, val = 8
i = 2, j = 1, val = 9
i = 2, j = 2, val = 10
i = 2, j = 3, val = 11
```

2.4.2 什么是切片

数组的长度是固定的，这在使用上缺乏一定的便利性。因此 Go 语言又提供了切片类型，乍一看切片与数组没有区别，只不过它的大小是可以扩充的，也就是说可以把切片理解成动态数组，至于为什么叫切片，可以脑补一下面包片（把长面包想象成一个数组，切片是从面包某段切下来的，如图 2-4 所示）。

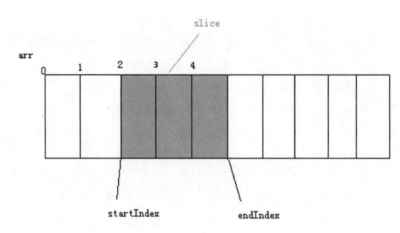

图 2-4　切片示意图

切片有 2 种构造方式，第一种是利用已有的数组或切片截取，语法是 "array|slice[start:end]"，其中 start 和 end 代表下标位置，并且都可以省略（":"是不能省略的），start 省略代表从原切片或数组的第一个元素开始，end 省略代表一直截取到原数组或切片的末尾。来看看下面的代码：

```
package main

import (
    "fmt"
)

func main() {
    a1 := [5]int{1, 2, 3, 4, 5} // a1 是一个数组
    s1 := a1[2:4]               //定义一个切片
    fmt.Println(a1)
    fmt.Println(s1)
    s1[1] = 100 // 切片下标不能越界
    fmt.Println("after---------")
    fmt.Println(a1)
    fmt.Println(s1)
}
```

代码的执行结果如下：

```
[1 2 3 4 5]
[3 4]
after---------
[1 2 3 100 5]
[3 100]
```

上述例子可以得出 2 个结论。

（1）切片"start：end"是前闭后开，实际截取下标是 start 到 end-1。

（2）切片是引用类型，对切片的修改会影响原数组。

接着介绍切片的第二种构造方式。在这之前，先介绍与切片（容器）相关的 2 个概念。

（1）长度：指被赋过值的最大下标 +1。

（2）容量：指切片能容纳的最多元素个数。

Go 语言提供了 make 函数可以构造切片，语法如下：

```
make([]T, length, capacity) //capacity 可以省略，默认与 len 一致
```

其中各参数释义如下。

（1）[]T：代表切片，T 代表切片内的元素类型。

（2）length：代表切片的长度。

（3）capacity：代表切片的容量，可以省略，默认与 length 相同。

> **温馨提示**
>
> make 不仅仅可以构造切片，后面它的出镜率会很高。

使用 make 构造的切片，切片内会有 length 个元素，每个元素都会初始化为 T 类型对应的零值。除了 make，还有几个函数与切片相关。

（1）len(s)：计算切片 s 的长度。

（2）cap(s)：计算切片 s 的容量。

（3）append(s1,T...)：s1 为 T 类型的切片，append 会向 s1 所有元素后追加 T，并且返回 s1+T 这个新切片。

（4）copy(s2,s1)：将 s1 内容拷贝到 s2，此时 s1 与 s2 是独立的，修改互不干预。

针对以上介绍的相关函数，我们通过一个例子来实验一下。

```
package main

import (
    "fmt"
)
```

```
func main() {
    var s1 []int          // 定义切片 s1
    s1 = append(s1, 1)    // 追加，注意 s1 必须接收追加结果
    s1 = append(s1, 2)
    s1 = append(s1, 3, 4, 5)  // 可以一次追加多个
    printSlice(s1)
    s2 := make([]int, 3)
    printSlice(s2)
    s2 = append(s2, 4)    // 当超过容量的时候，容量会以 len*2 的方式自动扩大
    printSlice(s2)
}
// 打印切片详细信息的函数
func printSlice(s []int) {
    fmt.Printf("len = %d, cap = %d, s = %v\n", len(s), cap(s), s)
}
```

在上面的例子中，通过 printSlice 这个函数来打印切片的详细信息，其中"%v"的打印方式是 Go 语言的特殊输出方式，针对容器、自定义结构等都可以清晰地输出详细内容。代码执行结果如下：

```
len = 5, cap = 6, s = [1 2 3 4 5]
len = 3, cap = 3, s = [0 0 0]
len = 4, cap = 6, s = [0 0 0 4]
```

通过结果可知，切片访问时下标越界是不允许的，但是对切片使用 append 没有问题，新返回的切片容量会扩充，一般情况下扩充的容量是原切片长度的 2 倍。

2.4.3　map的使用

从小学开始我们就习惯使用字典，通过关键信息可以快速检索到想要的信息。在大多数开发语言中，同样存在这样的方法，它就是接下来要介绍的容器——map，或者也可以把它叫作字典。map 的作用就是按照"key-value"形式去存储数据，在已知 key 的情况下，可以快速查找到这个 key 对应的 value。

相比数组和切片而言，map 是无序的键值对集合。想要构造 map，同样需要借助 make 函数。语法如下：

```
var map_variable map[key_data_type]value_data_type
map_variable = make(map[key_data_type]value_data_type)


//or


map_variable := make(map[key_data_type]value_data_type)
```

温馨提示

map 一定要用 make 构造，否则即使用 var 声明了，它仍是一个空指针（nil）。

Go 语言中 map 的声明仍然遵循变量的声明原则，":="同样适用，还是那句话，map 也不过是一种特殊的变量。为了理解 map，下面编写一段代码，构造一个"国家 - 首都"这样的 map，并将 map 加以打印。代码如下：

```
package main

import "fmt"

func main() {
    countryCapitalMap := make(map[string]string)

    // map 插入 key - value 对，各个国家对应的首都
    countryCapitalMap["France"] = "Paris"
    countryCapitalMap["Italy"] = "Roma"
    countryCapitalMap["China"] = "BeiJing"
    countryCapitalMap["India "] = "New Delhi"

    fmt.Println(countryCapitalMap)
}
```

执行代码可以看到如下结果，不得不夸一下 Go 语言的 Print 还真强大。

```
map[China:BeiJing France:Paris India :New Delhi Italy:Roma]
```

当我们使用 key 在 map 中获得数据时，直接使用"[key]"的方式就可以了，如我们要获得"Italy"的首都，代码可以这样：

```
val := countryCapitalMap["Italy"]
```

但有时候我们也会碰到问题，比如想要得到"Japan"的首都：

```
val := countryCapitalMap["Japan"]
```

这样的代码看上去没问题，但后面如果对这个 val 进行使用时可能会出现麻烦，因为不能确定是字典里没有数据，还是"Japan"的首都本身就是一个空串。虽然业务上没有人那样做，但是下面的代码确实是合法的，所以 map 中到底有没有"Japan"信息不能单纯地凭借 val=""来判断。

```
countryCapitalMap["Japan"] = ""
```

既然我都想到了，那些设计者也都想到了。他们给出的解决办法是使用指示器，通过指示器来表示字典内是否有该 key 对应的 value。语法非常简单，下面代码中的"ok"就起到了指示器的作用，当"ok"为真时就代表字典内存在这个 key 的 value。

```
val, ok := countryCapitalMap["Japan"]
```

温馨提示

这里的 "ok" 就是一个变量名称，并非一定要写 "ok"。

我们已经知道了如何构造 map，如何访问 map 内的数据，但如何遍历整个 map 仍然是个问题。要知道 map 和数组及切片是不同的，数组和切片它们的内存区域是连续的，而 map 是无序的。这确实有点困难，不过 Go 语言为我们提供了 "range" 关键字。使用 "range" 关键字，我们可以优雅地遍历此前介绍过的所有容器。它的用法也非常简单，具体看看代码就明确了。

```
for k, v := range countryCapitalMap {
    fmt.Println(k, "'s capital is", v) //k,v分别是 map 的 key 和 val
}
```

把代码整合一下执行，代码里的 k 和 v 分别代表 key 和 val，将会看到如下效果：

```
China 's capital is BeiJing
India  's capital is New Delhi
France 's capital is Paris
Italy 's capital is Roma
```

在这里必须强调一下，"range" 并非只能遍历 map，同样可以用来遍历切片和数组。代码如下：

```
// 遍历数组，如果不想获得
a := []int{10, 20, 30, 40, 50}
for k, v := range a {
    fmt.Printf("a[%d]=%d\n", k, v) //k 代表数组下标，v 代表该元素值
}
```

对于数组或切片来说，这个 k 代表的是下标值，v 代表的是元素值。代码输出结果如下：

```
a[0]=10
a[1]=20
a[2]=30
a[3]=40
a[4]=50
```

当然，Go 语言也是非常贴心的，很多时候我们并不想要这个 k 的值，这个时候我们可以用一个 "_" 来占位。这个设计是非常必要的，因为 Go 语言的函数返回值也是可以返回多个的，有些时候我们不希望接收其中某个值的时候就必须要用这样的方式了。

```
_, v := range countryCapitalMap // 只取 v 的值
```

2.5　面向对象编程

Go 语言也是一门面向对象的编程语言，它的这个特点简单而直接，它不像 C++ 那样设计了一条又一条的规则，毕竟让开发者去记忆繁多的特性和原则是极不"人道"的。面向对象编程可以更便捷地抽象对象的属性和方法，让编程思路更清晰明了。接下来将介绍 Go 语言是如何面向对象的，面向对象编程有三要素，分别是封装、继承及多态，下面看看 Go 语言是如何支持这三要素的。

2.5.1　自定义结构

在很多语言中，面向对象需要使用"class"来定义类，在 Go 语言中并没有"class"关键字。在 Go 语言当中，想要做面向对象编程，习惯上会先自定义一个类型，这个类型一般会以结构体的形式呈现。定义语法如下：

```
type TypeName struct {
    filedName1    T1
    filedName2    T2
    ......
}
```

其中，TypeName 是个人自定义的类型名称，结构体由多个成员变量组成。下面我们来定义一个人类的结构，包含姓名、年龄、性别、战斗力等属性。代码定义如下：

```
type Person struct {
    name   string // 姓名
    age    int    // 年龄
    sex    string // 性别
    fight int     // 战斗力
}
```

结构体变量的声明，仍然按照 Go 语言变量的声明和赋值原则，声明直接初始化或声明后再进行赋值。下面用一个例子来感受一下。代码如下：

```
package main
```

```
import (
    "fmt"
)

type Person struct {
    name   string // 姓名
    age    int    // 年龄
    sex    string // 性别
    fight int     // 战斗力
}
func main() {
    // 定义并初始化
    p1 := Person{" 战五渣 ", 30, "man", 5} // 战斗力为 5 的男人
    fmt.Println(p1)
    // 先定义后赋值
    var p2 Person
    p2.age = 10
    p2.name = "xiaohong"
    p2.sex = "woman"
//+v 的打印方式可以更详细地显示结构体内容
    fmt.Printf("%+v\n", p2)
}
```

执行这段代码，可以看到下面的结果：

```
{ 战五渣 30 man 5}
{name:xiaohong age:10 sex:woman fight:0}
```

温馨提示

因为 Go 语言也是一门基于包管理的开发语言，如果想要把自己开发的结构体作为公共包被其他包导入，需要将结构体首字母大写，同样的，结构体内的字段和函数希望被外部包访问也需要将首字母大写。

2.5.2 方法封装

我们已经了解了如何自定义结构，接下来介绍如何进行方法封装，这算是面向对象的一个最显著特点。Go 语言的方法封装非常简单，它不需要在结构体内定义方法，而是像一个普通函数那样在结构体外部定义，但是方法一定要体现出调用者（或叫接收器），这种定义的方法只能是该调用者类型的对象才能调用，这体现的就是封装。方法的定义方式如下：

```
func (obj ObjT) funcName([params list]) [return list] {
```

```
    do sth
}
```

可以看到，除了 (obj ObjT) 部分，其他与之前介绍的函数定义没有区别。这个 obj 就是表明该方法是归属于哪个类型，只有对应类型的对象才能调用这种方法。下面我们用面向对象思想来计算平面直角坐标系中（0，0）和（4，3）两点之间的距离。

我们对于这个问题肯定不陌生，在直角坐标系内，一个点可以用一组横坐标和纵坐标来构成，可以定义一个 "Point" 的结构，内部包含成员 x 和 y。

```
type Point struct {
    x, y float64
}
```

想要计算 2 个点的距离，就要先定义 2 个点 p1 和 p2，然后用下面的数学公式计算就可以得到 p1 和 p2 之间的距离了。

$$dis=\sqrt{(p2.x-p1.x)^2+(p2.y-p1.y)^2}$$

计算平方根需要借助 Go 语言 math 包中的 Sqrt 函数，其余的就都不是问题了。先不考虑面向对象的方式实现一个函数，这个函数就需要把 2 个点 p1 和 p2 都作为参数传进来，返回的结果就是它们之间的距离。

```
func getDis(p1, p2 Point) float64 {
    return math.Sqrt((p2.x-p1.x)*(p2.x-p1.x) + (p2.y-p1.y)*(p2.y-p1.y)) // 计算平方根
}
```

如果从面向对象的角度去实现，就要站在对象的角度去思考问题，这里的对象其实是一个点，站在一个点的角度去求到另外一个点的距离同样可以实现题目的要求。这样的方法只需要传递一个参数就够了。

```
func (this Point) getDis2(p Point) float64 {
    return math.Sqrt((this.x-p.x)*(this.x-p.x) + (this.y-p.y)*(this.y-p.y))
}
```

完整的代码展示如下：

```
package main

import (
    "fmt"
    "math"
)
```

```
type Point struct {
    x, y float64
}

func getDis(p1, p2 Point) float64 {
    return math.Sqrt((p2.x-p1.x)*(p2.x-p1.x) + (p2.y-p1.y)*(p2.y-p1.
y)) // 开平方根
}

func (this Point) getDis2(p Point) float64 {
    return math.Sqrt((this.x-p.x)*(this.x-p.x) + (this.y-p.y)*(this.
y-p.y))
}

func main() {
    p1 := Point{0.0, 0.0}
    p2 := Point{3.0, 4.0}
    fmt.Println(getDis(p1, p2))
    fmt.Println(p2.getDis2(p1))
}
```

getDis2 就是为 Point 类型封装的方法，它只能被 Point 类型的对象调用。利用 p2 调用 getDis2 也是代表了求 p2 到 p1 的距离。执行代码，我们将可以看到心心念念的 5。

2.5.3 结构体内嵌

在 Go 语言中，结构体之间可以继承，这种关系一般用父和子来表述，在写法上有两种方式。第一种方式是在子结构体内定义一个父结构体元素，如下面的代码：

```
type Person struct {
    Name    string
    Age     int
    Sex     string
    Fight int
}

type SuperMan struct {
    Strength int
    Speed     int
    p          Person
}
```

我们在 SuperMan 定义了 Person 的对象，于是 Person 内的方法可以在 SuperMan 中访问，但需要注意的是，SuperMan 想要调用 Person 的方法，必须使用元素 p 间接调用，而不是直接调用。例如，Person 有一种 setAge 方法，SuperMan 调用就要像下面这样：

```go
type Person struct {
    name   string
    age    int
    sex    string
    fight  int
}

func (p *Person) setAge(age int) {
    p.age = age
}

type Superman struct {
    strength int
    speed    int
    p        Person
}

func (s *Superman) print() {
    fmt.Printf("%+v\n", s)
}

func main() {
    p1 := Person{"战五渣", 30, "man", 5}
    s1 := Superman{
        strength: 100000,
        speed:    19000,
        p:        p1, // 注意逗号
    }
// 间接调用，必须借助 p
    s1.p.setAge(40)
    s1.print() // 自身的方法，可以直接调用

}
```

严格来说，这种方式不能称为继承。我们再来说第二种方式，这种方式更简单，它直接将父结构体的名称放置在子结构体内部。比如下面代码中 Superman 的定义方式，Person 直接放在那里，好直接！

```
type Person struct {
    name    string
    age     int
    sex     string
    fight int
}

type Superman struct {
    strength int
    speed     int
    Person  // 看这里
}
```

这种方式被称为内嵌（embed），内嵌才算是真正的继承。使用内嵌时，原结构体内的方法可以直接调用，所以之前的代码可以修改成下面这样：

```
package main

import (
    "fmt"
)

type Person struct {
    name    string
    age     int
    sex     string
    fight int
}

type Superman struct {
    strength int
    speed     int
    Person
}

func (p *Person) setAge(age int) {
    p.age = age
}

func (s *Superman) print() {
    fmt.Printf("%+v\n", s)
```

```
}

func main() {
    p1 := Person{"战五渣", 30, "man", 5}
    s1 := Superman{
        strength: 100000,
        speed:    19000,
        p:        p1, // 注意逗号
    }
//setAge 可以直接调用
    s1.setAge(30)
    s1.print()

}
```

> **温馨提示**
>
> Go 语言结构体多字段赋值时，最后一个值赋值后是否需要加入 "," 很特别，当 ")" 与最后一个值在同一行时不需要 ","，否则需要加 ","。

不得不感叹，Go 语言的语法设计真有个性!

2.5.4 接口

面向对象的第三个要素是多态，所谓多态就是父类的对象可以调用自己的不同子类的方法，如图 2-5 所示。

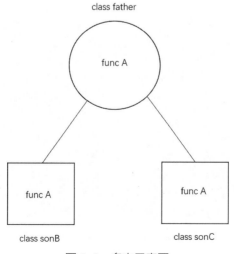

图 2-5 多态示意图

在 Go 语言中实现这样的调用方式非常简洁，它的解决办法是接口（interface）。在一个接口内，会定义若干的方法原型。我们通过一个具体例子来了解一下接口，下面代码定义了一个名为 Animal 的接口，并列出了 Sleeping 和 Eating 两种方法。

```
type Animal interface {
    Sleeping()
    Eating()
}
```

站在接口的层面，任何一个结构体实现了该接口规定的所有方法，就代表该结构体支持了该接口，反过来如果一个结构体封装了接口要求的所有方法，该接口的对象（接口对象为指针类型）就可以指向该结构体的对象，此时可以认为该接口对象就是该结构体对象的指针，此时去调用接口内某方法也就是调用该结构体实现的那种同名方法。为了加深理解，我们通过例子说明一下。下面的代码定义了一个 Cat 和 Dog 结构体，Cat 和 Dog 实现了 Animal 接口规定的两种方法。

```
// 定义猫的结构体
type Cat struct {
    color string
}

func (c *Cat) Sleep() {
    fmt.Println(c.color, " cat is sleeping")
}

func (c *Cat) Eating() {
    fmt.Println(c.color, " cat is Eating")
}

// 定义狗的结构体
type Dog struct {
    color string
}

func (c *Dog) Sleep() {
    fmt.Println(c.color, " dog is sleeping")
}

func (c *Dog) Eating() {
    fmt.Println(c.color, " dog is Eating")
}
```

下面再来说说调用的问题，声明 Cat 或 Dog 的对象可以直接调用各自方法，这是毫无疑问的。

```
c1 := Cat{"white"}
   d1 := Dog{"Black"}
   c1.Sleep()
   d1.Eating()
```

执行上述调用，结果如下：

```
white   cat is sleeping
Black   dog is Eating
```

这种调用没什么可多说的，下面使用接口的方式调用：

```
func main() {
   c1 := Cat{"white"}
   d1 := Dog{"Black"}
   var a1 Anminal // 定义接口
// 接口指向 Cat 对象
   a1 = &c1
// 通过接口调用 Eating
   a1.Eating()
// 接口指向 Dog 对象
   a1 = &d1
// 通过接口调用 Sleep
   d1.Sleep()
}
```

执行时，可以看到 a1 分别调用了 Cat 的 Eating() 和 Dog 的 Sleep()，这就是接口的神奇之处！再次强调，结构体要支持接口，必须将接口内的方法全部实现！

2.6 并发编程

前面介绍了很多 Go 语言的特性，现在终于到了最核心的部分了。Go 语言最大的特色是并发，而且 Go 的并发并不像线程或进程那样，受 CPU 核心数的限制，只要你愿意，你可以启动成千上万个 Goroutine（Goroutine 是官方名字，也有翻译为例程或协程，为了遵循原汁原味，我们文中不做任何翻译，仍然使用 Goroutine 这个名称）。本节将详细介绍 Go 语言的并发特性，了解如何启动多个 Goroutine，以及多个 Goroutine 之间如何同步的问题。

2.6.1　并发的概念与Go并发的设计

不知道读者有没有思考过这样的问题，并发的目的是什么？这个问题并不复杂，无论是多进程、多线程还是 Go 语言的 Goroutine 并发，其目的都是更充分地利用 CPU。早期的操作系统，进程的运行是串行的，也就是一个进程运行时，其他进程只能等待该进程运行结束，有一定年龄的读者会接触过这样的操作系统，如 DOS。随着技术的升级，CPU 的分时复用技术可以让多个进程"同时"运行。CPU 为每个进程分配若干个时间片，这个时间片非常短暂，当一个进程获得 CPU 的时间片时就可以被 CPU 运行，当时间片结束后，CPU 再改去执行其他进程的时间片，这样在宏观上达到了一个多进程"同时"运行的结果，当然，在微观上还是串行的（如图 2-6 所示）。说到这里，读者也应该明白了，并发的目的就是获得更多的时间片，提高执行效率。

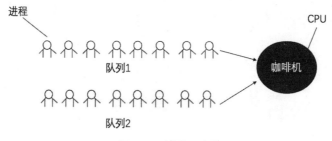

图 2-6　并发示意图

与并发相关，还有一个词叫并行，并行强调的是同一时刻（无论是微观还是宏观）上同时做事的能力，并发强调的是交替做不同事情的能力，这两者都很重要！站在程序员角度去理解，并发是不同的代码块交替执行，并行是不同的代码块同时执行。图 2-7 描述了并行的基本原理，实际上并行一定要是多核 CPU 才行。

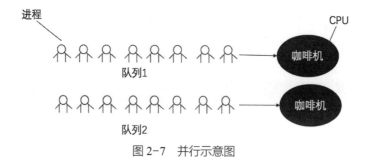

图 2-7　并行示意图

在了解了并发的概念后，再来说说 Go 语言并发的设计。虽然多进程或多线程的技术体系已经非常成熟，可以在系统资源的允许下启动大量的进程或线程，但熟悉系统运行的朋友应该知道，进程或线程启动过多有时候反倒会使整个应用的运行效率下降，也就是说线程这种层面的并发并非多多益善。Go 语言则不同，Go 语言就是为并发而生的，创作团队甚至为此开发了 Goroutine 的调度算法，只要你愿意，可以随意启动无限多个 Goroutine。

为了解释清楚 Goroutine 与进程、线程间的关系，先明确一下线程和进程的关系。

（1）进程：最小的系统资源申请单位。

（2）线程：最小的执行单位，一个进程内可以启动多个线程。

Goroutine 是比线程还要小的执行单位，准确地说，Goroutine 是通过线程来执行的。下面来了解一下 Goroutine 的运行机制。在操作系统层面，线程是最小的执行单位。Go 语言调度算法会为每个线程提供一个 Goroutine 的执行列表，CPU 在不同的线程间切换时需要记录上下文信息，如图 2-8 所示。

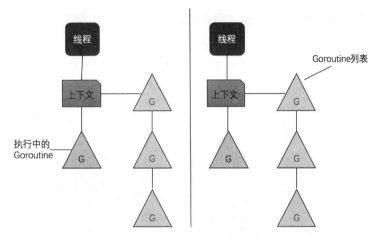

图 2-8　Goroutine 执行列表

当 Goroutine 执行一个系统调用并且阻塞时，该线程会被挂起，此时该线程也就没法执行其他 Goroutine 了。此时，调度算法会将该线程的 Goroutine 队列转移到其他线程的队列当中，如图 2-9 所示。

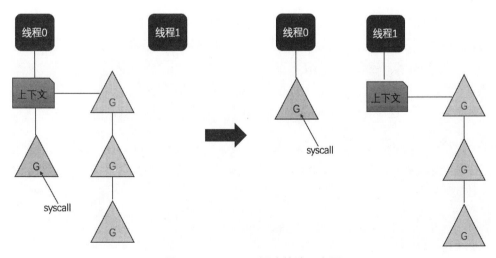

图 2-9　Goroutine 调度算法示意图

当被阻塞的线程恢复后，再从其他线程的 Goroutine 队列"借"一些 Goroutine 回来执行，这样可以有效保证各个线程的执行效率，也可以更好地支持 Go 语言的高并发。

2.6.2　并发经典案例

在了解了 Go 语言并发的一些概念之后，我们来具体感受一下 Go 语言的并发。首先，介绍一下如何启动一个 Goroutine，其实非常简单，使用关键字"go"+ 函数调用就可以了。是的，没错，我们心心念念的 Goroutine 就可以这样被启动起来。读者仔细思考一下，之前写的代码在运行的时候也都会有一个 Goroutine 在运行，那就是 main 函数运行时产生的，我们把它叫作 main-Goroutine。

接下来，我们还是来"见一见"Goroutine，让它们刷一下存在感。看看下面的代码：

```go
package main

import (
    "fmt"
)

func main() {
    fmt.Println("begin call goroutine")
    // 启动 goroutine
    go func() {
        fmt.Println("I am a goroutine!")
    }()
    fmt.Println("end call goroutine")
}
```

这段代码虽然没有语法问题，但遗憾的是我们很难看到"I am a goroutine!"这句话的输出。问题在于 main 函数运行结束后，它不会等待其他 Goroutine 的结束，一旦 main 函数退出，整个进程也会退出。因此 Goroutine 还没开始就结束了。

解决这个问题有很多办法，最简单的办法就是让主函数"睡个觉"，使用 time 包的 Sleep 函数，可以让主函数睡一下，这样就给了 Goroutine 刷存在感的机会。Sleep 函数的原型如下：

```go
func Sleep(d Duration)
```

其中参数 d 代表睡眠的时长，Duration 实际是时间长度类型的枚举。

将上述代码修改一下，增加睡眠。

```go
package main

import (
    "fmt"
```

```
    "time"
)

func main() {
    fmt.Println("begin call goroutine")
    // 启动 goroutine
    go func() {
        fmt.Println("I am a goroutine!")
    }()
    time.Sleep(time.Second * 1) // 睡眠 1s
    fmt.Println("end call goroutine")
}
```

执行后，终于可以看到期待的结果了。

```
begin call goroutine
I am a goroutine!
end call goroutine
```

下面，介绍一个经典的例子。大家对于斐波那契数列一定不会陌生，它需要使用递归计算，当计算的目标较大时，需要比较长的时间才能返回。代码如下：

```
// 计算斐波那契数列
func fib(x int) int {
    if x < 2 {
        return x
    }
    return fib(x-2) + fib(x-1)
}
```

为了增加用户体验，我们以并发的手段来告诉用户，正在帮他做运算。为此，编写一个打印函数 spinner：

```
    //spinner 只是为了提升用户体验
func spinner(delay time.Duration) {
    for {
        for _, r := range `-\|/` {
            fmt.Printf("\r%c", r)
            time.Sleep(delay)
        }
    }
}
```

整体代码调用如下：

```
package main
```

```
import (
    "fmt"
    "time"
)

func main() {
    go spinner(time.Millisecond * 100) // 启动一个打印 goroutine
    fmt.Printf("\n%d\n", fib(45))
}

// 计算斐波那契数列
func fib(x int) int {
    if x < 2 {
        return x
    }
    return fib(x-2) + fib(x-1)
}
// 此函数目的只是为了用户体验
func spinner(delay time.Duration) {
    for {
        for _, r := range `-\|/` {
            fmt.Printf("\r%c", r)
            time.Sleep(delay)
        }
    }
}
```

spinner 的打印延迟是 0.1 秒，这是人类肉眼可以识别的范围。因此会产生一个进程正在忙碌的视觉感受（强烈建议读者一定要把代码运行一下看看），相反 fib 函数最终的返回结果已经不那么重要了。

> **温馨提示**
> 这个案例的并发并非是为了提高 fib 的计算速度，只是为了提升用户体验。

2.6.3 同步与channel

此前，遇到了 Goroutine 运行不成功的情况，产生这个问题的原因是 Goroutine 之间没有同步，后续用睡眠方式解决了这个问题。但是我们不能总是让 Goroutine 去睡觉来控制 Goroutine 之间的运行先后问题，一方面这样会浪费资源，另一方面我们不能总预判出每个 Goroutine 的具体执行时间。

此时，就应该考虑如何解决同步问题。首先需要明确一下，到底什么叫同步？在不同的业务场景，同步所代表的含义也是不同的。在数据库领域，同步代表着保证数据库数据的一致性，在此处，同步代表要协调运行的各个 Goroutine 步调应一致。换句话说，通过同步的控制，我们可以精准地控制多个 Goroutine 的运行先后。

Go 语言为我们提供了多种同步手段，在不同的业务场景下可以选择其合适的方式，具体的工具在 Go 语言官方提供的 sync 包中都可以找到，包括 WaitGroup、互斥锁（Mutex）、读写锁（RWMutex）、条件变量（Cond）等。在这里使用 WaitGroup 工具举个例子：启动 10 个 Goroutine，每个 Goroutine 按照顺序刷一下存在感后退出。

要实现这个例子，可以借助 WaitGroup 工具，它的实现方式非常巧妙，要看懂它的三种方法：

```
// 增加计数
func (wg *WaitGroup) Add(delta int)
// 减少计数
func (wg *WaitGroup) Done()
// 阻塞等待计数变为 0
func (wg *WaitGroup) Wait()
```

下面对这三种方法一一介绍。

（1）Add：增加 delta 个计数。

（2）Done：减少一个计数。

（3）Wait：阻塞等待计数变为 0。

若是 main 函数希望等待所有 Goroutine 都运行结束后再执行某些操作，那么它直接调用 Wait 就可以。Wait 的阻塞等待功能会确保它必须阻塞并等待计数变为 0，也就是直到其他 Goroutine 都运行完为止。代码如下：

```
package main

import (
    "fmt"
    "sync"
    "time"
)

var w sync.WaitGroup

func main() {
    for i := 0; i < 10; i++ {
        w.Add(1) // 添加一个要监控的 Goroutine 数量
        go func(num int) {
            time.Sleep(time.Second * time.Duration(num))
            fmt.Printf("I am %d Goroutine\n", num)
```

```
        w.Done()  // 释放一个
    }(i)// 每个 Goroutine 通过 i 来确定顺序
}

    w.Wait()  // 阻塞等待
}
```

运行该代码，将看到下面的结果（间隔 1s 输出 1 行）：

```
I am 0 Goroutine
I am 1 Goroutine
I am 2 Goroutine
I am 3 Goroutine
I am 4 Goroutine
I am 5 Goroutine
I am 6 Goroutine
I am 7 Goroutine
I am 8 Goroutine
I am 9 Goroutine
```

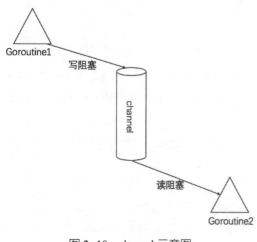

图 2-10　channel 示意图

读者如果对其他语言同步方式有所了解的话，对于 sync 包提供的同步工具会感觉很亲切，在这里我们不再展开来说。下面重点介绍一下 Go 语言特有的同步方式——channel（通道）。它的思路很像是 Linux 平台的管道机制，Linux 系统的管道是借助内核开辟的缓冲区实现一个像是"水管"的通道，"水管"两端的进程可以通过这个"水管"进行消息传递，以达到进程间通信的目标。Go 语言中的 channel 也是这样的机制，它通过阻塞读和阻塞写的方式，可以精准控制 Goroutine 的运行，这样就实现了 Goroutine 的同步，示意图如图 2-10 所示。

channel 的这款模型是 20 世纪 70 年代被提出的，它就是鼎鼎大名的 CSP（Communicating Sequential Process，通信顺序进程）。

温馨提示

channel 传递数据的方式有点"不见不散"的意思，读和写的双方同时操作的时候才会解除彼此的阻塞，否则一方会死等另一方的到来。

下面详细介绍 channel 的机制与使用，先搞清楚如何创建一个 channel。创建 channel 需要使用

make 函数，创建时可以指定管道缓冲区大小，也可以不指定。语法如下：

```
make(chan chantype)
make(chan chantype, d uint)
```

其中各个参数的作用如下。

（1）chan：channel 创建的关键字，chantype 代表了通道内可以传递的数据类型，可以是原生类型，也可以是自定义结构。

（2）d：代表通道的缓冲区大小，通道本身是同步机制，使用缓冲区可以做到异步操作。

对于 channel 的使用，最关键的是要掌握它的读写行为，下面分别进行介绍。

（1）写行为。

① 通道缓冲区已满（无缓冲区）：写阻塞直到缓冲区有空间（或读端有读行为）。

② 通道缓冲区未满：顺利写入，结束。

（2）读行为。

① 缓冲区无数据（无缓冲区时写端未写数据）：读阻塞直到写端有数据写入。

② 缓冲区有数据：顺利读数据，结束。

> **温馨提示**
>
> channel 也是一种变量类型。因此变量的定义方式在此仍然适用，只不过需要使用 chan 关键字来特别标识它是 channel。

当把读写行为厘清之后，语法对我们来说就太简单了！通道读写的语法如下，记忆时注意 channel 和箭头的位置。

```
msg := <-c // 读，c 为 channel
c <-msg // 写 channel
```

接下来，演示一下 channel 的使用，创建一个 string 类型的 channel，启动一个 Goroutine 负责读取数据并打印到屏幕，在主函数中睡眠一会儿后，将数据写入 channel。

```
package main

import (
    "fmt"
    "time"
)
// 定义 channel：c
var c chan string
var w sync.WaitGroup

func reader() {
    msg := <-c // 读通道
```

```
      fmt.Println("I am reader,", msg)
}

func main() {
    c = make(chan string)
  w.Add(1)
    go reader()
    fmt.Println("begin sleep")
    time.Sleep(time.Second * 3) // 睡眠 3s 为了看执行效果，验证 channel 阻塞读
    c <- "hello" // 写通道
    time.Sleep(time.Second * 1) // 睡眠 1s 为了看执行效果
}
```

代码执行时，会先看到打印的内容：

```
begin sleep
```

大概 3 秒后，会看到以下结果：

```
I am reader, hello
```

2.6.4　单方向channel

我们已经对 channel 有所了解，为了加深理解，再使用 channel 实现一个例子：做一个数字传递的游戏，使用 3 个 Goroutine，第一个 Goroutine 负责将 0、1、2、3、…9 传递给第二个 Goroutine，第二个 Goroutine 将收到的数字做一个平方运算后传递给第三个 Goroutine，第三个 Goroutine 负责将收到的数字打印到屏幕中。

对该问题进行分析，数据需要在 3 个 Goroutine 之间传递，因此需要创建 2 个 channel，Goroutine 启动 2 个就可以了，主函数可以充当第 3 个。结合前面所学，可以很容易写出下面的代码：

```
package main

import (
    "fmt"
    "time"
)

var c1 chan int
var c2 chan int

func main() {
    c1 = make(chan int)
    c2 = make(chan int)
```

```
// 数数的 Goroutine
go func() {
    for i := 0; i < 10; i++ {
        c1 <- i // 向通道 c1 写入数据
        time.Sleep(time.Second * 1)
    }
}()
// 计算平方的 Goroutine
go func() {
    for {
        num := <-c1        // 读 c1 数据
        c2 <- num * num // 将平方写入 c2
    }

}()
//main 最后负责打印
for {
    num := <-c2
    fmt.Println(num)
}
}
```

可是执行代码，我们却发现一个很意外的结果：

```
0
1
4
9
16
25
36
49
64
81
fatal error: all goroutines are asleep - deadlock!

goroutine 1 [chan receive]:
```

产生这样结果的原因可以分析出来，因为第一个 Goroutine 在循环结束后就退出了，而后面的两个 Goroutine 还在执着地等待新消息的到来，很显然它们永远都等不到了，于是就产生了死锁。要想解决这个问题，第一个 Goroutine 在做完事情后应该告诉后面的"兄弟"："数据传完了，回家吧！"，第二个同样应该把这个消息传递给后面的 Goroutine。很多读者可能会立即想到，在通知消息里设计最后一个消息的标志，这样虽然可以解决问题，但过于麻烦。在 Go 语言中，可以借助读数据时的指示器（又碰到指示器了）来处理这个问题，指示器可以判断出 channel 是否已经关闭。

使用 close 函数，可以关闭 channel。下面将代码进行修改，增加指示器的判断。

```go
package main

import (
    "fmt"
    "time"
)

var c1 chan int
var c2 chan int

func main() {
    c1 = make(chan int)
    c2 = make(chan int)
    // 数数的 Goroutine
    go func() {
        for i := 0; i < 10; i++ {
            c1 <- i // 向通道 c1 写入数据
            time.Sleep(time.Second * 1)
        }
        close(c1) // 关闭 c1
    }()
    // 计算平方的 Goroutine
    go func() {
        for {
            num, ok := <-c1 // 读 c1 数据
            if ok {
                c2 <- num * num // 将平方写入 c2
            } else {
                break // 如果 c1 关闭，则结束等待
            }

        }
        close(c2) // 关闭 c2

    }()
    //main 最后负责打印
    for {
        num, ok := <-c2
```

```
        if ok {
            fmt.Println(num)
        } else {
            break  // 如果 c2 关闭，则结束等待
        }

    }
}
```

执行代码后，可以看到期望的结果了。

由于 channel 的阻塞机制，在开发中我们需要明确不同 Goroutine 对 channel 到底是读还是写，以防发生意外。此时，可以借助 Go 语言的单方向 channel 来实现。读者也应该清楚，channel 单独存在一个读或写都是没意义的。因此这个单方向 channel 也只是在声明方面做一个限制，很多时候用在函数参数上。单方向 channel 的声明方式如下：

```
chan_name chan < - chan_type  // 只写通道，看箭头就能明白
chan_name  < -chan chan_type  // 只读通道
```

有了单方向 channel 思想的武装后，可以将前面的例子再进一步升级，可以将函数参数设计为单方向 channel，为此，我们需要分清楚不同的 Goroutine 对 channel 是什么操作。第一个 Goroutine 修改如下：

```
// 数数的 Goroutine
    go func(out chan < - int) {
        for i := 0; i < 10; i++ {
            c1 < - i  // 向通道 c1 写入数据
            time.Sleep(time.Second * 1)
        }
        close(out)  // 关闭 c1
    }(c1)  //c1 要作为参数传递过来
```

第二个 Goroutine 修改如下：

```
// 计算平方的 Goroutine
    go func(in, out chan < - int) {
        for {
            num, ok := < -in  // 读 c1 数据
            if ok {
```

```
            out <- num * num // 将平方写入 c2
        } else {
            break // 如果 c1 关闭，则结束等待
        }

    }
    close(out) // 关闭 c2

}(c1, c2)// 第二个 Goroutine 需要 2 个 channel 都传递过来
```

再次执行，效果与原来相同，说明改造成功了！

2.6.5　定时器

channel 是 Go 语言非常核心的机制，其内部很多实现都借助 channel，如定时器。先来了解一下 Go 语言定时器的结构与实现，该代码存在于 time 包内的源码文件中。

```
// 创建定时器
func NewTimer(d Duration) *Timer
// 定时器结构体
type Timer struct {
    C <-chan Time
    r runtimeTimer
}
// 定时器停止
func (t *Timer) Stop() bool
```

来了解一下定时器相关的结构及 API。Timer 是 Go 语言定时器的结构，它内部的一个重要元素就是 C，这是一个只读的 channel。NewTimer 构造定时器，Duration 代表定时的时刻，在 d 时间间隔内 channel 会收到一条 Time 类型的数据 Stop 结束定时器。Timer 是一个一次性定时器，当收到 Time 类型的数据后，定时器也就失效了。

现实中，有时也会需要周期类的定时任务，在 Go 语言中可以使用 Ticker，它的结构如下：

```
func NewTicker(d Duration) *Ticker
type Ticker struct {
    C <-chan Time // The channel on which the ticks are delivered.
    r runtimeTimer
}
// 定时器停止
func (t *Ticker) Stop()
```

其中 NewTicker 负责构造周期性定时器，每间隔 d 时间，都会收到一个 Time 类型数据。Ticker 是周期性定时器结构体，其内部核心依靠 channel 来实现。Stop 方法可以停止定时器。

下面，用定时器来实现一个倒数计时，然后打印火箭发射的代码。可以设定一个间隔 1 秒的 Ticker 定时器，然后循环接收 Ticker 消息，当循环 5 次后，结束循环，打印火箭发射。

```
package main

import (
    "fmt"
    "time"
)

func launch() {
    fmt.Println(" 发射 !")
}

func main() {
    ticker := time.NewTicker(time.Second)
    num := 5
    for {
        < -ticker.C // 读取无人接收
        fmt.Println(num)
        num--
        if num == 0 {
            break
        }
    }
    ticker.Stop()
    launch() // 发射火箭
}
```

代码中使用了 "< -ticker.C" 这样的语句去处理 channel，这在 Go 语言是允许的。可以不设定变量去接收 channel 中的数据，我们关心的只是 channel 是否产生了数据，而不关心数据到底是什么。建议读者实现一下这个代码，并看一下执行效果。

2.7　网络编程

Go 语言的一个重要应用方向就是后端服务器开发，主要技术是网络编程。网络编程主要需要了解网络协议及数据传输，无论是网络传输，还是本地文件操作其实都是 IO 处理，因此 IO 处理也是网络编程的基础。本节将介绍文件 IO 处理、TCP 协议及 TCP 服务器开发、HTTP 协议及 HTTP 服务器开发等知识。

2.7.1　文件IO处理

网络 IO 面向的是网络设备，本地 IO 面向的是本地磁盘设备，我们经常看到的屏幕输出其实操作的是终端设备。在介绍 IO 操作之前，先介绍文件描述符，它是文件 IO 的基础部分。

文件描述符是一个非常抽象的概念，顾名思义，它就是一个描述文件的符号，不必关注它到底是什么，只需要知道它可以操控文件就行了。这个操控包括读文件、写文件、调整文件读写位置等很多功能，如图 2-11 所示。

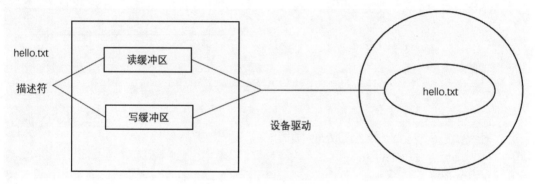

图 2-11　文件描述符示意图

通过文件描述符，程序可以将数据写入缓冲区，缓冲区的刷新机制会将内容通过设备驱动（不同的设备对应不同的驱动）保存到磁盘，在读取文件时，原理相同，只是过程是反过来的。

> **温馨提示**
> 进程启动后默认打开 3 个文件描述符，分别是标准输入、标准输出及标准错误。

接下来介绍文件 IO 操作相关的 API，首先介绍如何创建一个文件，这需要 os 包的函数 OpenFile，其原型如下：

```
func OpenFile(name string, flag int, perm FileMode) (*File, error)
```

其中的各个参数含义如下。

（1）name：代表要打开的文件名字。

（2）flag：代表打开的权限，其取值采用位指示器方式，参数值如下。

① O_RDONLY：只读，必选项，与 O_WRONLY 和 O_RDWR 三者选其一。

② O_WRONLY：只写。

③ O_RDWR：读写。

④ O_CREATE：创建文件。

⑤ O_TRUNC：截断文件。

（3）perm：8 进制文件权限位，与 umask 共同作用，决定最终文件权限位。

（4）返回值：包含 *File 和 error 两种类型。

① *File：文件描述符（可以这样理解）。

② error：错误信息，nil 代表没有错误。

温馨提示

error 是 Go 语言错误信息的数据类型，nil 代表 Go 语言当中的空指针，error 返回 nil 代表没有错误。

OpenFile 可以打开一个已有文件或创建一个新文件，通过参数的不同可以控制打开后对应的权限。为了便于理解，可以认为 OpenFile 返回的结果是文件描述符，通过 File 就可以操作文件的读或写了。File 结构提供了如下方法：

```
// 读取文件内容到 b（b 是自建缓冲区），返回读取的字节数和错误
func (f *File) Read(b []byte) (n int, err error)
// 将缓冲区 b 的内容写入文件中，返回写入成功的字节数和错误信息
func (f *File) Write(b []byte) (n int, err error)
//Write 的另一种实现形式，传递参数为字符串类型
func (f *File) WriteString(s string) (n int, err error)
// 调整文件读写位置，返回调整的距离和错误信息
func (f *File) Seek(offset int64, whence int) (ret int64, err error)
```

读或写的方法，我们不再详细描述，看到函数原型就可以判断出用法，在这里详细介绍一下 Seek。Seek 的作用是调整文件读写位置，这种方法的参数说明如下：

（1）offset：偏移量。

（2）whence：调整的位置，有三个值可以选择。

① os.SEEK_SET：文件头。

② os.SEEK_CUR：当前位置。

③ os.SEEK_END：结束位置。

```
Seek(10, os.SEEK_SET) // 调整到文件开始 10 个字节的位置
Seek(0, os.SEEK_END) // 调整到文件结束的位置
Seek(0, os.SEEK_SET) // 调整到文件开始的位置
```

Seek 正是通过 whence+offset 的组合来调整文件的读写位置，举这几个例子，大家就明白了。

在了解了 API 之后，我们来创建并打开一个文件，将 "hello world" 写入文件中并读取文件，将读到的内容打印到屏幕中。

分析这个需求，要打开的文件需要具备读和写的权限，而文件原本是不存在的，因此可以在打开文件时选择 ORDWR+OCREATE 的选项，为了便于多次启动，可以再把 O_TRUNC 也加上。

```
// 创建并打开文件
    fd, err := os.OpenFile("a.txt", os.O_RDWR|os.O_CREATE|os.O_TRUNC, 0666)
    if err != nil {
        fmt.Println("Failed to OpenFile", err)
        return
    }
```

在得到 fd 之后，就可以调用 fd 的 **WriteString** 方法来写入数据：

```
// 写入字符串
    n, err := fd.WriteString("hello world\n")
    if err != nil {
        fmt.Println("Failed to WriteString", err)
        return
    }
    fmt.Printf("write sucess %d bytes\n", n)
```

接着，继续调用 **fd.Read** 方法来读取内容，别忘了在调用之前先准备一下缓冲区。

```
buf := make([]byte, 20) // 构建缓冲区
    // 读取文件内容
    n, err = fd.Read(buf) // 为什么不用   := ?
    os.Stdout.Write(buf)   // 使用标准输出打印到屏幕，等同于 fmt.Print
```

> **温馨提示**
>
> string 数据可以用 []byte 强制转换，[]byte 的数据也可以强制转换为 string 类型。

在代码里，使用 os.Stdout.Write 调用，它就是进程内默认打开的一个文件描述符，对应的是标准输出，也就是打印到屏幕。不过很遗憾，我们看到的输出如下：

```
write sucess 12 bytes
```

奇怪的是读文件的内容并没有被展示，我们查看文件内容是可以看到的。

```
root:book yk$ cat a.txt
hello world
```

这说明文件内容写入了，但是没有读取出来，问题出在哪里呢？问题的关键是文件读写位置。当打开一个文件时，文件的读写位置默认指向文件的开头，写入数据时，读写位置也会跟着移动，等同于一直处于文件末尾的位置，此时再读取肯定就读取不到内容了。问题找到了，那么如何解决呢？办法有很多，最优解是写入内容后使用 Seek 调整一下位置。全部代码如下：

```
package main

import (
```

```
        "fmt"
        "os"
)

func main() {
    // 创建并打开文件
    fd, err := os.OpenFile("a.txt", os.O_RDWR|os.O_CREATE|os.O_TRUNC, 0666)
    if err != nil {
        fmt.Println("Failed to OpenFile", err)
        return
    }
    // 写入字符串
    n, err := fd.WriteString("hello world\n")
    if err != nil {
        fmt.Println("Failed to WriteString", err)
        return
    }
    fmt.Printf("write sucess %d bytes\n", n)
    // 调整文件读写位置
    fd.Seek(0, os.SEEK_SET)
    // 构建缓冲区
    buf := make([]byte, 20)
    // 读取文件内容
    n, err = fd.Read(buf) // 为什么不用    := ?
    os.Stdout.Write(buf)    // 使用标准输出打印到屏幕，等同于 fmt.Print
    fd.Close()              // 关闭打开的文件
}
```

这次可以看到想要的结果了。

```
write sucess 12 bytes
hello world
```

特别提醒一下，一个好的编码习惯是文件打开后，用完一定要关闭，这是收尾工作。不过这个收尾工作对于程序员来说会有点儿烦，因为任何一个异常导致函数提前结束的情况下可能都需要执行一下收尾工作。在 Go 语言之中，设计了一个非常好的机制应对这个问题，它就是关键字 defer。defer 的作用是延迟执行函数调用，等 defer 语句所在函数退出时会先调用 defer 延迟的函数调用，这个设计简直太好了，再也不用担心麻烦的收尾问题了。我们完全可以在文件打开后立即加上下面这一句就行了！

```
defer fd.Close()// 延迟关闭打开的文件
```

2.7.2 TCP协议简介

计算机网络建设的意义，主要目的是解决不同主机间的通信问题。人们将复杂的问题抽象化之后，最终将网络分为若干层，不同层负责不同的工作，将复杂的网络数据传输简单化。这个过程很像发快递，有的人负责上门取送，有的人负责不同城市间运输，有的人负责分发派件……在分层模型中，最为著名的当属国际标准化组织的 OSI 七层模型，很多专业的标准术语都来源于此分层模型，不过在实际应用中，TCP/IP 四层模型使用得更广泛，如图 2-12 所示。

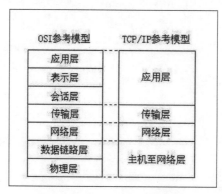

图 2-12　网络分层模型对比

温馨提示

OSI 是 Open System Interconnection 的缩写，该标准由 ISO（国际标准化组织）制定。

对于 TCP/IP 模型来说，离用户最近的是应用层，在网络传输时，应用层先进行数据包的封装，然后将数据包交给下面的传输层，传输层同样对数据包进行封装，然后交由网络层再封包，网络层的操作相同，它主要是在数据包上封装上 IP 信息，最终数据包在网络接口层封包后发送到网络中，另一端主机收到数据包后，按照封包的逆序进行拆包，最终应用层就拿到了发送方真实的消息。一句话总结就是，发送方层层封包，接收方层层拆包，是不是很像发快递？

网络接口层主要是物理连接，并且将基带信号转换为比特流，网络层主要定义了 IP 协议，IP的作用是确定网络内的唯一一台主机，传输层主要有 TCP 和 UDP 协议，这一层主要解决的是传输数据的控制问题，保障数据能够安全、稳定、可靠地到达。

TCP 协议是 Transmission Control Protocol 的缩写，翻译过来就是传输控制协议，TCP 协议是一个安全、稳定、可靠、有序的数据报传输协议。如果说网络层解决了主机识别的问题，那么 TCP协议则是解决了如何识别主机上唯一一个进程的问题。TCP 协议解决这个问题的办法是绑定端口，每个进程在使用 TCP 协议时，都需要绑定端口，通过 IP+ 端口的方式就可以确定网络中唯一一台主机上的唯一一个进程（如图 2-13 所示）。两台主机上的进程想要通信，按照 TCP 协议就可以实现了。

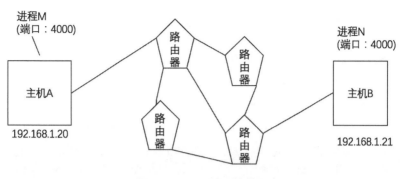

图 2-13　IP+ 端口的作用

TCP 协议除了端口，还定义了数据报的请求序号和确认序号，序号的作用是为了确保消息的准确、有序。此外，TCP 为了保障传输的安全性，还规定了建立连接和断开连接的步骤，这就是广为流传的 TCP 三次握手和 TCP 四次挥手。

TCP 三次握手是建立连接的过程，由主动方发起连接请求，携带 SYN 标志与请求序号，接收方接收到请求后，回发 SYN 请求及 ACK 应答，原请求方收到请求应答后再做一次应答，双方就可以连接了。整个过程进行了三次交互，因此形象地称为三次握手。读者需要仔细观察图 2-14 的序号变化，应答序号会在原请求序号的基础上加上数据长度，对于连接请求，只需增加一个 SYN 的长度。因此请求序号是 100 时，应答序号是 101。

TCP 建立连接时需要三次握手，而断开连接时需要四次挥手。断开连接时，主动方发送 FIN 标志和序号，对方应答，对方应答后再次发送 FIN 标志与和序号，原主动方进行应答之后完成断开连接的整个过程，如图 2-15 所示。

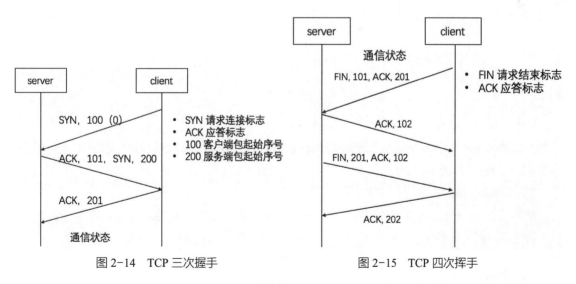

图 2-14　TCP 三次握手　　　　　　　　图 2-15　TCP 四次挥手

对于网络、TCP 的相关知识，在这里介绍的只是一点点，我们的目标是更好地理解编程实现，感兴趣的读者需要自行阅读一些资料。

2.7.3 TCP服务器搭建

TCP 由于应用简单，安全可靠，也成为众多企业选择通信协议的首选。下面介绍如何搭建一个 TCP 服务器，当然这个是有套路的。在 Go 语言建立 TCP 服务器，大致步骤如下。

（1）绑定 IP 和端口，建立侦听。

（2）等待侦听结果，得到新连接。

（3）与得到的新连接进行通信。

想要做到第一步，需要使用 Go 语言官方 net 包的 Listen 函数，它直接帮我们把事情都做好了。

```
func Listen(network, address string) (Listener, error) //建立一个侦听者
```

Listen 函数参数说明如下。

（1）network：选择网络类型，可以填写 tcp 或 udp。

（2）address：设定服务器地址，格式为 [IP]: 端口，IP 可以省略，此时代表监听 0.0.0.0。

（3）返回值。

① Listener：返回一个侦听者对象，用于后续的步骤处理。

② error：返回 nil 代表无错误，否则存在错误。

Listener 实际是一个接口，内容如下：

```
type Listener interface {
    // Accept waits for and returns the next connection to the listener.
    Accept() (Conn, error)

    // Close closes the listener.
    // Any blocked Accept operations will be unblocked and return errors.
    Close() error

    // Addr returns the listener's network address.
    Addr() Addr
}
```

其中涉及的方法说明如下。

（1）Accept：获得一个通过三次握手建立好的连接，返回 Conn 接口对象。

（2）Close：关闭 Listener。

（3）Addr：返回绑定的 IP 和地址。

在调用了 Accept 方法后，对应的就会返回一个建立好的连接，此连接就可以用来通信了。至于如何通信，前文介绍过了，通信本质上也是 IO 处理，看一下 Conn 的接口定义也就明白了。

```
type Conn interface {
    // Read reads data from the connection.
    // Read can be made to time out and return an Error with
Timeout() == true
```

```
    // after a fixed time limit; see SetDeadline and SetReadDeadline.
    Read(b []byte) (n int, err error)

    // Write writes data to the connection.
    // Write can be made to time out and return an Error with
Timeout() == true
    // after a fixed time limit; see SetDeadline and SetWriteDeadline.
    Write(b []byte) (n int, err error)

    // Close closes the connection.
    // Any blocked Read or Write operations will be unblocked and
return errors.
    Close() error

    // LocalAddr returns the local network address.
    LocalAddr() Addr

    // RemoteAddr returns the remote network address.
    RemoteAddr() Addr

    ……

}
```

在准备工作做好后，具体实施一下 TCP 服务器端的代码，步骤如下。

步骤 01：绑定 IP 和端口，启动侦听。

```
//1. 绑定 IP+ 端口，设置侦听
    listener, err := net.Listen("tcp", "localhost:8888")
    if err != nil {
        log.Panic("Failed to Listen", err)
    }
    // 延迟关闭
    defer listener.Close()
```

步骤 02：获得连接。

为了支持多个客户端，我们使用 for 循环。不过，由于没有数据的时候读会被阻塞，因此为了支持多个客户端，需要使用并发。很容易就能想到，对于一个新连接，启动一个 Goroutine 去与其通信。

```
//2. 循环等待新连接
    for {
        // 从连接列表获取新连接
        conn, err := listener.Accept()
        if err != nil {
```

```
        fmt.Println("Failed to Accept ", err)
    }

    //3. 与新连接通信 goroutine
    go handle_conn(conn)
}
```

handleconn 的主要功能就是通信，最简单的通信就是循环收发消息。我们简单粗暴一点，不管收到什么都原样发回去，这有个学名叫回射服务器。handleconn 的代码如下：

```
func handle_conn(conn net.Conn) {
    defer conn.Close()
    fmt.Println("New connect ", conn.RemoteAddr())
    // 通信
    buf := make([]byte, 256)
    for {
        // 从网络中读
        n, err := conn.Read(buf)
        if err != nil {
            fmt.Println("Failed to read", err)
            break
        }
        fmt.Println(n, string(buf))
        // 写回网络 -- 回射服务器
        n, err = conn.Write(buf[:n])
        if err != nil {
            fmt.Println("Failed to Write", err)
            break
        }

    }
}
```

温馨提示

回写数据时这样写 conn.Write(buf[:n]) 是必须的，因为每次收到数据长度不定，不能按照 buf 直接发送，否则前一次的"脏数据"可能对本次写入的新数据产生影响。

服务器的完整代码如下：

```
package main

import (
    "fmt"
```

```
    "log"
    "net"
)

func handle_conn(conn net.Conn) {
    defer conn.Close()
    fmt.Println("New connect ", conn.RemoteAddr())
    // 通信
    buf := make([]byte, 256)
    for {
        // 从网络中读
        n, err := conn.Read(buf)
        if err != nil {
            fmt.Println("Failed to read", err)
            break
        }
        fmt.Println(n, string(buf))
        // 写回网络 -- 回射服务器
        n, err = conn.Write(buf[:n])
        if err != nil {
            fmt.Println("Failed to Write", err)
            break
        }

    }
}


func main() {
    //1. 绑定 IP+ 端口，设置侦听
    listener, err := net.Listen("tcp", "localhost:8888")
    if err != nil {
        log.Panic("Failed to Listen", err)
    }
    // 延迟关闭
    defer listener.Close()
    //2. 循环等待新连接
    for {
        // 从连接列表获取新连接
        conn, err := listener.Accept()
        if err != nil {
            fmt.Println("Failed to Accept ", err)
```

```
    }

    //3. 与新连接通信 goroutine
    go handle_conn(conn)
  }

}
```

如果是在类 UNIX 平台，我们可以借助系统本身的 nc 命令来测试服务器的服务情况，效果如图 2-16 所示。

图 2-16　运行效果演示

如果是 Windows 平台，就需要自己来写一下客户端的代码，客户端的代码比服务器的代码简单一些，基本上两步就可以搞定。

步骤 01：请求与服务器建立连接。

此时需要服务器的地址，这个地址就是 IP+ 端口。至于 API 则要使用 net 包的 Dial 函数：

```
func Dial(network, address string) (Conn, error)
```

步骤 02：与服务器端通信。

此函数返回一个 Conn 对象，有了 Conn 对象，就可以和服务器通信了，当然这个通信仍然是 IO 操作。

下面用代码模拟一个 nc 命令的客户端，这个客户端需要读取标准输入后，将内容发送到网络，再从网络中读取数据，写到标准输出。示例代码如下：

```
package main

import (
    "fmt"
    "net"
    "os"
)

func main() {
    //1. 第一步建立连接
    conn, err := net.Dial("tcp", "localhost:8888")
```

```
    if err != nil {
        fmt.Println("Failed to Dial")
        return
    }
    // 延迟关闭 conn
    defer conn.Close()
    //2. 与服务端通信
    buf := make([]byte, 256)
    for {
        //2.1 读标准输入
        n, _ := os.Stdin.Read(buf)
        //2.2 写到网络
        conn.Write(buf[:n])
        //2.3 读网络
        n, _ = conn.Read(buf)
        //2.4 打印到屏幕
        os.Stdout.Write(buf[:n])
    }
}
```

2.7.4　HTTP协议简介

HTTP 是 "Hyper Text Transfer Protocol" 的缩写，翻译为超文本传输协议。顾名思义，HTTP 是用来传输超文本的协议，它位于 TCP/IP 模型的应用层，侧重于描述，专注于描述浏览器与服务器之间的通信细节。HTTP通过一系列键值对的形式来描述HTTP的请求与响应消息，所谓请求消息，就是浏览器向服务器发送请求时的消息，而响应消息则是服务器响应浏览器请求后所返回的消息，如图 2-17 所示。

图 2-17　HTTP 通信示意图

在明确了基本的原则后，需要简单了解一下 HTTP 协议的请求消息格式与响应消息格式。先来说说请求消息，它主要包含四部分内容：

（1）请求行。

（2）请求头（可以多个键值对）。

（3）空行（所有换行用 "/r/n"）。

（4）请求正文（可以省略）。

在请求行中，又包含三部分消息：请求方法、请求资源路径、协议版本。其中请求协议一般是"HTTP/1.1"，请求方法可以是 GET、POST、HEAD、PUT、DELETE 等，其中最为常用的是 GET 和 POST 方法，当需要安全提交信息时多用 POST 方法时，一般的数据请求则是使用 GET 方法。

请求消息的请求头部分可以是多行消息，此部分主要描述请求的一些关键信息，如浏览器描述、主机信息、连接情况、编解码和语言信息等。需要注意的是此部分的换行需要使用"/r/n"。如果想要观察一下浏览器的请求消息内容，非常简单，编写一个 TCP 服务器，然后让浏览器发起请求就可以了。

```go
package main

import (
    "fmt"
    "net"
)
func main() {
    listener, _ := net.Listen("tcp", ":8080")
    for {
        conn, _ := listener.Accept()
        go func(conn net.Conn) {
            buf := make([]byte, 2048)
            conn.Read(buf)
            fmt.Println(string(buf))
        }(conn)
    }
}
```

将服务器启动，在浏览器请求"http://localhost:8080"就可以了，此时在服务器端就会出现浏览器的 HTTP 请求，如图 2-18 所示。

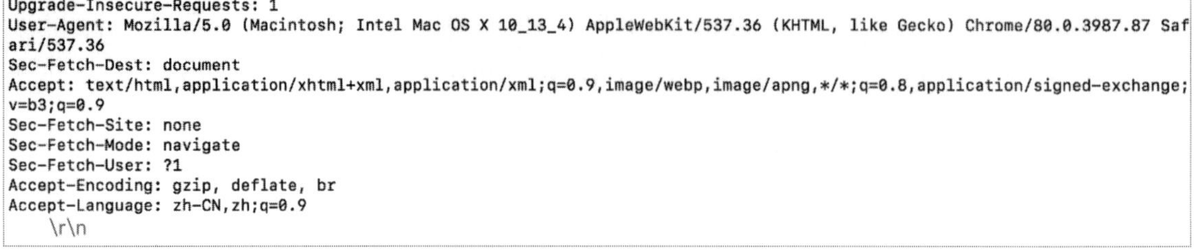

```
bogon:book yk$ go run 29-http1.go
GET / HTTP/1.1        ──────▶ 请求头
Host: localhost:8080
Connection: keep-alive
Upgrade-Insecure-Requests: 1
User-Agent: Mozilla/5.0 (Macintosh; Intel Mac OS X 10_13_4) AppleWebKit/537.36 (KHTML, like Gecko) Chrome/80.0.3987.87 Saf
ari/537.36
Sec-Fetch-Dest: document
Accept: text/html,application/xhtml+xml,application/xml;q=0.9,image/webp,image/apng,*/*;q=0.8,application/signed-exchange;
v=b3;q=0.9
Sec-Fetch-Site: none
Sec-Fetch-Mode: navigate
Sec-Fetch-User: ?1
Accept-Encoding: gzip, deflate, br
Accept-Language: zh-CN,zh;q=0.9
    \r\n
```

图 2-18　HTTP 请求消息

介绍完请求消息后，再来介绍响应消息。响应消息是服务器发给浏览器的消息，它也有自己的格式要求，整体上也可分为四部分：

（1）响应行。

（2）响应头（多个键值对组合，以 "\r\n" 作为换行）。

（3）空行（"\r\n"）。

（4）响应正文。

在响应消息里，响应行也分为 3 部分，包含响应码、响应信息、版本协议。响应码和响应信息是固定搭配的，代表了服务器对浏览器的基本情况，常见的有 200（正常）、301（服务重定向）、404（资源不存在）、50X（服务器存在问题）等。响应头是响应消息里应被重点关注的部分，服务器会在响应头描述资源的类型是什么，资源的长度是多少等信息。不要忘了，HTTP 协议的特点就是重在描述，目的是让浏览器能够很好地显示出消息内容。我们看到的各式各样的网站，都是遵循这样的协议展示出来的。

响应正文是浏览器的请求资源内容，服务器判断资源是否存在，如果不存在则响应 404 错误，如果存在，则组织一个响应消息，发送给客户端，这样算是完成了一次通信。

HTTP 协议知识点同样很多，在这里仍然只是介绍了一点点，感兴趣的读者可以自行查阅资料。

2.7.5　HTTP服务器搭建

在了解了 HTTP 协议后，我们完全可以基于 TCP 协议来实现一个 HTTP 服务器，因为按照 HTTP 协议来解析请求消息、生成响应消息就可以了。不过 Go 语言官方 http 包已经封装好了具体的 API，所以不需要自己来处理 HTTP 协议的事情，直接使用 API 来搭建一下 HTTP 服务器就可以了。

在 Go 语言当中，直接用 ListenAndServe 函数就可以启动一个 HTTP 服务器。

```
func ListenAndServe(addr string, handler Handler) error
```

简单说一下参数。

（1）addr：服务器地址，与 tcp 服务器类似。

（2）handler：服务器提供服务的函数指针，一般填 nil。

看 ListenAndServe 函数名称可以猜到是侦听并启动服务的意思，它同时完成了绑定 IP 和端口、启动侦听、提供 HTTP 服务的作用。但是有一个疑问，对于浏览器发过来的不同请求，服务器是如何知道怎么处理呢？在这一点上服务器确实不知道。因此在调用此函数之前我们需要先设置服务路由，告诉服务器当发生什么样的请求时应该如何去处理，当然这种处理方法也是需要提前写好的。

在启动服务前，需要使用 HandleFunc 来设置路由规则：

```
func HandleFunc(pattern string, handler func(ResponseWriter, *Request))
```

参数说明如下。

（1）pattern：路由规则。

（2）handler func(ResponseWriter, *Request)：路由处理函数。

看到 HandleFunc 的原型也就明白了，这个函数的作用就是告知服务器当发生了 pattern 的规则时，请用 handler 来处理。所以在写 HTTP 服务器时做得最多的是两件事情，其一是编写 handler 这个路由处理函数，其二是为这个 handler 设置好路由规则。需要注意的是，handler 的函数原型是固定的，因此我们不能发明创造，除了函数名称，其余都是不能动的。下面，我们设置一个打招呼的路由规则。

```
http.HandleFunc("/hello", HelloServer) // 设置路由
// hello world, the web server
func HelloServer(w http.ResponseWriter, req *http.Request) {
    io.WriteString(w, "hello, world!\n")
}
```

在这里，WriteString 的原型如下，其中 Writer 是一个接口，由于 http.ResponseWriter 实现了 Writer 要求的所有方法，因此 Writer 可以指向 http.ResponseWriter 对象。

```
func WriteString(w Writer, s string) (n int, err error)
```

同样，我们可以再设置一个说再见的路由。

```
func ByeServer(w http.ResponseWriter, req *http.Request) {
    io.WriteString(w, "Bye, Bye!\n")
}
http.HandleFunc("/bye", ByeServer)        // 设置路由
```

整体代码如下：

```
package main

import (
    "io"
    "log"
    "net/http"
)

// hello world, the web server
func HelloServer(w http.ResponseWriter, req *http.Request) {
    io.WriteString(w, "hello, world!\n")
}
func ByeServer(w http.ResponseWriter, req *http.Request) {
    io.WriteString(w, "Bye, Bye!\n")
}
func main() {
    http.HandleFunc("/hello", HelloServer) // 设置路由
    http.HandleFunc("/bye", ByeServer)        // 设置路由
```

```
    err := http.ListenAndServe(":8080", nil)
    if err != nil {
        log.Fatal("ListenAndServe: ", err)
    }
}
```

运行后，我们可以在浏览器进行请求。

请求：http://localhost:8080/hello，将看到图 2-19 所示的结果。

请求"http://localhost:8080/bye"，将看到图 2-20 所示的结果。

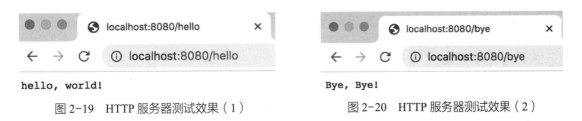

图 2-19　HTTP 服务器测试效果（1）　　　　图 2-20　HTTP 服务器测试效果（2）

疑难解答

No.1：方法与函数的区别是什么？

答：方法与函数都是对代码的封装，二者的区别主要有两点。第一，方法是面向对象的，在声明时需要指定执行对象类型，函数则无须指定；第二，调用时存在区别，方法只有对应的对象才可调用，函数没有限制。

No.2：数组和切片的区别是什么？

答：第一，数组是值类型，而 Go 语言是强类型的语言，即使是 [5]int 和 [10]int 代表的也是不同的类型，而切片属于引用类型；第二，数组大小是固定的，切片的大小是变化的。

No.3：channel 使用的注意事项有哪些？

答：channel 是 Go 语言中非常重要的元素。第一，一定要关注 channel 的读写行为；第二，channel 在使用上一定要一端读，一端写，以免造成混乱；第三，channel 使用完后应关闭，读取端应使用指示器；第四，channel 无缓冲区时可以认为是同步机制，channel 有缓冲区时则可以提供异步处理机制，此时可以用更多的 Goroutine 操作 channel，提高并发性。

实训：基于 TCP 协议的并发聊天室

【实训说明】

（1）实现命令行版的聊天室，客户端在连接后，可以在命令行进行昵称设置、发送广播消息、发送一对一消息。

（2）客户端连接后，所有已连接用户要收到广播通知。

（3）支持客户端设定昵称，设置后所有用户将收到广播。

（4）客户端断开后，所有已连接用户要收到广播通知。

（5）客户端广播消息，所有已连接用户要收到该消息。

（6）客户端一对一消息，只有对方才能收到消息。

温馨提示

需要开发服务器与客户端两个程序，要使用并发、channel、tcp 服务器、标准输入处理等技能。

【实现方法】

步骤 01：数据结构设计。

本步骤明确客户端与服务器端的通信协议，即双方采用 json 格式进行通信，同时也定义服务端不同 channel 之间传递消息的格式，此外，定义两个 map 来记录客户端连接信息及客户端昵称信息。

```go
// 并发聊天室
package main

import (
    "encoding/json"
    "fmt"
    "log"
    "net"
    "unsafe"
)

//goroutine 通信的消息结构
type ChatMsg struct {
    From, To, Msg string
}

// 与客户端通信的结构
//to,msg,10    ==>  all->broadcast set 设置昵称，msg 就是昵称
type ClientMsg struct {
    To      string  `json:"to"`      // 接收者
    Msg     string  `json:"msg"`     // 消息
    Datalen uintptr `json:"datalen"` // 消息长度，验证用
}

//channel 消息中心用
var chan_msgcenter chan ChatMsg
```

```
// 要求：私信时，必须使用昵称
// 定义连接列表
var mapName2CliAddr map[string]string  // 昵称 - > remoteaddr
var mapCliaddr2Clients map[string]net.Conn
```

步骤 02：完成服务器端主体框架编写。

本步骤主要完成相关初始化工作，并且将服务端基本步骤完成，一些需要处理的功能使用"打桩函数"来代替。

```
// 主控模块
func main() {
    // 初始化
    mapCliaddr2Clients = make(map[string]net.Conn)
    mapName2CliAddr = make(map[string]string)
    chan_msgcenter = make(chan ChatMsg)

    //1. 绑定 ip+ 端口，启动侦听
    listener, err := net.Listen("tcp", ":8888")
    if err != nil {
        log.Panic("Failed to Listen", err)
    }
    defer listener.Close()
    // 启动消息中心
    go msg_center()
    //2. 循环等待新连接
    for {
        conn, err := listener.Accept()
        if err != nil {
            fmt.Println("Failed to Accept", err)
            break
        }
        //3. 创建 goroutine，服务新连接
        go handle_conn(conn)
    }

}
```

步骤 03：处理断开连接问题。

```
// 断开连接处理
func logout(conn net.Conn, from string) {
    defer conn.Close()
    delete(mapCliaddr2Clients, from) // 删除 map 的元素
    // 通知消息中心
```

```
    msg := ChatMsg{from, "all", from + "->logout"}
    chan_msgcenter <- msg
}
```

步骤 04：客户端通信部分处理。

本步骤是最复杂的部分，需要处理通信的消息，以及消息中心通知。

```
func handle_conn(conn net.Conn) {
    // 处理新连接通知
    from := conn.RemoteAddr().String()
    mapCliaddr2Clients[from] = conn
    msg := ChatMsg{from, "all", from + "->login"}
    chan_msgcenter <- msg
    // 处理断开通知
    defer logout(conn, from)
    // 分析消息 - 通知
    buf := make([]byte, 256)
    for {
        n, err := conn.Read(buf)
        if err != nil {
            fmt.Println("Failed to Read", err, from)
            break
        }
        if n > 0 {
            var climsg ClientMsg
            err = json.Unmarshal(buf[:n], &climsg) //json 解析
            if err != nil {
                fmt.Println("Failed to Unmarshal", err, string(buf[:n]))
                continue
            }
            if climsg.Datalen != unsafe.Sizeof(climsg) {
                fmt.Println("Msg format err:", climsg)
                continue
            }
            // 组织一个消息到消息中心
            chatmsg := ChatMsg{from, "all", climsg.Msg}
            switch climsg.To {
            case "all":
            case "set":
                mapName2CliAddr[climsg.Msg] = from
                chatmsg.Msg = from + " set name=" + climsg.Msg + " sucess"
                chatmsg.From = "server"
            default:
```

```
                    chatmsg.To = climsg.To
            }

            chan_msgcenter <- chatmsg
        }
    }
}
```

步骤 05：消息中心处理（1）。

本步骤也是完成一个打桩函数，send_msg 需要单独处理。

```
// 消息中心
func msg_center() {
    for {
        // 等待 channel
        msg := <-chan_msgcenter
        go send_msg(msg)
    }
}
```

步骤 06：消息中心处理（2）。

本步骤完成服务器端又一个核心模块，即消息中心的消息转换和分发问题。

```
// 发送消息
func send_msg(msg ChatMsg) {
    // 网络中通信使用 []byte
    data, err := json.Marshal(msg)
    if err != nil {
        fmt.Println("Failed to Marshal ", err, msg)
        return
    }
    if msg.To == "all" {
        // 广播
        for _, v := range mapCliaddr2Clients {
            // 广播不给自己发
            if msg.From != v.RemoteAddr().String() {
                v.Write(data)  // 注意需要判断网络错误
            }
        }
    } else {
        // 私信
        // 先通过昵称查找 remoteaddr
        from, ok := mapName2CliAddr[msg.To]
        if !ok {
```

```
        fmt.Println("User not exists", msg.To)
        return
    }
    // 再通过 remoteaddr 查找 conn
    conn, ok := mapCliaddr2Clients[from]
    if !ok {
        fmt.Println("client not exists", from, msg.To)
        return
    }
    conn.Write(data)
    }
}
```

步骤 07：实现客户端代码。

```
package main

import (
    "bufio"
    "encoding/json"
    "fmt"
    "log"
    "net"
    "os"
    "strings"
    "unsafe"
)

// 与客户端通信的结构
//to,msg,10    == >    all->broadcast set 设置昵称，msg 就是昵称
type ClientMsg struct {
    To      string  `json:"to"`       // 接收者
    Msg     string  `json:"msg"`      // 消息
    Datalen uintptr `json:"datalen"`  // 消息长度，验证用
}

// 添加一个帮助函数
func Help() {
    fmt.Println("1. set:your name")
    fmt.Println("2. all:your msg -- broadcadt")
    fmt.Println("1. anyone:your msg -- private msg")
}
```

```go
func handle_conn(conn net.Conn) {
    buf := make([]byte, 256)
    // 读写 循环
    for {
        n, err := conn.Read(buf)
        if err != nil {
            log.Panic("Failed to Read", err)
        }
        fmt.Println(string(buf[:n]))
        fmt.Printf("pdj's chat > ")
    }
}

func main() {
    // 拨号连接
    conn, err := net.Dial("tcp", "localhost:8888")
    if err != nil {
        log.Panic("Failed to Dial ", err)
    }
    defer conn.Close()
    //goroutine 通信
    go handle_conn(conn)
    // 读标准输入
    reader := bufio.NewReader(os.Stdin) // 构建一个 reader

    fmt.Printf("welcome to pdj's pub chat\n")
    Help()
    for {

        fmt.Printf("pdj's chat > ")
        //os.Stdin.Read()
        msg, err := reader.ReadString('\n')
        if err != nil {
            log.Panic("Failed to ReadString", err)
        }
        msg = strings.Trim(msg, "\r\n") // 取消换行回车
        // 退出控制
        if msg == "quit" {
            fmt.Println("bye bye ")
            break
        }
        if msg == "help" {
```

```
        Help()
        continue
    }
    // 消息处理
    msgs := strings.Split(msg, ":")
    if len(msgs) == 2 {
        // 组织客户端要给服务器的消息
        var climsg ClientMsg
        climsg.To = msgs[0]
        climsg.Msg = msgs[1]
        climsg.Datalen = unsafe.Sizeof(climsg)
        // 转换json为[]byte
        data, err := json.Marshal(climsg)
        if err != nil {
            fmt.Println("Failed to Marshal", err, climsg)
            continue
        }
        _, err = conn.Write(data)
        if err != nil {
            fmt.Println("Failed to write", err, climsg)
            break
        }
    }
  }
}
```

本章总结

　　学习本章的目标是掌握 Go 语言的开发技能，从点滴的语法中理解 Go 语言设计的精髓所在。通过对本章的学习，读者可以掌握 Go 语言开发中的基础语法，以及 Go 语言容器编程、面向对象编程、并发编程、网络编程等知识。通过知识点的学习，读者可以理解 Go 语言的设计理念和思想，说不定会对 Go 语言有一些着迷。

第 2 篇

进阶篇

从比特币诞生到现在，短短10年时间，区块链已经发展成为当今世界广受追捧的IT技术之一。此前我们介绍的Go语言开发技术已经为接下来的学习打好了基础。本篇我们不仅要介绍区块链的基本原理、发展历程和一些经典行业应用，还要介绍智能合约的开发，智能合约如何被调用，以及如何通过Go语言来实践之前了解到的区块链技术原理。可以说，学完本篇，读者不光掌握了区块链技术的原理，同时也掌握了区块链技术的实现细节。

第3章
区块链原理、发展与应用

本章导读

正如一千个人眼中有一千个哈姆雷特，不同的人对区块链的理解也会不同。本章先从一个技术人员的角度去思考为什么中本聪（比特币发明者）要使用区块链这项技术，这样可以让我们更好地理解区块链技术的原理。之后介绍区块链的发展历程及一些行业现状，最后介绍一些当前已经落地的典型行业应用，让读者对区块链有一个彻底的认识，了解区块链可以解决什么样的问题，以及会给我们的生产和生活带来怎样的影响。

知识要点

通过对本章内容的学习，您将掌握以下知识：

- 区块链运行原理
- 区块链应用的技术架构设计
- 区块链的发展历史
- 区块链已落地的典型行业应用

3.1　区块链基本原理

对于大多数人来说，学习区块链更关注的是该技术有哪些特点，可以解决什么问题。对于技术人员来说，同样关注区块链的特点，但他们更加关注区块链的原理本身，换句话说就是区块链在技术上是怎么实现的。本节将从技术人员的视角介绍区块链的基本原理。

3.1.1　区块链技术为什么会产生

区块链技术的产生既有偶然性，也有其必然性。2008 年 11 月 1 日，一位自称中本聪的人在网络中发表了一篇论文，这篇论文也就是后来鼎鼎有名的比特币白皮书《比特币：一种点对点的电子现金系统》，这篇论文也给世人描绘了一种全新的数字货币系统——比特币。我们知道，像人民币、美元这样的货币都是在强大的国家机器背书之下才能够被民众所接受，并且在日常的生产生活中流通的。很显然，比特币是没有任何国家或机构为其背书的。因此，中本聪面临的挑战就是如何利用技术的手段给其发布的比特币进行背书。

中本聪要实现比特币，或者说要实现一个电子现金系统，从技术人员的角度去看，实际上就是要实现一个账本。为了实现这样一个账本，中本聪要解决以下几个问题：

（1）账本不能被篡改。

（2）账本不能丢失或损坏。

（3）证明你是你。

（4）同样一份钱，不能花出去 2 次或多次。

那么站在个人的角度去想，如何保证账本不能丢失和损坏呢？很容易想到的是，这个账本最好让多个人共同记账，也就是说账本保留多个备份（分布式账本），这样就不用担心账本丢失或损坏的问题。与此同时，这样也带来一个好处，那就是账本不那么容易被篡改了，因为账本在多地都有备份，任何人想要修改的都是本地的账本，在其他账本保存方不同意的情况下，改不了整体的账本，也就是说他的修改别人不认可。

由于数字货币的敏感性，中本聪为了让人放心地加入网络中，一起使用这个数字货币，他需要把这个账本做成一个匿名的、虚拟化的网络。因此在这个网络中就要完成一个类似于哲学的问题：证明你是你。这句话的本意就是 A 账户的余额只能是 A 才有权利管理，A 可以选择转账或其他交易，但是在做这些交易的时候，A 必须证明这个账户是他的。对于这个问题，并非是什么新的技术难题，采用密码学的知识设计数字签名就可以做到。对于数字签名的细节要求有两点：第一，A 签过名的交易 A 不能抵赖，其他人可以验证；第二，其他人不能通过 A 签名后的交易仿造出 A 其他的签名交易。

数字货币相比于纸币的好处是它不会存在假币，它的基本安全性可以通过密码学原理及分布式账本保证。当然，数字货币相比纸币也存在一种风险，当纸币从 A 给到 B 时，整个交易就结束了；但数字货币会有一些不同，假如 A 有 10 个比特币，他选择全部转账给 B，当这笔交易在网络中执行但还未确认完成时，他选择再给 C 转 10 个比特币，对于系统而言，这两笔交易都是合法的，都可以通过开始验证而广播到整个网络中。

上述问题就是数字货币面临的"双花攻击"或"多花攻击"问题，如图 3-1 所示。中本聪解决这个问题的办法很简单，就是设计一个强时序性的数据结构。他把若干个交易打包形成一个块（block），对于"双花攻击"里的两笔交易在同一个块打包时会被校验出不合法，最终两笔交易中只能有一个被打包到块。接着，系统再将新产生的块挂在之前产生的块的后面，这样整体形成了一个链表的数据结构。对于已经打包在块中的交易就是系统确认过的，此时再收到"双花攻击"里的第二笔交易时也没有问题，系统会认为余额不足，交易非法。就这样，比特币系统就是在网络中不停地收集交易打包成块，然后挂在之前的块上。中本聪并未给这种结构命名，一开始大家认为它就是"chain of blocks"，后来大家把它统一叫作"blockchain"（区块链）。

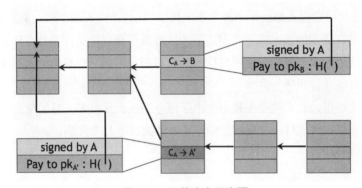

图 3-1　双花攻击示意图

通过前面的介绍，相信大家已经明白区块链的由来了，"chain of blocks"只是一种数据结构，而我们现在经常听到的区块链实际上是虚拟数字货币背后技术的总称，它包括密码学、网络、数据结构等技术，甚至还有博弈论在其中，这也是前文所说的为什么不同的人眼中的区块链是不一样的。

3.1.2　什么是hash函数

前文我们提到了狭义的区块链其实是一种数据结构，在比特币网络中的计算机上都保留着这样一条连着一个一个区块的链表。那么这个链表是怎样形成的呢？

SHA-256 哈希

图 3-2　hash 函数示意图

这个链表的形成就要借助 hash 函数了。什么是 hash 函数？hash 函数被我们习惯上音译为哈希函数，一般翻译为杂凑、散列。在比特币领域中所提到的 hash 函数是指特定算法支持的 hash 函数（SHA-256），这个函数 y=hash(x) 的特点是对于不同的输入 x，都可以得到一个固定长度（256bit）的二进制 y 值，如图 3-2 所示。在这里，我们不去深入探讨这个 hash 算法本身，因为我们更想知道比特币网络为什么要使用这样的 hash 函数，前面提到的链表是怎么借助 hash 函数生成的。

如图 3-3 所示，每一个区块的生成都要填写 hash 值，这个 hash 值的输入包括区块编号、数据（多条交易信息）、前一区块的 hash 值及一个随机数。通过这样的链式结构，在已知一个区块的情况下，可以一直追溯到第一个区块，这样形成的链条就是区块链。也可以试想一下，如果有人想去篡改区块里的交易信息，势必导致本区块的 hash 变化，这样会影响整个链表，这样修改的成本也是高昂的。

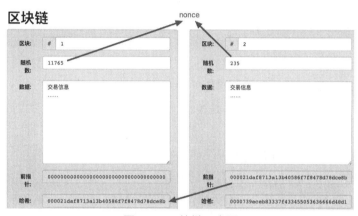

图 3-3 区块链示意图

可以说 hash 函数在区块链实现中占据了很重要的地位，而且在后面的章节中，仍然会遇到 hash 函数。那么 hash 函数究竟有什么特性，会让中本聪选择它来作为链式结构的关键呢？那是因为 hash 函数有这样几个特性：

（1）防碰撞。

（2）信息隐藏。

（3）易出难题。

所谓的防碰撞是指对于不同的输入值 x，一定要产生不同的值 y。如果读者对 hash 函数有所了解，一定会提出质疑，对于 Y=hash(X) 来说，很可能存在一个 X，用它计算 hash 可以得到一个相同的 Y 值，这就是碰撞了。事实上这种情况确实存在，但我们要考虑一个概率的问题。在这里可以给大家列举一个数据，当 hash 得到的结果是 22 个字符长度时，300 万亿次计算里，发生碰撞的概率是 1000 亿分之一。随着 hash 取值空间的增大，这个概率会更低，SHA-256 的 hash 值实际上是一个 64 位的字符串（字符取值在 0~9 和 a~f 之间）。因此发生碰撞的概率非常低，我们可以认为 hash 函数在这个层面上就是防碰撞的。

信息隐藏其实也很好理解，可以通过 X 计算得到一个 Y，但是反过来很难通过 Y 去反推出来 X 的值是多少。因为区块链网络需要保证用户的隐私和安全，所以 hash 函数在这方面的作用也非常突出。在网络中，每个用户在申请账户的时候都会获得一个公钥和私钥，私钥用来表示你对这个账户的管理权，公钥是使用私钥通过加密椭圆曲线算法（secp256k1）生成的，而且这个算法同样也是不可逆的。我们经常看到的比特币地址就是由公钥经过 2 次 hash 得到的一个字符串，这样也很好地保护了公钥本身的信息。

至于 hash 函数的易出难题特性，这里卖个关子，留到 3.1.4 小节来介绍。

通过本节的介绍，我们已经知道 hash 函数在区块链结构中的重要作用，如果说分布式节点是从架构上保证比特币账本的安全性，那么 hash 链表则是从数据结构层面保证了比特币账本不能轻易被篡改。

3.1.3　P2P网络简介

前文说过，为了保证比特币账本的安全，需要在多个节点上共同记账，但这没有说的那么简单，因为它面临一个最大的问题就是如何进行数据同步。中本聪在比特币白皮书标题里就已经说明了这个系统的网络结构是"peer to peer"，也就是所说的 P2P 网络。

对于 P2P 网络，读者不会陌生，尤其是接触过 BitTorrent 的用户，在 BT 下载刚兴起的时候，大家都是在网站下载电影或其他资源的种子，然后通过 BT 客户端软件解析种子，发现网络中有哪些用户提供这个资源的下载，进行连接并下载，此时的下载其实是根据这个资源形成了小型的 swarm 子网，在下载的同时也将自己已经具有的内容分享给了其他下载者。

P2P 网络最早来自 Napster，这是一个为用户提供免费 MP3 下载的网络服务。Napster 服务器上不存储 MP3 文件，但是它有一个索引服务器，来记录各个用户具备的 MP3 歌单信息，这样当用户有需求下载时，可以直接找到对应的主机建立连接并下载文件。后来由于版权问题，Napster 被查封，但它为后来者提供了很多启发。例如，eDonkey 就对 Napster 和后来的 BT 进行了改进，它由多个索引服务器形成一个索引层对外提供索引服务。

中本聪在发明比特币的时候，也是站在前人的肩膀上的。每个新加入网络的节点，都通过节点内置的 DNS 种子节点查询网络 IP 列表，某些种子节点返回一组静态可靠的比特币节点 IP，某些种子节点返回动态的比特币节点 IP 集。新节点选择 8 个节点进行连接，并彼此对比，同步区块链数据。如果有新交易产生，节点向自己所有相邻节点发送交易广播，后续继续向邻居广播，直至全网均收到交易信息。比特币网络节点按功能分主要有以下 4 个功能模块。

（1）Wallet：钱包。

（2）Miner：矿工。

（3）Full Blockchain：全节点。

（4）Network：路由节点。

钱包主要功能是签名交易与账户余额管理，它不一定需要保留全部区块的数据。矿工主要功能是用来挖矿，我们后面会详细介绍挖矿的内容。全节点顾名思义就是要保留全部区块链的数据。路由节点主要就是提供网络路由服务的，让新加入的节点能找到它的邻居。事实上每个节点，都可以包含上述功能的一种或多种。

3.1.4　PoW共识算法

大家都说区块链是一种新技术，但是经过前面的介绍可知，无论是 P2P 网络还是 hash 函数，甚至再算上密码学的数字签名，这些都不是新技术。如果真要问比特币里什么是新发明，PoW 共识就是一个。PoW 是 "Proof of Work" 的缩写，翻译过来就是工作量证明。

一看到工作量证明这个词汇就能想到，不需要你做任何解释，只要给我看到结果，我就知道你为此付出了大量的工作，这就是工作量证明。那么中本聪为什么要使用 PoW 呢？什么又是共识算法？这些问题说来话长，我们还是先从分布式账本讲起。中本聪设计了通过全球多个节点共同维护账本的方式来保证账本的安全性，但是还有一个问题不得不考虑：这些节点为什么要加入网络并帮助维护账本？即使该用户本身持有比特币，他也可能未必会心甘情愿成为网络的一分子，去维护整个网络的比特币账本。

既然情怀不管用，那就只能靠激励机制了。在古代，黄金和白银能够成为硬通货在市面上进行流通，主要就是因为它们发现起来困难。中本聪也把比特币做成了类似黄金、白银这样的硬通货，比特币的发现在设定上也是有些困难的。前面介绍过，一个区块的产生需要根据前一块的 hash 值、交易信息、区块编号、一个随机数来计算得到一个 hash 值。如果想要给维护账本的人进行奖励，就只能考虑从产生区块这里入手。古代的矿工挖到矿了就可以获得黄金或白银，而在比特币网络中，也激励这样的一群人去做类似的事情，他们将交易打包并产生新的区块就可以获得系统奖励，这个奖励当然就是比特币。

当然，如果比特币太容易获得，也起不到激励作用。这就不得不再次提到 hash 函数，前面介绍过 hash 函数的几个特性，其中有一个是易出难题。对于不同输入的 X，获得一个 Y，这个 hash 计算一次就可以完成，但是如果要求这个 Y 必须符合一定条件，如小于某个数值的时候，这就有些难度了，如图 3-4 所示。

图 3-4　挖矿难度

因为比特币的 hash 值是一个 64 位的 16 进制字符串，如果要求它必须小于某个值，也就是要求 hash 值前面几个数字都为 0，这就使 hash 函数的计算难度提高了，要找到符合这样条件的 hash

值并非易事。接下来还有一个问题，由于区块号、前块 hash 值、要打包的交易信息都是不变的，通过这些计算的当前块 hash 值也不会变化，若想要找到一个符合条件的 hash 值，就必须引入一个变化因子，因此只能从那个随机数（nonce）上做文章了。对于想要产生区块的节点来说，没有更好的办法，它们只能不停地尝试不同的 nonce 值来获得不同的 hash 值，直到这个 hash 值符合前面的条件。与计算困难不同的是，一旦得到了一个明确的 nonce 值，验证起来只需要一次计算，这恰恰符合计算困难、验证容易的需求。想要出块的节点无须证明自己做过什么，只需要拿出一个新的块信息，其他节点用 nonce 和 hash 值去验证就可以判断这个块是否合法。一旦验证通过，就证明该节点一定是通过多次计算才得到的结果，也就是付出过了大量的工作，这也就是工作量证明。

为了获得比特币网络的激励，诞生了一种职业——矿工。矿工节点在网络内不停地计算 hash 值，矿工将交易打包后，尝试用不同的 nonce 去计算 hash 值，哪个矿工先计算出来了，立刻向全网广播，如果得到确认后，该矿工将获得系统的比特币奖励。此后，矿工们调整以前已经打包的交易，去掉那些已经确认过的交易，继续进行新一轮 hash 计算，谁算到了就将获得下一块的奖励。比特币的网络平均 10 分钟左右才会产生一个区块，可见矿工们确实是付出了工作的。

中本聪设计的挖矿机制不仅解决了节点参与维护账本的问题，也解决了比特币的发行问题。矿工每产生一个区块，就会获得系统的比特币奖励，一开始整个网络内一个比特币都没有，随着区块的产生，比特币也被更多地发行出来。与此同时，中本聪也设计了通缩的机制，最开始每一块奖励 50 个比特币，每 4 年减半，最终当比特币全被挖出来的时候总量是 2100 万个。有的读者可能又会担心了：等到有一天比特币全被挖出来了，矿工又不干活了怎么办？这一点不用担心，因为矿工在打包交易的同时也会收取该笔交易的手续费，所以矿工始终是有动力去挖矿的。

总结一下，利用 hash 的特性给出块的矿工设置难题，矿工需要付出一定的计算工作量才能得到 nonce 值，矿工生产了区块后获得系统给予的比特币奖励，这样同时又解决了比特币的发行问题。

3.1.5　UTXO模型

经过前面的介绍，相信读者已经对比特币和区块链有了一定的了解。接下来，介绍比特币的账户模型，从某种意义上来说这也算是比特币不同于以往的发明，因为它并没有使用我们非常熟悉的那个传统的账户——余额模型。比特币系统其实并不存在"账户"，而只有"地址"。这个地址我们在前文中提到过，它是用公钥经过 2 次 hash 计算得到的，只有掌握该私钥的人才算是掌控了这个地址，才可以动用这个地址里的"余额"。

一个人的比特币余额其实就看他所掌管的地址里包含有多少比特币，而计算这个比特币数量的方式或者说它的数据结构叫 UTXO。UTXO 是"Unspent Transaction Output"的缩写，由于 Transaction 习惯缩写为 TX，所以整体上就缩写为 UTXO，它的本意是"未花费的交易输出"。

下面详细地介绍 UTXO。如图 3-5 所示，图中的 1、2、3、4 代表的是 4 笔交易信息。所谓 UTXO 就是交易产生的输出，并且这个输出还未被引用。图 3-5 中，交易 1 比较特殊，没有 inputs，这个在比特币网络中就是系统奖励，把 Alice 看成地址的话，交易 1 就相当于 Alice 通过 PoW 获得了系统的 25 个比特币奖励。如果没有后面的事情，那么 Alice 的账户余额就是 25 比特币，她的 UTXO 就是 25。

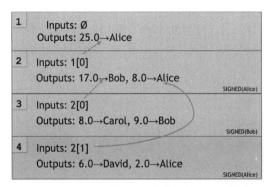

图 3-5　简化版的比特币交易示意图

交易 2 的 Inputs 标明 1[0]，代表的含义是第 1 笔交易的第 0 个输出，由于交易 1 中只有 1 个输出，自然 0 号输出就是 Alice 收到 25 个比特币。交易 2 把这（交易 1 的 0 号输出）作为输入，也就是消费方，交易 2 也随之产生了 2 个输出，17 个比特币给 Bob，8 个比特币给 Alice。这笔交易就是 Alice 转账 17 个比特币给 Bob，因为她的 UTXO 是 25，所以足够支付，还会多出来 8 个。而UTXO 的另外一个特点是一旦被引用了，将自动失效。因此 8 个比特币的余额以找零的形式新生成一笔给 Alice 的输出。交易 3 和交易 4，交给读者来分析，看看到底想表达的含义是什么。

现在我们已经明白了什么是 UTXO，那么中本聪为什么要这样设计而不使用传统的账户模型呢？从技术角度考虑，某个 UTXO 只要被引用就会失效，很容易实现交易的原子性，更利于保证比特币不被双花攻击。从另一个角度考虑，比特币的设定很像私房钱，每个人持有多个地址，可以把钱存在不同的地址，而用户的总资产当然就是所有地址加起来的 UTXO 总和。

最后可以总结一句话，你的比特币就是 UTXO。

3.2　区块链发展历程

通过前一节的介绍，相信读者已经对区块链有了自己的认识。作为一项比较新的技术，确实有很多让人眼前一亮的设计。在前面简单地了解了区块链的基本原理，接下来需要再了解区块链这些年的发展历史，看看它经历了怎样的发展历程。

3.2.1　区块链发展现状

时至今日，区块链已经成为国内外最受追捧的技术之一。从国内的情况来看，由于政府政策的大力扶持和推动，全国多地投入资金建设区块链产业园区，大型互联网公司诸如阿里巴巴、腾讯、百度、京东等也早就提前布局完成，各种各样的区块链应用解决方案正在讨论和实施中，在电子发票、农产品溯源、产权保护、电子存证等方面早就已经使用了区块链技术，区块链正在悄悄地改变着我们的生活。

或许中本聪自己都没想到，当年发明的比特币会对世界造成这么大的影响。我们可以简单列举区块链行业发展的大事记。

- 2008 年比特币白皮书发布。
- 2009 年比特币网络启动。
- 2013 年以太坊白皮书发布。
- 2014 年以太坊主网启动。
- 2014 年 R3 联盟发布 Corda 白皮书。
- 2015 年超级账本项目（Hyperledger Fabric）启动。
- 2017 年 EOS 白皮书发布。
- 2017 年 BaaS 平台（阿里巴巴、腾讯、百度、京东等）投入研发。
- 2018 年 EOS 主网上线。
- 2019 年 Facebook 发布 Libra 白皮书。
- 2020 年以太坊网络升级。

其实，区块链行业这些年来的大事情很多，我们没法一一列举。比特币的诞生让世人认识了加密数字货币，让人知道了还可以用技术手段来发行货币，这对行业产生了极大的推动作用。区块链行业大发展的第二个关键点是以太坊的创建。以太坊的创始人维塔利克·布特林（Vitalik Buterin，小 V）虽然只是一个 20 岁不到（创造以太坊时）的年轻人，但是以太坊提出的全球计算机理念和智能合约的概念让区块链行业迎来了第二次疯狂发展。

在前面的大事记中，大家不难发现，2017 年是很多公司或项目入围区块链的一年。这一年区块链行业的火爆正是以太坊带来的技术红利。利用以太坊平台发布项目募资代币（ICO）成为这个时期最受人追捧的事情，这样一种全新募资模式可以避开各方监管，同时又可以在全球范围内募集项目启动资金，在项目推动上远比传统模式高效简洁。以太坊项目就是通过募集比特币来启动的，而鼎鼎有名的 EOS 就是通过以太坊平台发行代币公开募集资金的。不过，缺乏监管的金融模式注定不会长久，当越来越多的项目方和资金方利用 ICO "割韭菜"的时候，区块链和传销一时间画上了等号。

2017 年 9 月 4 日，中国人民银行、银监会和证监会等七部委联合发布了《关于防范代币发行融资风险的公告》（简称《公告》）。《公告》指出，代币发行融资是指融资主体通过代币的违规发售、流通，向投资者筹集比特币、以太币等所谓"虚拟货币"，本质上是一种未经批准非法公开融资的行为，涉嫌非法发售代币票券、非法发行证券及非法集资、金融诈骗、传销等违法犯罪活动。这个《公告》导致后来一段时间，区块链行业非常冷淡，以至于笔者和别人说自己是研究区块链的，立刻就被拉黑。不过，这个《公告》对区块链行业也是好事儿，因为只有真正去掉那些糟粕，区块链行业才能走上正确的道路。

2019 年 10 月 24 日，中共中央政治局就区块链技术发展现状和趋势进行第十八次集体学习。

中共中央总书记习近平在主持学习时强调，区块链技术的集成应用在新的技术革新和产业变革中起着重要作用。这是一个信号，代表在我国，区块链技术已经提高到了与人工智能相同的高度。

区块链行业的发展目前呈现一片欣欣向荣的景象，预计在接下来的几年，全国乃至世界各地会有越来越多的优秀区块链项目落地生根。不过，由于处在行业初期，大量的区块链项目仍然是为了区块链而区块链。对于普通大众来说，他们不关心一个应用的底层技术是否是区块链，他们关注的是这款应用是否给他们带来了好处，带来了便利。

3.2.2　区块链2.0时代

如果要对区块链行业进行时代划分的话，毫无疑问，比特币就是区块链的 1.0 时代，它开创了个人发行数字货币的先河。也有很多人认为以太坊是区块链的 2.0 时代，因为它提出了智能合约，让区块链行业发展进入一个全新的时代。区块链行业将会有很长的一段发展史，以太坊虽然打造了一个全球计算机，但是它仍然存在性能不足的缺陷，风靡一时的加密猫游戏就可以让以太坊的网络瘫痪，所以笔者认为以太坊可以代表区块链 1.5 时代。

除了比特币和以太坊，还有一款区块链平台也野心勃勃，它就是 EOS。很多人认为如果以太坊代表 2.0 时代，那么 EOS 就是区块链的 3.0 时代。EOS 的定位是全球操作系统，它的目标是要支持百万级的 TPS（每秒事务处理数），开发者可以基于 EOS 平台开发真正意义上的区块链应用，而不再像是以太坊平台的"玩具应用"。不过 EOS 也有其自身问题，21 个超级节点的设定让很多人攻击它并非是去中心化，创始人 BM 对 EOS 法案的多次修改也让外界充满质疑，EOS 还处于它的发展期。

笔者认为，区块链 2.0 的时代即将到来或已经到来。随着国家层面的推动，区块链将进入一个高速发展期，属于区块链行业从业人员的美好时代已经到来。

3.2.3　区块链行业未来展望

区块链行业已经进入高速发展时代，在接下来的几年里，我们会看到越来越多的基于区块链技术的应用落地生根。不久的将来，央行发行的数字货币将会进入我们的生活，这对于已经习惯移动支付的人们不会有太大障碍。除了数字货币，还需要一个数字身份，个人的任何资产都可以上链并且由这个数字身份来掌管。在区块链 + 人工智能打造的智慧城市里，未来对一个人的评定将是一个全方位的评价，如你想要购买一套住房，光有数字货币还不够，还需要在这个城市做出过一些被记录的贡献才可以。

21 世纪的前 20 年，互联网高速发展，这也带来了一个副作用，那就是个人隐私被泄露。由于很多 App 的存在，你已经没有隐私可言，你的浏览习惯、外卖订单等都会落到互联网公司的数据库，它们可以根据这些数据分析你个人的兴趣爱好，并且通过人工智能的方式投其所好。在未来，隐私保护必将成为重中之重，隐匿支付、匿名竞拍、选择性披露都是需要实现的场景。例如出差去外地住酒店时，酒店只需要关注客户是否是合法公民，并且是否已满 18 岁，而不需要知道客户的其他信息，这就属于选择性披露。

区块链行业需要优秀的应用项目来推动行业发展，加快区块链底层设施建设，提升区块链系统性能，区块链系统性能的提升又能改善区块链应用的使用体验，二者相互促进，共同提高。未来的区块链行业未必会存在很多条链，而是会类似于互联网的发展，慢慢形成几大巨头。当人们生活在基于区块链技术打造的智慧城市，使用着虚拟数字货币而不再谈论区块链的时候，代表着区块链已经进入了我们所期待的时代。

3.3 区块链开发技术选型

此前，介绍了区块链的原理和发展情况，并且展望了区块链行业发展的未来。作为技术人员，也要关注区块链技术的选型，如我们要做一款应用时应做出怎样的选择。

3.3.1 DApp架构分析

区块链技术现在已经进入了一个高速发展时期，作为企业来说一般有两个选择，第一是做底层链技术，第二是做区块链应用。对于很多企业来说，无论是技术还是资金都无法负担底层链的开发，相比而言，开发区块链应用的成本和门槛要低很多。区块链应用也叫去中心化分布式应用（Decentralized Application），简称 DApp。

纯粹意义上的 DApp 应该是不受公司运营与否的限制，不依赖某个独立的服务器，即使公司关闭仍然可以运行。如图 3-6 所示，它的架构很简单，只需要前端加一条链就够了。

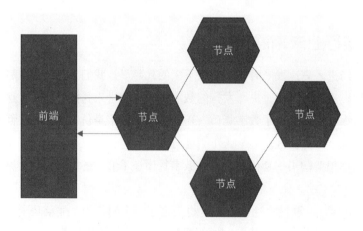

图 3-6　最纯粹的 DApp

现阶段我们所说的 DApp 还无法完全地去中心化，因为区块链的存储消耗太大，不可能将所有的数据都保存到区块链中，所以现在的 DApp 大多是去中心化与中心化相结合的一种架构。

如图 3-7 所示，DApp 开发是由前端和后端组成的，与传统 App 不同，DApp 在数据存储上不光使用数据库，也要使用区块链。

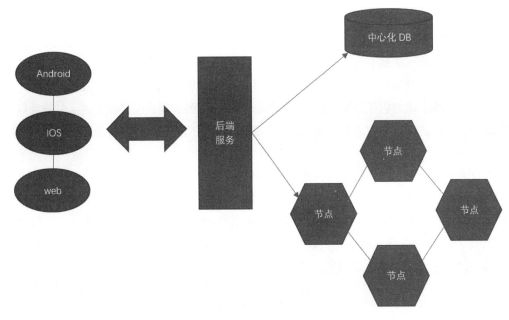

图 3-7 DApp 架构示意图

从技术角度分析，DApp 开发需要前端工程师、后端工程师、智能合约工程师、产品经理等角色。只不过新的行业，对开发者也提出了不同的要求。

（1）前端工程师需要掌握区块链原理及相关 SDK（软件开发工具包）。

（2）后端工程师同样需要掌握区块链原理及相关 SDK。

（3）智能合约工程师主要就是设计智能合约、开发智能合约。

（4）产品经理需要增加区块链应用设计思想与通证设计思想。

通过上述分析可知，DApp 不是完全颠覆传统 App 架构，对于传统 App 开发者来说，只需要增加一些相应的技能就可以适应对应岗位的需求。另外，因为智能合约开发的门槛并不高，所以项目组内一般不会单独设立智能合约工程师的岗位，而由前端或后端工程师兼任。对于开发者来说，他们只需要掌握区块链原理、智能合约开发、区块链 SDK 等技术就可以投身区块链开发了。

3.3.2 公链与联盟链之争

我们已经介绍了 DApp 是什么，开发者需要补充哪些技能。但是摆在开发者面前的还有一个问题：究竟该选择哪个区块链平台呢？这个问题非常关键，好的平台代表着好的前景及更多的机会。因此，需要对区块链平台进行一个简单的梳理。

区块链行业发展到现在主要分为两个大方向：公链和联盟链。比特币、以太坊、EOS 这些都属于公链；Hyperledger Fabric、Quorum、各 BaaS 平台这些都属于联盟链。不管是公链还是联盟链，首先它们都是区块链，都有区块链的一些特点。二者主要的区别是公链需要对矿工节点进行激励，一般会设有 Coin，类似比特币、以太坊和 EOS 这种，联盟链则是一个小型团体组建的私有网络，当联盟确立的时候彼此的职责就已经明确了，不需要在区块链系统上体现激励；二者的第二个区别是节点个数，一般认为公链节点更多，联盟链节点会比较少；第三个区别是公链不限制节点的加入，而联盟链是有明确的准入机制。

目前，以联盟链为基础设施的应用更容易落地生根，现阶段联盟链的呼声更高。联盟链不仅可以保证数据不可篡改，同时也保证了数据的隐私性，毕竟公链的数据是公开可见的。公链和联盟链没有高低之分，只有应用场景的适合不适合，有些事情必须要用公链来做，有些事情则使用联盟链更合适。

对于开发者来说，究竟选择哪个区块链平台要结合自身技术特点。由于 DApp 需要智能合约及 SDK 调用，一般的区块链平台都有 Java、Node.js、Python 等 SDK，所以主要就是看智能合约如何开发。以太坊第一个提出了智能合约的概念，并且推出 Solidity 语言。因此 Solidity 也是目前大多数平台的智能合约开发语言。对于大多数开发者，选择 Solidity 都比较合适，熟悉了一个平台的 SDK 后，在相似的其他平台也可以快速上手。

3.4 区块链行业应用示例

此前，我们已经了解了区块链的原理、发展现状及 DApp 的技术选型，但从业者的目标始终是要打造自己的 DApp。在做这件事之前，还是需要了解区块链适合什么样的应用，不妨先来简单了解一下区块链已经在哪些应用领域落地。

3.4.1 数字金融

比特币本身就是一个点对点的电子现金系统，区块链本身又更像是一个记录账本的技术，因此区块链一直带有很强的金融属性。不得不承认，自比特币诞生以来，区块链行业内最成功的产品其实是金融产品，起码比特币目前没法超越。除了比特币，以太坊作为最大的 ICO 平台，其实也是数字金融。

围绕着比特币和以太坊，国内外又诞生了大量的数字货币交易机构——数字货币交易所。当 ICO 最火爆的时候，在交易所上币的费用需要几千万人民币，由此可见这一行业的疯狂。

微众银行早在 2016 年就开始研究区块链技术，2017 年末开源了他们的区块链技术平台 FISCO BCOS。微众银行使用区块链技术解决了银行之间转账的对账问题，极大地提升了对账效率，目前 FISCO BCOS 2.0 版本已经发布。

下面简单介绍一下微众银行对区块链技术的使用情况。两个银行发生资产转移是常有的事情，对于安全第一的银行系统来说，必须确保往来账目的绝对准确。对于不同银行之间的交易，必须通过对账的方式确保安全，原本不同银行之间的对账需要交换往来账单进行对账。有了区块链技术后，不同银行可以成为区块链系统中的节点，将往来账单数据保存在区块链上，不同银行之间对账可以直接访问区块链，实现在区块链上对账，在保证安全的情况下提高了效率。具体交易流程如图 3-8 所示。

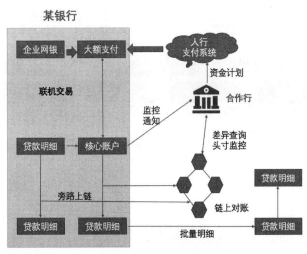

图 3-8　银行交易流程

前文我们也提到过，央行的数字货币"呼之欲出"，以后我们的生活很大一部分将是数字化的。

3.4.2　电子存证

电子存证同样是区块链技术主要应用场景之一，因为大家提到区块链，马上就能想到不可篡改，那么将证据存放在链上，可以更加保证证据的安全性。2017 年 8 月 18 日，杭州互联网法院挂牌成立，同时还发布了一个电子存证平台。2018 年 9 月 9 日，北京互联网法院挂牌成立。互联网法院可以做到起诉、立案、举证、开庭、裁判、执行全流程在线化，实现便民诉讼，节约司法资源，如图 3-9 所示。

下面简单介绍一下基于区块链技术的北京互联网法院，了解一下区块链技术在其中发挥着怎样的

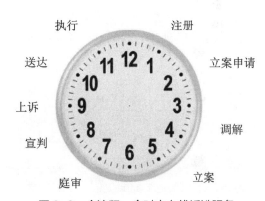

图 3-9　全流程、全时空在线诉讼服务

作用。我们知道，任何一款 DApp 都要依赖一个基础链，北京互联网法院背后的区块链平台是天平链，天平链的接入管理规范如图 3-10 所示。

天平链是一个联盟链，它的节点构成如图 3-11 所示，其中节点类型分为管理节点、一级节点和二级节点。管理节点拥有管理权限，可以授权其他节点加入；一级节点由司法相关机构构成，负责节点间共识；二级节点不参与节点共识，只负责数据校验和记录。

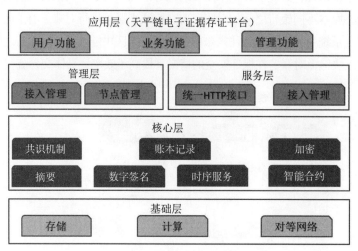

图 3-10　天平链接入管理规范

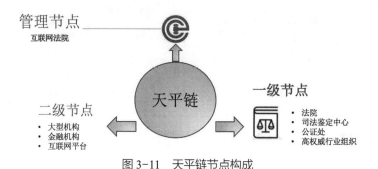

图 3-11　天平链节点构成

如图 3-12 所示，天平链在互联网法院的业务中承担的主要职责是电子证据存证及电子证据验证。

图 3-12　天平链承担职责

北京互联网法院以区块链技术为基础，实现了对电子证据生成、收集、存储、传输等各环节真实性的认定；在存储介质、保管方式、提取主体、传输过程、验对电子证据生成平台、验证形式等方面进行审查；通过集体维护、多方监督的方式达成共识、公信。

3.4.3 食品安全

人生活在世间离不开衣食住行，而其中的食更是重中之重。在农药、食品添加剂泛滥的今天，食品安全越来越受到广大群众的重视。当然，我们光靠区块链技术解决不了食品制造等方面的问题，但可以让食品从制造到销售的整个流程透明，人们在购买物品时可以查阅食品的整个生产过程和流通环节，做到心中有数。

在食品安全方面，区块链提供的帮助主要就是溯源，由于其数据的不可篡改性，食品的整个生产过程都在区块链上进行了留存，人们可以轻松地追溯。京东在 2018 年 7 月推出"智臻链"区块链服务平台，家乐福也于 2018 年 10 月提出使用区块链技术追踪鸡肉、鸡蛋和西红柿等肉类、农产品类从农场送到商场的全部过程。

图 3-13 所示为全链通公司提出的物联网＋区块链的畜牧业解决方案，推出区块链智慧养殖溯源平台，通过 NB-IoT 网络采集畜牧生命体征数据，实时存证上链，建立完整的电子档案，并实现保险保单通过智能合约线上签约、流转。

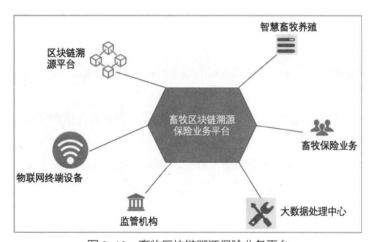

图 3-13 畜牧区块链溯源保险业务平台

疑难解答

No.1：hash 函数有什么特性？

答：hash 函数在区块链系统中占据着重要的地位，主要就是因为它的特性：防碰撞，易出难题，隐私保护。严格意义上讲，由于 hash 函数的输出结果是有限的，而输入是无限的，发生碰撞的可能性是一定存在的，只不过在结果范围足够大的时候，我们认为 hash 函数不会发生碰撞。

No.2：共识算法的作用是什么？

答：在分布式系统中，因为数据同步的问题，所以一定要存在共识算法。PoW 算法解决的不仅是矿工激励的问题，同时还有博弈学的考虑在其中。这种方式大大提升了坏人做坏事的成本，因为某矿工想要做坏事就需要将比特币分叉，而全网矿工按照 PoW 共识会继续在最长的链条上挖矿，所以坏人节点需要与全网比拼，几乎做的就是无用功。那么某矿工的算力达到全网 51% 以上会怎样呢？在这个时候，他更希望比特币网络能够健康、向上，只有这样才能维持比特币价值稳定向上。

No.3：区块链要解决什么问题？

答：中本聪发明比特币的出发点或许是为了解决 2008 年面临的金融危机问题，他设计了一种通缩的数字货币。比特币可以避免任何国家和地区政府的监管，在跨境支付上可以极大提升效率。区块链要解决的问题其实也是降低交易成本、提升交易效率。这里的交易是指广义上的交易，不仅仅是转账。

实训：区块链理论在线 demo 演示

【实训说明】

实训的目标是让读者更好地理解区块链，包括 hash 函数的特性、挖矿、数据防篡改等特性。该实训主要通过浏览器在网页上操作完成。

【实现方法】

访问区块链 demo 网站：https://andersbrownworth.com/blockchain。

1. hash 函数演示。

单击网站"哈希"标签，在数据框内输入不同的数据，感受 hash 值的变化。

2. 区块与挖矿演示。

单击网站"区块"标签，在数据框内输入数据，观察页面变化，单击【挖矿】按钮，体验挖矿过程。

3. 区块链数据篡改演示。

单击网站"区块链"标签，在某个区块的数据框内随机输入内容，观测整个区块链变化，依次单击颜色变化区块的【挖矿】按钮，体验区块链数据的防篡改特性。

 ## 本章总结

本章主要讲解了区块链基本原理、发展历程、开发技术选型、行业应用示例等，其中区块链原理需要重点掌握，UTXO 模型较难理解，需要读者结合图示分析去掌握。阅读本章后，读者应该能够掌握区块链的基本原理，了解区块链的发展现状和基本的技术选型问题，可以口述一些典型的行业应用。

第4章
Go语言区块链初级应用开发

本章导读

　　区块链提供的最核心功能是存储（记账）功能，它就像是一种特殊的数据库。想要在区块链这样的数据库上进行应用开发，就需要找到类似SQL这样的工具，在区块链平台上，智能合约就是这样的工具。本章将介绍如何进行智能合约开发，从开发环境安装讲起，介绍智能合约的基础语法、内建对象、函数、权限控制及一些经典的智能合约案例。此后，将介绍智能合约如何被调用，调用时如何签名，如何订阅合约的event事件等知识点。

知识要点

通过对本章内容的学习，您将掌握以下知识：
- 智能合约开发环境搭建
- Solidity基础语法
- Solidity数据类型
- Solidity函数和修饰符
- 经典智能合约案例
- 智能合约调用原理
- 如何进行数字签名
- 如何订阅event

4.1 智能合约开发

对于很多不了解区块链行业的人来说，听到智能合约就会有一种高大上的感觉。一般情况下，大多数人可能会发出三个灵魂拷问：什么是智能合约？为什么叫智能合约？如何写智能合约？学完本节后我们不仅可以回答这些问题，还可以学会搭建一套应用开发的环境、创建一个私链，并且很容易写出符合基本业务要求的智能合约。

4.1.1 合约开发环境搭建

在讲搭建环境之前，先来解答灵魂拷问的前 2 个问题。

第一问，什么是智能合约？

要回答这个问题，首先要了解以太坊的定位是什么。小 V 在介绍以太坊时，清晰地表示以太坊是"一台全球计算机"。之所以有这样的表述是因为以太坊的节点遍布全球，在这样的网络中运行计算就相当于在"一台全球计算机"中运行。在明确了以太坊的定位之后，就好理解智能合约是什么了。智能合约就是运行在以太坊这个"全球计算机"上的"进程"，是的，我们可以把它理解为特殊的"进程"。

第二问，为什么叫智能合约？

智能合约，也叫智能合同，也就是"smart contract"的翻译。把智能合约拆成两部分来看，前半部分的智能主要体现在智能合约是可以自动化运行的，后半部分的合约则是因为以太坊的合约代码多会涉及一些资产转移，而现实世界中签订合同也多是伴随着资产转移。因此把这样的代码叫合约。

在解决了这两个疑问后，也了解了（以太坊的）智能合约是运行在以太坊节点上的。因此，若要安装智能合约的开发环境，需要有一个以太坊节点。

温馨提示

在这里要明确一下，学习其他区块链平台的智能合约需要安装其对应区块链平台的节点。

需要明确的是，以太坊针对多种语言，都开发了对应的客户端软件，比如 Go、C++、Rust、Java、Python 等，不过最受欢迎的客户端还是 Go 语言编写 Geth，它是 go-ethereum 工程的缩写名。接下来，介绍一下 Geth 在各个平台的安装方式（以 1.9.10 版本为例）。

Geth 的官方下载地址为：https://geth.ethereum.org/downloads/，读者要有一定的耐心，这个网站打开时偶尔会有一些问题，不过也不必担心，后面提供的压缩包下载链接是可以直接使用的。

下面将分别介绍在 Windows 系统和 Linux 系统中安装 Geth 的方法。

（1）在 Windows 系统安装 Geth。

虽然 Geth 可以在 Windows 系统运行，不过不太建议在 Windows 平台运行节点做测试，毕竟 Windows 系统做服务器不是特别稳定。

下面简单介绍一下如何在 Windows 环境中安装 Geth，作为开发者不光要使用 Geth，还要使用其他相关配套的工具。因此需要下载 "Geth&Tools" 工具，如图 4-1 所示，单击链接可以直接下载 64 位的 "Geth & Tools 1.9.10" 工具包。

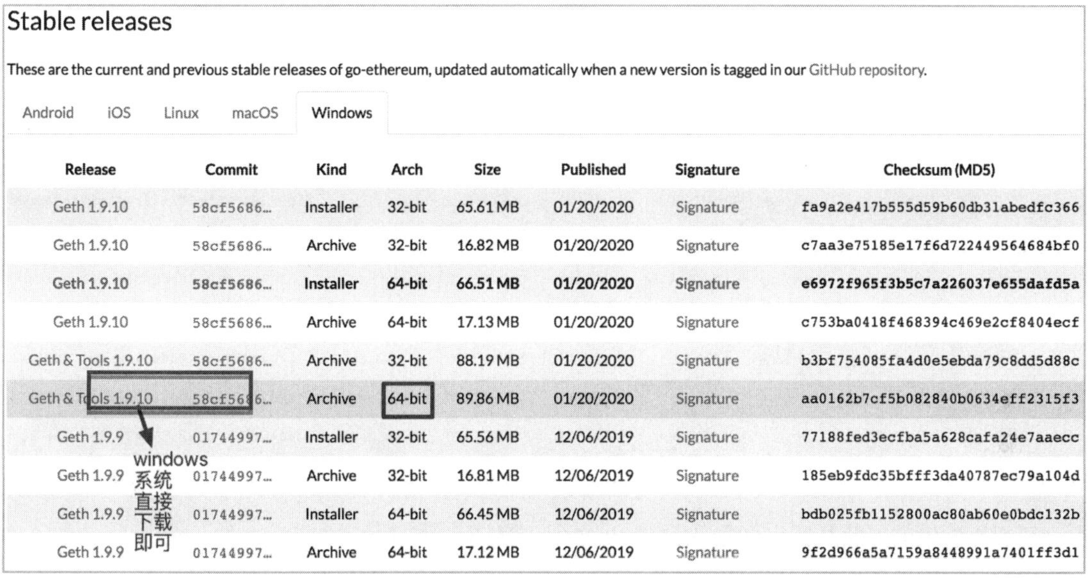

图 4-1　Windows 系统 Geth 下载示意图

下载完成后，将其解压缩，再将解压缩后 Geth 文件所在的目录配置到 path 环境变量中，这样就算是完成了安装，在命令行窗口就可以运行 Geth 了。

如果官方网址打开较慢，可以使用下面的链接直接下载：

https://gethstore.blob.core.windows.net/builds/geth-alltools-windows-amd64-1.9.10-58cf5686.zip。

（2）在 Linux 系统安装 Geth。

与安装 Go 语言开发环境类似，安装 Geth 同样可以用命令行或下载可运行二进制文件的方式，当然，如果愿意源码安装也可以。这里，介绍命令行安装与下载二进制文件的方式。

命令行安装方式，以 Ubuntu 系统为例，只需要执行下面的三条指令就可以完成 Geth 的安装。

```
sudo add-apt-repository -y ppa:ethereum/ethereum
sudo apt-get update
sudo apt-get install ethereum
```

安装参考网址：https://geth.ethereum.org/docs/install-and-build/installing-geth#install-on-ubuntu-via-ppas。

压缩包的安装方式如图 4-2 所示，在官方网站可以找到 Geth 对应的 Linux 版本文件。

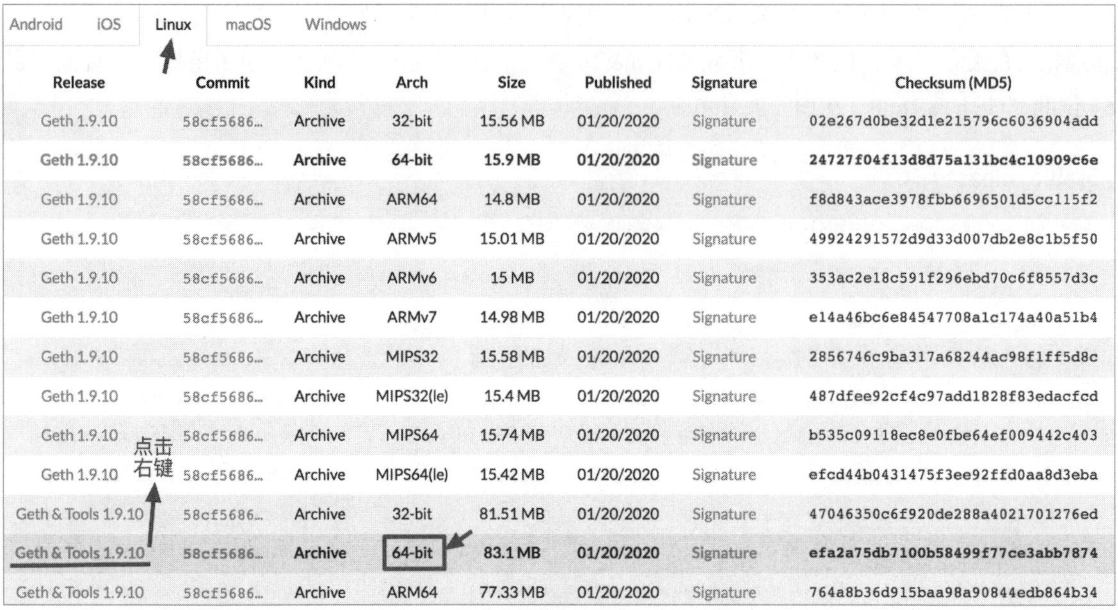

Android	iOS	Linux	macOS	Windows				

Release	Commit	Kind	Arch	Size	Published	Signature	Checksum (MD5)
Geth 1.9.10	58cf5686...	Archive	32-bit	15.56 MB	01/20/2020	Signature	02e267d0be32d1e215796c6036904add
Geth 1.9.10	58cf5686...	Archive	64-bit	15.9 MB	01/20/2020	Signature	24727f04f13d8d75a131bc4c10909c6e
Geth 1.9.10	58cf5686...	Archive	ARM64	14.8 MB	01/20/2020	Signature	f8d843ace3978fbb6696501d5cc115f2
Geth 1.9.10	58cf5686...	Archive	ARMv5	15.01 MB	01/20/2020	Signature	49924291572d9d33d007db2e8c1b5f50
Geth 1.9.10	58cf5686...	Archive	ARMv6	15 MB	01/20/2020	Signature	353ac2e18c591f296ebd70c6f8557d3c
Geth 1.9.10	58cf5686...	Archive	ARMv7	14.98 MB	01/20/2020	Signature	e14a46bc6e84547708a1c174a40a51b4
Geth 1.9.10	58cf5686...	Archive	MIPS32	15.58 MB	01/20/2020	Signature	2856746c9ba317a68244ac98f1ff5d8c
Geth 1.9.10	58cf5686...	Archive	MIPS32(le)	15.4 MB	01/20/2020	Signature	487dfee92cf4c97add1828f83edacfcd
Geth 1.9.10	58cf5686...	Archive	MIPS64	15.74 MB	01/20/2020	Signature	b535c09118ec8e0fbe64ef009442c403
Geth 1.9.10	58cf5686...	Archive	MIPS64(le)	15.42 MB	01/20/2020	Signature	efcd44b0431475f3ee92ffd0aa8d3eba
Geth & Tools 1.9.10	58cf5686...	Archive	32-bit	81.51 MB	01/20/2020	Signature	47046350c6f920de288a4021701276ed
Geth & Tools 1.9.10	58cf5686...	Archive	64-bit	83.1 MB	01/20/2020	Signature	efa2a75db7100b58499f77ce3abb7874
Geth & Tools 1.9.10	58cf5686...	Archive	ARM64	77.33 MB	01/20/2020	Signature	764a8b36d915baa98a90844edb864b34

图 4-2　Linux 系统 Geth 下载示意图

基于压缩包的安装其实也就是执行 shell 命令，具体步骤如下。

步骤 01：下载压缩包，指令如下。

```
wget https://gethstore.blob.core.windows.net/builds/geth-alltools-
linux-amd64-1.9.10-58cf5686.tar.gz
```

步骤 02：解压缩下载包，指令如下。

```
tar zxvf geth-alltools-linux-amd64-1.9.10-58cf5686.tar.gz
```

步骤 03：配置环境变量，指令如下。

```
mv geth-alltools-linux-amd64-1.9.10-58cf5686 ~/geth-home
export PATH=$HOME/geth-home:$PATH
echo `export PATH=$HOME/geth-home:$PATH` >> ~/.bashrc
```

步骤 04：执行 "geth --help" 命令，验证 geth 效果。

```
    $ geth --help
NAME:
    geth - the go-ethereum command line interface

    Copyright 2013-2020 The go-ethereum Authors

USAGE:
    geth [options] command [command options] [arguments...]

VERSION:
```

```
  1.9.10  -stable

COMMANDS:
    account                          Manage accounts
    attach                           Start an interactive
JavaScript environment (connect to node)
    console                          Start an interactive
JavaScript environment
    copydb                           Create a local chain from a
target chaindata folder
```

......此处省略其他语句

当看到类似上面的效果时，就代表 Geth 的安装已经生效了。

（3）在 macOS 系统安装 Geth。

在 macOS 系统安装 Geth 同样可以采用命令行或压缩文件的方式，命令行的安装方式需要借助 brew 工具，简单的 2 条指令就可以搞定。

```
    brew tap ethereum/ethereum
brew install ethereum
```

下载压缩包的方式，步骤如下。

步骤 01：在官网找到 macOS 对应的 Geth & Tools 版本，鼠标右键单击版本号，如图 4-3 所示。

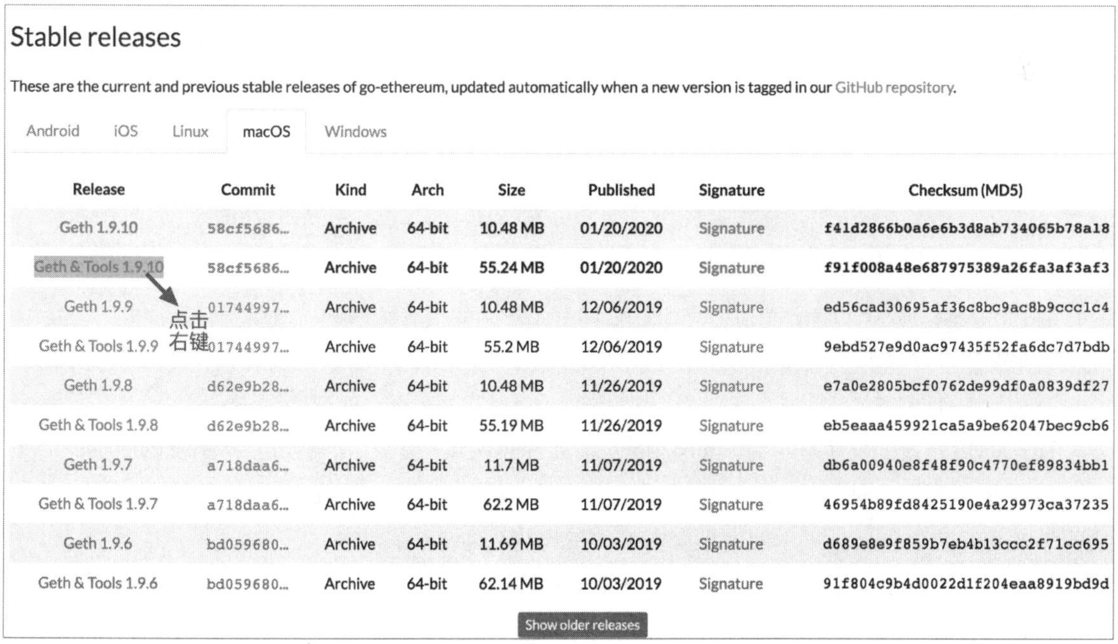

Stable releases

These are the current and previous stable releases of go-ethereum, updated automatically when a new version is tagged in our GitHub repository.

Android　　iOS　　Linux　　**macOS**　　Windows

Release	Commit	Kind	Arch	Size	Published	Signature	Checksum (MD5)
Geth 1.9.10	58cf5686...	Archive	64-bit	10.48 MB	01/20/2020	Signature	f41d2866b0a6e6b3d8ab734065b78a18
Geth & Tools 1.9.10	58cf5686...	Archive	64-bit	55.24 MB	01/20/2020	Signature	f91f008a48e687975389a26fa3af3af3
Geth 1.9.9	01744997...	Archive	64-bit	10.48 MB	12/06/2019	Signature	ed56cad30695af36c8bc9ac8b9ccc1c4
Geth & Tools 1.9.9	01744997...	Archive	64-bit	55.2 MB	12/06/2019	Signature	9ebd527e9d0ac97435f52fa6dc7d7bdb
Geth 1.9.8	d62e9b28...	Archive	64-bit	10.48 MB	11/26/2019	Signature	e7a0e2805bcf0762de99df0a0839df27
Geth & Tools 1.9.8	d62e9b28...	Archive	64-bit	55.19 MB	11/26/2019	Signature	eb5eaaa459921ca5a9be62047bec9cb6
Geth 1.9.7	a718daa6...	Archive	64-bit	11.7 MB	11/07/2019	Signature	db6a00940e8f48f90c4770ef89834bb1
Geth & Tools 1.9.7	a718daa6...	Archive	64-bit	62.2 MB	11/07/2019	Signature	46954b89fd8425190e4a29973ca37235
Geth 1.9.6	bd059680...	Archive	64-bit	11.69 MB	10/03/2019	Signature	d689e8e9f859b7eb4b13ccc2f71cc695
Geth & Tools 1.9.6	bd059680...	Archive	64-bit	62.14 MB	10/03/2019	Signature	91f804c9b4d0022d1f204eaa8919bd9d

点击 右键

Show older releases

图 4-3　MacOS 系统 Geth 下载示意图（1）

步骤 02：右击鼠标后，在弹出的快捷菜单中选择"复制链接地址"选项，如图 4-4 所示。

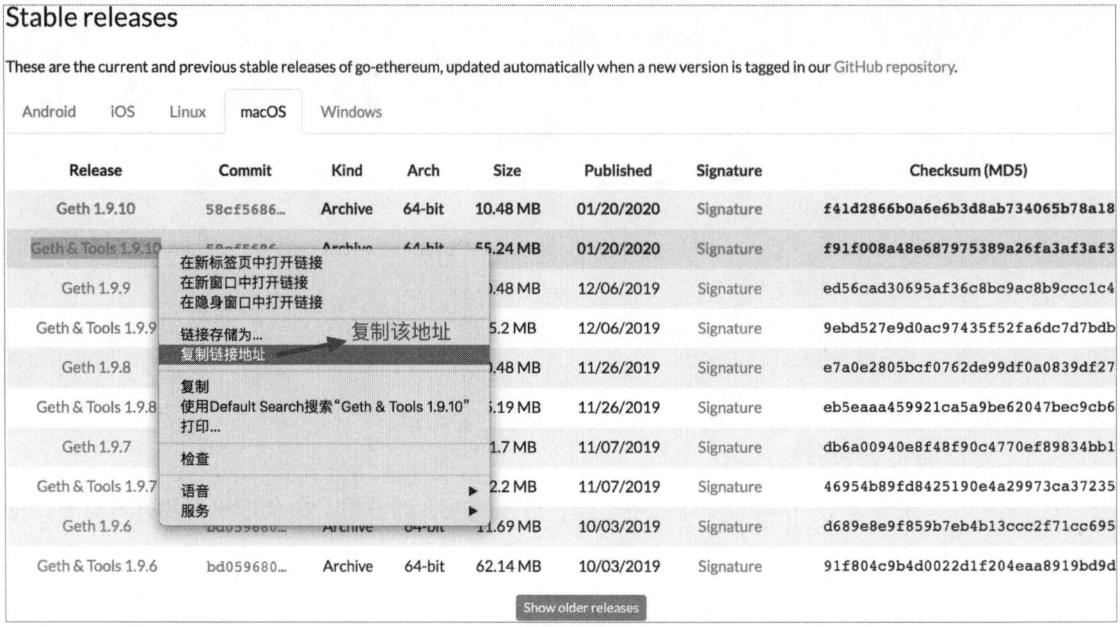

图 4-4　MacOS 系统 Gcth 选择下载示意图（2）

完成上述操作后可以得到具体的下载地址：

https://gethstore.blob.core.windows.net/builds/geth-alltools-darwin-amd64-1.9.10-58cf5686.tar.gz。

步骤 03：复制压缩包的下载地址后，在 brew 工具中输入如下命令行，开始下载。

```
wget https://gethstore.blob.core.windows.net/builds/geth-
alltools-darwin-amd64-1.9.10-58cf5686.tar.gz
```

步骤 04：下载完成后，输入如下命令行，开始解压缩下载包。

```
tar zxvf geth-alltools-darwin-amd64-1.9.10-58cf5686.tar.gz
```

步骤 05：解压完成后，输入如下命令行开始配置环境变量。

```
mv geth-alltools-darwin-amd64-1.9.10-58cf5686 ~/geth-home
export PATH=$HOME/geth-home:$PATH
echo `export PATH=$HOME/geth-home:$PATH` >> ~/.bash_profile
```

在 macOS 系统上安装基本与 Linux 相同，需要注意两点：首先，下载适合本系统的版本；其次，macOS 系统的配置文件与 Linux 不同。安装完成后，同样可以执行"geth –help"命令验证一下是否安装成功。这个 help 所展示的信息太多了，在此就不再展示了。

在安装好了 Geth 之后，接下来就需要知道如何启动它。不过在这之前，还需要区分几个概念。

（1）主网：以太坊真实节点运行的网络，节点遍布全球，此网络中使用的"ETH"是真实的虚拟数字货币，部署合约时需要消耗真金白银。

（2）测试网：测试网的节点没有主网节点那么多，主要是为以太坊开发者提供一个测试的平台环境，此网络上的"ETH"可以通过做任务获得。

（3）私网：私网是由开发者自行组建的网络，不与主网及测试网连通，独立存在，仅用于个人测试或企业项目使用。

需要明确的是，无论是主网、测试网还是私网，都可以使用 Geth 来启动。Geth 直接运行，默认连接的就是以太坊主网，如果想要连接测试网可以连接 Ropsten 或 rinkeby，指令参考如下：

```
// Ropsten 测试网络
geth --testnet --fast --cache=512 console
// Rinkeby 测试网络
geth --rinkeby --fast --cache=512 console
```

很多时候，开发者都习惯自己搭建一套私网，接下来重点介绍私网搭建的步骤。

步骤 01：配置创世块文件。将如下内容保存为 genesis.json 文件。

```
{
    "config": {
        "chainId": 18,
        "homesteadBlock": 0,
         "eip150Block": 0,
        "eip155Block": 0,
        "eip158Block": 0
    },
    "alloc"      : {},
    "coinbase"   : "0x0000000000000000000000000000000000000000",
    "difficulty" : "0x2",
    "extraData"  : "",
    "gasLimit"   : "0xffffffff",
    "nonce"      : "0x0000000000000042",
    "mixhash"    : "0x0000000000000000000000000000000000000000000000000000000000000000",
    "parentHash" : "0x0000000000000000000000000000000000000000000000000000000000000000",
    "timestamp"  : "0x00"
}
```

创世块文件的部分内容，可以简单了解一下。

（1）Coinbase：挖矿后获得奖励的账户地址。

（2）Difficulty：挖矿难度。

（3）gasLimit：一个区块所能容纳 gas 的上限，智能合约指令在执行时需要消耗 gas，可通过以太币自动兑换，在 4.1.8 小节将会详细介绍 gas 的作用。

（4）nonce：随机值。

（5）mixhash：一个 256 位的哈希证明，与 nonce 相结合，验证本块的有效性。

（6）extraData：附加信息，随意填写。

（7）parentHash：前一块的 hash 值，因为是创世块，所以为 0。

步骤 02：数据初始化。init 是初始化的命令，--datadir 则是用来指定数据存储路径。

```
geth init genesis.json --datadir ./data
```

在此步骤，主要是利用创世块进行文件初始化，指定一个数据目录，当看到类似下面的结果代表初始化成功。

```
    INFO [02-14|16:42:36.647] Maximum peer count
ETH=50 LES=0 total=50
    INFO [02-14|16:42:36.796] Allocated cache and file handles
database=/Users/yk/ethdev/yekai1003/rungeth/data/geth/chaindata
cache=16.00MiB handles=16
    INFO [02-14|16:42:36.861] Writing custom genesis block
    INFO [02-14|16:42:36.862] Persisted trie from memory database
nodes=0 size=0.00B time=13.579µs gcnodes=0 gcsize=0.00B gctime=0s
livenodes=1 livesize=0.00B
    INFO [02-14|16:42:36.866] Successfully wrote genesis state
database=chaindata hash=c1d47d···d9ea3e
    INFO [02-14|16:42:36.872] Allocated cache and file handles
database=/Users/yk/ethdev/yekai1003/rungeth/data/geth/lightchaindata
cache=16.00MiB handles=16
    INFO [02-14|16:42:36.899] Writing custom genesis block
    INFO [02-14|16:42:36.899] Persisted trie from memory database
nodes=0 size=0.00B time=5.75µs    gcnodes=0 gcsize=0.00B gctime=0s
livenodes=1 livesize=0.00B
    INFO [02-14|16:42:36.900] Successfully wrote genesis state
database=lightchaindata hash=c1d47d···d9ea3e
```

此时在 data 目录下会有一些文件生成，通过 tree 命令可以查看，输入 "tree data/" 命令行即可。

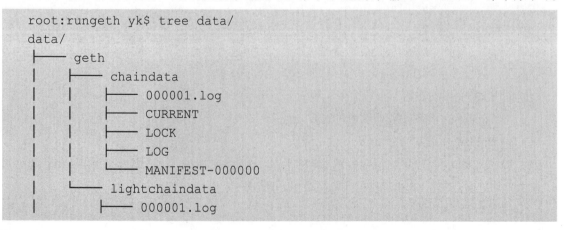

```
root:rungeth yk$ tree data/
data/
├── geth
│   ├── chaindata
│   │   ├── 000001.log
│   │   ├── CURRENT
│   │   ├── LOCK
│   │   ├── LOG
│   │   └── MANIFEST-000000
│   └── lightchaindata
│       ├── 000001.log
```

```
|                ├──── CURRENT
|                ├──── LOCK
|                ├──── LOG
|                └──── MANIFEST-000000
└──── keystore
```

【温馨提示】

如果 tree 命令不存在，可以自行安装一下。Linux 系统与 macOS 系统会有如何安装的提示。

步骤 03：输入如下命令行，启动 Geth 节点。

```
geth --datadir ./data --networkid 18 --port 30303 --rpc  --rpcport
8545 --rpcapi 'db,net,eth,web3,personal' --rpccorsdomain '*' --gasprice
0 --allow-insecure-unlock  console 2 > 1.log
```

这个命令的启动参数比较长，也需要针对参数进行介绍。

（1）datadir：指定之前初始化的数据目录文件。

（2）networkid：配置成与配置文件 config 内的 chainId 相同值，代表加入哪个网络，私网随意编号即可。

（3）port：P2P 端口，也就是节点之间互相通信的端口。

（4）rpc：代表开启远程调用服务，这对我们很重要。

（5）rpcport：远程服务的端口，默认是 8545。

（6）rpcapi：远程服务提供的远程调用函数集。

（7）rpccorsdomain：指定可以接收请求来源的域名列表（浏览器访问，必须开启）。

（8）gasprice：gas 的单价。

（9）allow-insecure-unlock：新版本增加的选项，允许在 Geth 命令窗口解锁账户。

（10）console：进入管理台。

（11）2 > 1.log：UNIX 系统下的重定向，将 Geth 产生的日志输出都重定向到 1.log 中，以免刷日志影响操作。

启动后，将看到类似下面的结果：

```
Welcome to the Geth JavaScript console!

instance: Geth/v1.9.6-stable/darwin-amd64/go1.13.1
at block: 0 (Thu, 01 Jan 1970 08:00:00 CST)
 datadir: /Users/yk/ethdev/yekai1003/rungeth/data
 modules: admin:1.0 debug:1.0 eth:1.0 ethash:1.0 miner:1.0 net:1.0
personal:1.0 rpc:1.0 txpool:1.0 web3:1.0


 >
```

终于大功告成!

由于命令很长，在这里向大家推荐一个更容易操作的启动方法。读者可以借助笔者的 GitHub 工程，直接下载，在工程内部有现成的创世块文件和启动脚本，操作起来更简单，步骤如下。

步骤 01：下载 GitHub 工程，命令行如下。

```
mkdir ~/ethdev
cd ~/ethdev
git clone https://github.com/yekai1003/rungeth
```

步骤 02：进入该目录，进行初始化，命令行如下。

```
cd rungeth
geth init genesis.json --datadir ./data
```

步骤 03：执行脚本 "./rungeth.sh"，启动 Geth，结果如下。

```
root:rungeth yk$ ./rungeth.sh
Welcome to the Geth JavaScript console!

instance: Geth/v1.9.6-stable/darwin-amd64/go1.13.1
at block: 0 (Thu, 01 Jan 1970 08:00:00 CST)
 datadir: /Users/yk/ethdev/yekai1003/rungeth/data
 modules: admin:1.0 debug:1.0 eth:1.0 ethash:1.0 miner:1.0 net:1.0
personal:1.0 rpc:1.0 txpool:1.0 web3:1.0

>
```

至此，搞定了节点，可以准备智能合约的开发了。

4.1.2 初识Solidity

由于目前支持智能合约的区块链平台很多，智能合约的开发语言也有多种选择，不过，以太坊毕竟是第一个诞生智能合约的区块链平台，之后产生的很多区块链平台也多是参考以太坊平台的虚拟机技术，借鉴以太坊的智能合约开发环境。以太坊平台智能合约开发语言主要采用 Solidity。因此 Solidity 也是目前多数主流区块链平台所采用的智能合约开发语言。

Solidity 是一门面向对象、为实现智能合约而创建的高级编程语言，这门语言受到了 C++、Python 和 Javascript 等语言的影响。在以太坊黄皮书披露的技术细节中，提到了以太坊虚拟机是一款图灵完备（Turing Completeness）的虚拟机器，Solidity 自然也就是一款图灵完备的高级开发语言。它的内部可以支持变量定义、容器、自定义类型、函数、循环、继承等高级语言的通用技术，在后面的内容中我们将逐渐展开介绍。

按照惯例，学习一门语言的第一个程序是介绍 "hello-world"，这就当是和 Solidity 的初识吧。

```
pragma solidity^0.6.0;
```

```
contract hello {
    string public Msg;
    constructor() public {
        Msg = "hello";
    }
}
```

这是最简单的智能合约代码，分别介绍一下具体的含义。第一行的作用是为了控制智能合约编译器的版本，"pragma"是 Solidity 的编译控制指令，"^0.6.0"代表的含义是可以使用 0.6.x 的版本对该代码进行编译，也就是说 0.5.x 和 0.7.x 的编译器版本不允许编译该智能合约的。此外，也可以使用类似"pragma solidity > 0.4.99 < 0.6.0;"这样的写法来表达对编译器版本的限制，这样看上去更加简单明了。

代码中"contract"是一个关键字，用来定义合约名字，它很像是某些语言里的类（class）定义方法。"hello"是本合约的名字，这个合约的主要功能是向区块链系统中存储一个 Msg 字符串。"constructor"是该合约的构造函数，当合约部署时，执行的也就是构造函数的代码，该构造函数的功能是将 Msg 初始化为"hello"。

当然，介绍还没有结束，这只是合约代码，需要将它部署后再看看效果。想要运行以太坊的智能合约，一般都会使用官方推荐的在线 IDE 环境 remix，这是一个智能合约开发、测试、部署的集成环境。读者可以在浏览器输入：http://remix.ethereum.org/，打开后可以按照下面的步骤操作。

步骤 01：在打开的页面中，单击【Solidity】按钮，如图 4-5 所示。

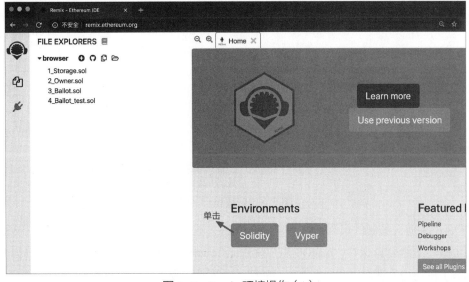

图 4-5　Remix 环境操作（1）

步骤 02：在跳转后的窗口中单击【EVM Vesion】选项卡并选择【byzantium】选项，单击【文件浏览器】按钮，如图 4-6 所示。

图 4-6　Remix 环境操作（2）

步骤 03：在跳转后的窗口中，单击左上角的【+】按钮创建文件，并在弹出的对话框中输入文件名，然后单击【OK】按钮，如图 4-7 所示。

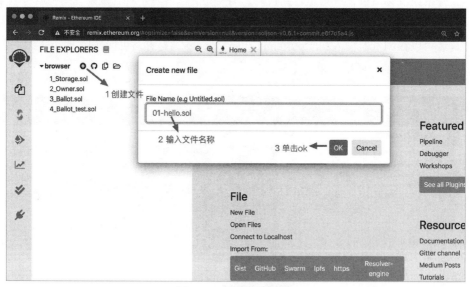

图 4-7　创建合约文件

步骤 04：将前文复制的代码粘贴至窗口右侧的文本框中，使用快捷键进行保存（Windows 用户使用【Ctrl+S】组合键保存，macOS 用户使用【Command+S】组合键保存），并单击左侧选项栏的【 ◈ 】按钮切换到部署和运行页面，如图 4-8 所示。警告不用处理，可以忽略它。

步骤 05：在切换到部署和运行页面后，单击【Environment】选项卡中选择运行环境，此处采用默认的【JavaScript VM】选项即可，然后单击【Deploy】按钮，部署合约，如图 4-9 所示。

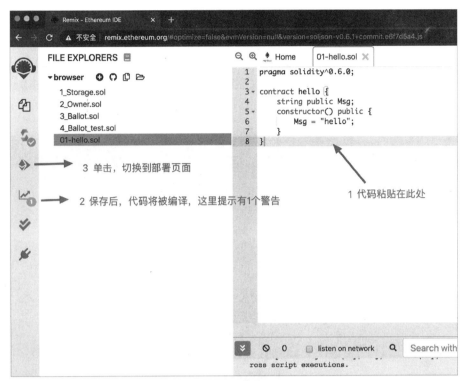

图 4-8　合约部署操作（1）

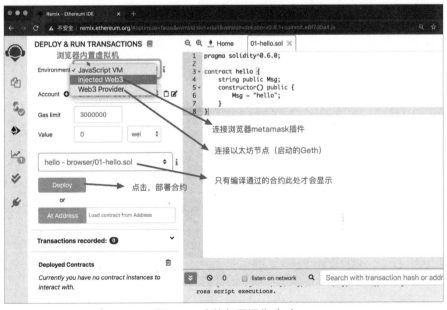

图 4-9　合约部署操作（2）

对于 Environment 的三种选择，分别介绍一下。

（1）JavaScript VM：Remix 内置的虚拟机，运行速度快，无须挖矿，测试方便。

（2）Injected Web3：单击时会连接浏览器安装的 Metamask 插件，该插件为以太坊浏览器钱包，很多时候，我们都是通过 Metamask 钱包将合约部署到主网或测试网。

（3）Web3 Provider：单击时，将代表要连接某个以太坊节点，需要指定 Geth 的连接地。

步骤 06：部署完成后，在浏览器下部可以看到合约部署的信息及合约视图，单击图 4-10 所示的按钮查看合约视图。

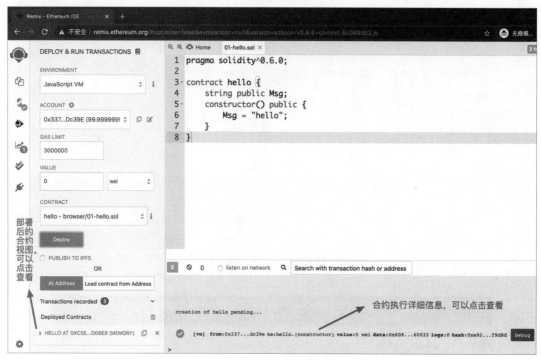

图 4-10　合约部署效果查看

步骤 07：在展开的合约视图中可以看到左侧的【Msg】按钮，它代表着 Msg 方法，单击该按钮进行调用，如图 4-11 所示。

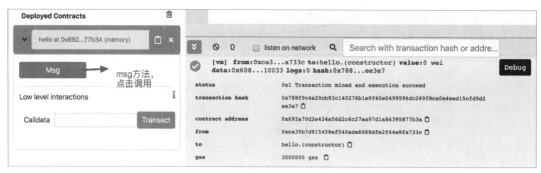

图 4-11　合约调用（1）

步骤 08：单击【Msg】按钮后可查看运行后的结果，得到 "hello"，如图 4-12 所示。

图 4-12　合约调用（2）

此步骤执行完，合约部署到执行已经操作完成，该合约也就是简单地把 "hello" 存储到以太坊节点中，并通过查询函数 Msg 可以获得存储的值。

在步骤 05 时，在【Environment】选项栏中如果选择【Web3 Provider】选项，将会看到图 4-13 所示的效果。

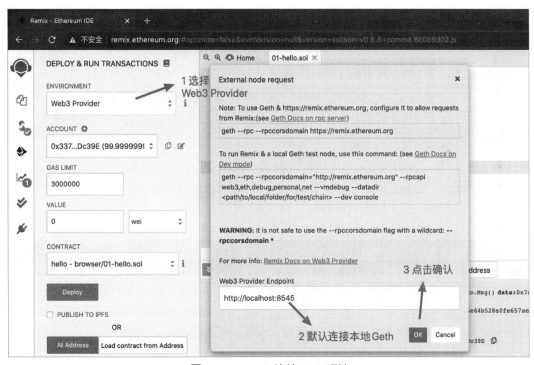

图 4-13　Remix 连接 Geth 环境

单击【OK】按钮，将会看到图 4-14 所示的效果。

接下来的操作基本和 JavaScript VM 时的操作一样，可以部署合约，调用函数。对于新启动的 Geth，一般没有账户，可以在 Geth 窗口内创建一个，如图 4-15 所示。

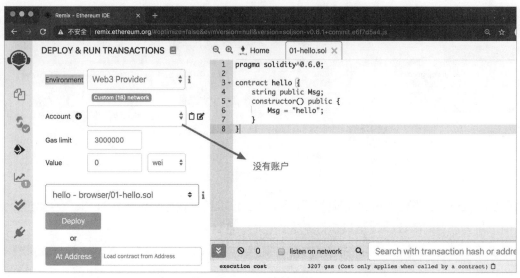

图 4-14　Geth 连接后效果

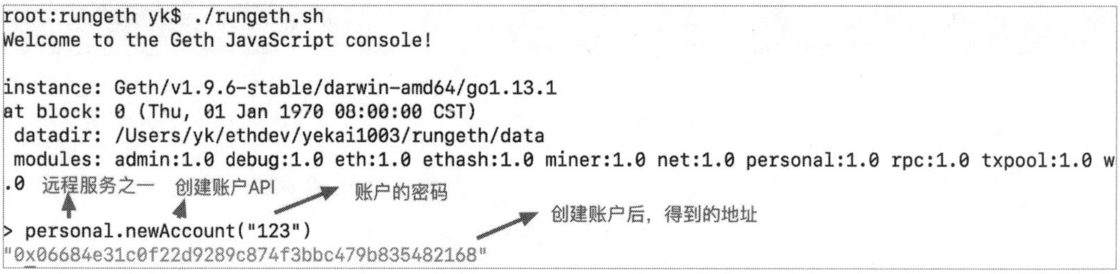

图 4-15　账户创建

创建后，再回到 Remix 环境（浏览器窗口），可以看到创建的地址，它目前没有以太币，如图 4-16 所示。

图 4-16　Remix 查看 Geth 账户

此时，单击【Deploy】按钮，部署会失败，如图 4-17 所示。

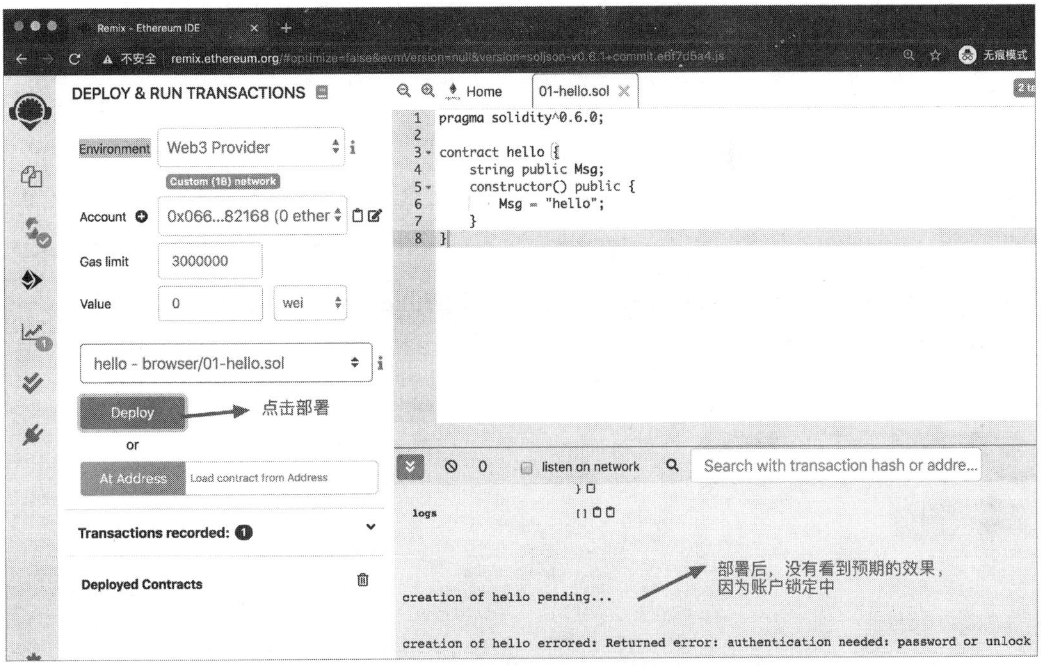

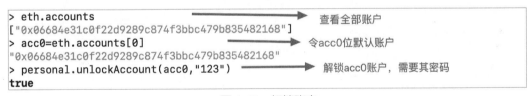

图 4-17　Remix 部署合约到 Geth 操作（1）

对于 Geth 内的账户，需要解锁后方可使用。没办法，去 Geth 窗口去解锁一下，操作指令如图 4-18 所示。

```
> eth.accounts                                          查看全部账户
["0x06684e31c0f22d9289c874f3bbc479b835482168"]
> acc0=eth.accounts[0]                                  令acc0位默认账户
"0x06684e31c0f22d9289c874f3bbc479b835482168"
> personal.unlockAccount(acc0,"123")                    解锁acc0账户，需要其密码
true
```

图 4-18　解锁账户

如图 4-19 所示，解锁后，再来部署合约，不报错了，但是合约仍然处于"pending"状态，也就是说合约并没有被成功部署。原因是什么，读者想到了吗？

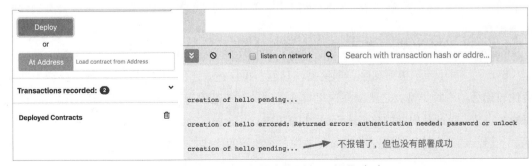

图 4-19　Remix 部署合约到 Geth 操作（2）

区块链内的每次合约执行都是一个交易，这个交易需要挖矿才能被打包到区块中，只有被打包到了区块中，才代表交易执行成功了。需要启动挖矿，这也是区块链平台的最大特点！

使用图 4-20 中所示的指令启动挖矿。

图 4-20　启动挖矿

给它们一点时间，再回到浏览器，就可以看到合约被部署完成了，这时候 Msg 也可以调用了，如图 4-21 所示。

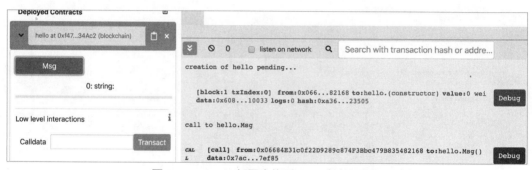

图 4-21　Remix 部署合约到 Geth 成功示意图

至此，已经将 Remix 环境与安装的 Geth 节点相结合，可以进行后续合约的学习，此后的合约调用也基本都是此步骤。

温馨提示

合约要想跑，挖矿不能少。

4.1.3　智能合约有哪些数据类型

Solidity 是一种静态类型的高级语言，每个变量在编译时都需要明确变量的类型。说到变量，就要介绍一下 Solidity 的变量类型，Solidity 内部定义了多种基础类型及一些复杂的复合类型，先来说说基础类型。

Solidity 支持的基础类型有整型（int，uint）、布尔类型（bool）、字符串类型（string）和字节类型（byte）。对于布尔类型和字符串类型，这里不再详述，它们和很多语言一样。整型类型是开发者比较熟悉的一种类型，之所以在这里单独强调一下，是因为 Solidity 在设计数据类型时精确到了每一个字节。因此其内部的整型光 int 类的就有 int8、int16、int24、int32……int256 等，如图 4-22所示。当然，对于无符号数整数类型 uint 来说也是相同的待遇。仔细想想也可以理解，毕竟智能合约是运行在以太坊 EVM 中，存储到全球节点里的，空间能省就省。

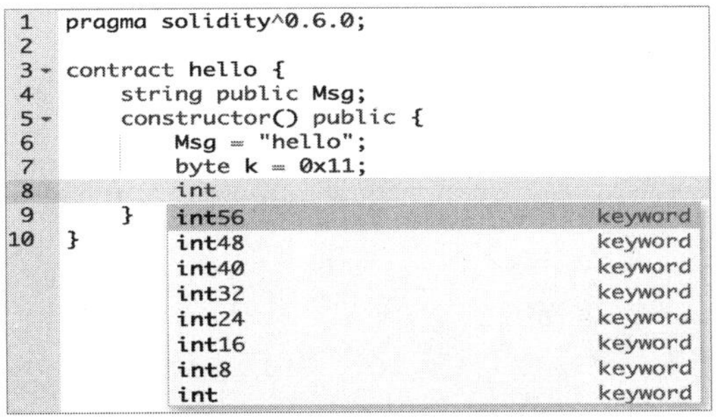

图 4-22　合约代码编辑示意图

> **温馨提示**
>
> 整型类型最大定义长为 256 位，int 等价于 int256，uint 等价于 uint256。

除了基础类型，在 Solidity 中也可以使用一些复合类型，包括定长字节数组、变长字节数组和地址类型（address）。地址类型 address 是 Solidity 特有的数据类型，它对应了以太坊的账户地址。可以把地址理解为一个结构化的数据类型，通过地址，可以获得它的账户余额，为此只需要像访问类成员那样就可以了，当然，围绕地址最核心的还是资产转移，包括以太币。想要给某个地址转账一个以太币，写成下面的形式就可以了：

```
address.transfer(1 ether)
```

由此可见，Solidity 的语法还挺有个性。定长字节数组的待遇与 int 类似，从 bytes1 一直定义到 bytes32，一个字节是 8 位，最终 bytes32 可以表达 256 位长度的数值。除了定长数组，也可以定义 bytes[N] 这样的变长数组。在 Solidity 中同样支持枚举类型，但编译器会将枚举类型进行转换。因此我们也可以忽略枚举类型。

在了解了相关数据类型之后，接下来谈谈变量的定义。说到变量，首先应该明确其存储位置。按照存储位置的不同，可将变量分为状态变量和局部变量。所谓状态变量，是指存储在以太坊节点中的变量，这类变量的数据存储需要支付费用，这类变量其实也就是合约的成员变量。我们先来说说状态变量的定义，语法如下：

```
Type [permission] identifier; // 状态变量定义
```

其中 "permission" 用来修饰变量的访问权限，可以使用 public 或 private，如果不写的时候默认为 private。如果成员变量是 public 访问权限的，合约部署后会自动为我们提供该变量的查询方法。

局部变量主要就是在函数中使用，定义方式与状态变量类似。不过局部变量的修饰符主要强调的是该值是值传递还是引用传递，有时候编译器要求我们显式地声明到底是值传递（memory）还是引用传递（storage）。函数的参数及返回值都是 memory 类型传递，函数体内部根据需要可以使用 storage 传递或 memory 传递。

接下来，我们使用介绍的变量类型定义几个状态变量，并且部署一下该合约，看看会得到哪些函数。

```
pragma solidity^0.6.0;
```

```
// 定义变量定义合约
contract vardefine {
    int256 public AuthAge; // 定义作者年龄
    bytes32 public AuthHash; // 定义作者 hash 值
    string public AuthName; // 定义作者姓名
    uint256 AuthSal; // 定义作者薪水
    // 构造函数
    constructor(int256 _age, string memory _name, uint256 _sal) public {
        AuthAge = _age;
        AuthName = _name;
        AuthSal = _sal;
        //keccak256 以太坊使用的椭圆曲线算法，用来计算 hash 值，只接受一个参数
        // 因此需要经过内置函数 abi.encode 转码，abi.encode 可以传入多个不同类型的数据
        //keccak256 返回值是 bytes32 的定长数组，也就是 hash 值
        AuthHash = keccak256(abi.encode(AuthAge,AuthName, AuthSal));
    }
}
```

这段代码中使用了 kcccak256 和 abi.cncode 两个以太坊内置函数，它们基本上属于固定搭配，其结果是返回一个 bytes32 类型的 hash 值。合约编写完成后，可以在 remix 环境部署，为了测试快速，我们选择在 JavaScript VM 环境下运行。

在"部署＆运行"页面，在【Environment】选项栏中选择【JavaScript VM】选项，由于本合约的构造函数是有参数的，因此在部署合约时需要传入参数，输入参数时，可以直接输入并用","隔开，不过笔者推荐将输入框部分展开，如图 4-23 所示。

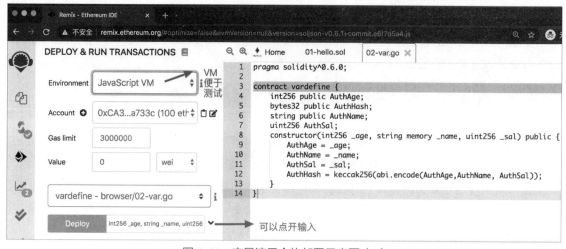

图 4-23 变量演示合约部署示意图（1）

　　由于构造函数有参数，因此在部署合约的时候需要传递参数，按照顺序在【Deploy】输入框中输入 3 个对应的参数即可。然后单击【transact】按钮部署合约，如图 4-24 所示。

图 4-24　变量演示合约部署示意图（2）

　　接下来就可以看到图 4-25 所示的合约部署成功的视图。

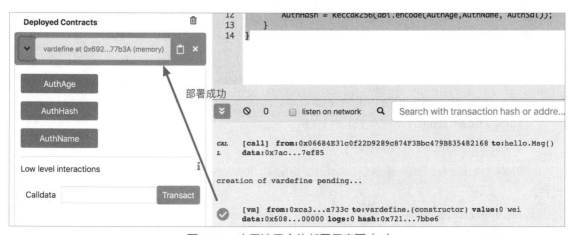

图 4-25　变量演示合约部署示意图（3）

　　和预期一样，我们定义了 4 个状态变量，其中 AuthAge、AuthHash、AuthName 都是 public 权限，因此合约为我们提供了对应的查询函数。分别单击它们所对应的按钮，可以看到对应的值，如图 4-26 所示。

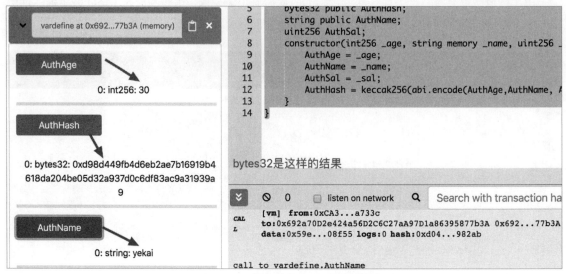

图 4-26　带参数合约调用示意图

4.1.4　什么是内建对象

Solidity 本身是一门面向对象的编程语言，由于其运行在以太坊虚拟机中，因此在合约代码中，可以使用区块链系统本身的一些数据，如区块信息（block）及合约被调用时的交易消息（msg），对于这类对象，无须声明就可以直接使用，这是区块链系统提供的内建对象，位于全局命名空间。下面介绍在合约编写时要用到的内建对象及常用信息。

（1）block，区块信息。

区块信息是区块链系统的特点属性，具体包含内容如下。

① block.coinbase (address): 当前块的矿工地址。

② block.difficulty (uint)：当前块的挖矿难度系数。

③ block.gaslimit (uint)：当前块 gas 的上限。

④ block.number (uint)：当前块编号。

⑤ block.blockhash：hash 函数，已经被内建函数"function blockhash(uint) returns (bytes32)"所代替。

⑥ block.timestamp (uint)：当前块的时间戳，等同于 now。

⑦ no：时间戳，与 block.timestamp 相同。

⑧ msg：合约被调用时传递过来的消息。

（2）msg：在合约调用时传递了调用信息，其内容如下。

① msg.data (bytes)：完整的 calldata。

② msg.gas (uint)：剩余的 gas 量。

③ msg.sender (address)：消息的发送方（调用者），非常重要。

④ msg.sig (bytes4)：calldata 的前四个字节（函数标识符）。

⑤ msg.value (uint)：所发送的消息中 wei（以太坊最小的虚拟数字货币单位）的数量。

⑥ tx：交易信息。

⑦ tx.gasprice (uint)：交易的 gas 价格。

⑧ tx.origin (address)：交易发送方（最原始调用者）。

在介绍 msg.value 时，提到了数字货币单位的问题，以太坊一共有 4 个单位，从小到大分别是 wei、gwei、finney 和 ether，它们之间的换算关系如下：

```
1 ether = 1000 finney
1 finney = 1000,000 gwei
1 gwei = 1000,000,000 wei
```

除了 ether 是因平台而得名外，wei 和 finney 主要是为了致敬两位伟大的密码学家 Wei Dai 和 Hal Finney，比特币及其背后的区块链技术都是站在这些伟大学者的肩膀上建立起来的。

在了解了相关内建对象后，再次编写一个测试代码，这一次用之前使用过的 keccak256 来模拟一个随机值。代码如下：

```solidity
pragma solidity^0.6.1;

// 定义合约名称
contract localobj {
    // 状态变量，address 类型
     address public admin;
     //hash 值
     bytes32 public hash;
    // 部署时生成随机值
    uint256 public randnum;
    // 构造函数
    constructor() public {
        admin = msg.sender;//msg.sender 是调用者
        hash = blockhash(0); // 返回 0 块的 hash 值
      // 利用时间戳、调用者账号、hash 值共同模拟随机值，得到一个 100 以内的数
        randnum = uint256(keccak256(abi.encode(now, msg.sender,
hash))) % 100;
    }
}
```

按照前面的步骤，在 remix 环境新建一个合约文件：03-buildinobj.sol，如图 4-27 所示。将该代码保存后部署，部署时不妨先关注一下账户信息。

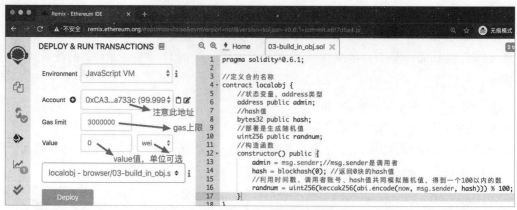

图 4-27 内建对象合约示意图（1）

部署后，打开合约视图，分别调用 admin、hash 和 randnum 方法，此处可以注意一下 admin 是否和图 4-27 的地址是同一个，如图 4-28 所示。

图 4-28 内建对象合约示意图（2）

关于内建对象，暂且介绍到这里，后面的合约编写工作离不开它们。

4.1.5 智能合约的函数

通过前面的介绍，读者应该发现，智能合约部署后看到的是若干个可调用的函数。确实如此，在智能合约开发时，实际上也是先将业务拆分，形成一个又一个独立功能，之后将功能封装为函数。与传统编程不同的是，在智能合约开发时没有主函数入口这样从上到下的流程逻辑。如果把智能合约理解为一个进程的话，开发的函数是为了提供与该进程交互的接口。

下面，重点介绍 Solidity 的函数。语法定义如下：

```
function func_name(paramlist...) modifiers returns (returnlist...)
```

逐项介绍一下函数的声明部分。

（1）function：是函数声明的关键字。

（2）func_name：自定义函数名称，与习惯的函数命名规范没有区别。

（3）paramlist：参数列表，可以有 0 个或多个参数，格式是"参数类型 参数名称"。

（4）modifiers：函数的修饰符，非常关键，我们后面要详细讨论。

（5）returns：返回值关键字，支持多个返回值，最多 7 个。

（6）returnlist：返回值类型列表。

下面，写一个函数来练练手，求 1+2+...+100 之和，并返回 uint256 类型的结果。通过这个例子，我们也可以顺便掌握 Solidity 中循环的写法，代码如下：

```
function getSum() public view returns(uint256) {
    uint256 sum = 0;
    //for 循环
    for(uint256 i = 1; i <= 100; i ++) {
        sum += i; // 累加求和
    }
    return sum;
}
```

这个例子中，我们发现在编写循环时，循环因子 i 也可以在 for 的代码段内临时定义。特别需要注意的是，Solidity 虽然对循环支持很好，for 和 while 语法都支持，但我们在使用时要格外谨慎，因为智能合约代码的每一步执行可能都需要消耗 gas，这可是真金白银呀。

我们再来用函数实现两个字符串的比较，Solidity 虽然支持 string 类型，但是对字符串的支持实在不太好，使用"=="无法比较两个字符串，因此需要我们自己来实现。实现思路也并不复杂，"=="对于字符串不支持，但是对于 hash 值是没问题的。因此我们把字符串求出 hash 值，利用 hash 值比较也可以判断两个字符串是否相等。这里用到了前面介绍的 hash 函数的特性：对于不同输入 x 会产生不同的 y。函数实现如下：

```
function isEqual(string memory a, string memory b) public view
returns (bool) {
    //计算 a 的 hash 值
    bytes32 hashA = keccak256(abi.encode(a));
    //计算 b 的 hash 值
    bytes32 hashB = keccak256(abi.encode(b));
    return hashA==hashB;
}
```

函数参数中的字符串，必须明确指出是 memory 类型，这是在 0.5.0 版本以后提出的新要求。

读者也许有点着急了，到现在还没涉及 ether 的操作，下面就来实现向智能合约内充钱，并查询合约的余额。先来实现一个充钱的函数，其实它比其他的函数实现起来都要容易。

```
function deposit() public payable {
    //nothing to do
}
```

是的，没错，代码写成这样就可以了。这里唯一要强调的是 payable，凡是涉及 ether 转移的，函数或地址都要加 payable 修饰符，代表可以支付。当然，在这背后有很多知识点，读者如果此前关注过部署合约的视图就会发现，合约部署后也会形成一个地址，这个地址和账户地址的格式是一样的。在以太坊网络中，合约地址是一种特殊的账户地址，它可以像普通账户那样接受转账交易。对于 deposit 函数来说，虽然我们没做什么事情，但是 msg 携带的 value 已经被合约地址给接收了，也就是说合约是给"钱"就收的。

怎么验证呢？可以再来写一下查询余额的函数，说到这里要再强调 Solidity 是一门面向对象的语言，每个合约内部都有一个 this 对象，在合约中可以把它强制转换为 address 类型，每一个 address 类型的对象都有一个 balance 元素，它就是账户的余额。查询余额代码如下：

```
function getBalance() public view returns (uint256) {
    //address(this) 强制转换为地址类型
    return address(this).balance;
}
```

整体合约代码如下：

```
pragma solidity^0.6.0;

contract func_demo2 {
    address public admin;
    // 构造函数
    constructor() public {
        admin = msg.sender;
    }
    // 充值，注意要加 payable
    function deposit() public payable {
        //nothing to do
    }
    // 获取余额
    function getBalance() public view returns (uint256) {
        //address(this) 强制转换为地址类型
        return address(this).balance;
    }
}
```

在 remix 环境，将代码保存为 04-func_demo2.sol 并部署。

部署后，在跳转的页面中我们会看到一个颜色非常鲜红的函数：deposit。单击【deposit】按钮充值，成功后，再单击【getBalance】按钮查询余额，发现结果仍然是 0，如图 4-29 所示。

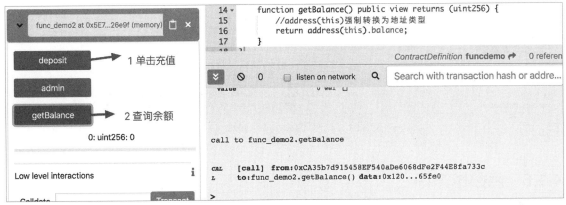

图 4-29　充值和余额示意图（1）

这完全正常，因为调用充值之后并未传入 value。接下来进行一次真实的充值，注意要填写 value 值。

在图 4-30 所示的【Value】输入框中输入 value 值 "9999"，然后单击【deposit】按钮进行充值。

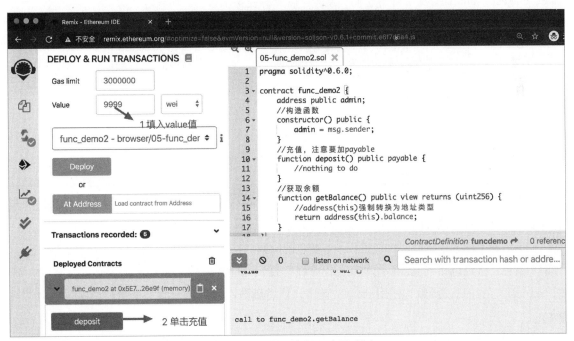

图 4-30　充值和余额示意图（2）

单击【deposit】按钮后，再次单击【getBalance】按钮，就可以看到余额了，如图 4-31 所示。

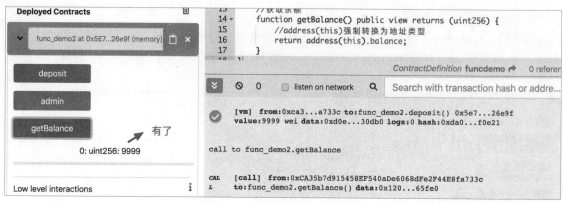

图 4-31　充值和余额示意图（3）

4.1.6　函数修饰符

看到现在，相信读者已经能写出一些具体的函数功能，但是有一点仍然很困惑，那就是函数的修饰符有时候会加 view，有时不加，部署后函数有的颜色是红色，有的颜色又是蓝色（需要在浏览器上观看）。现在，我们来解惑，着重来介绍一下函数的修饰符。

函数修饰符顾名思义就是来修饰函数的。先来介绍控制访问权限的四个修饰符：public，private、extenal、internal。为了理解它们，读者可以看看表 4-1。

表 4-1　访问权限关键字说明

关键字	外部访问	类内访问	子类继承	子类访问
public	能	能	能	能
private	不能	能	不能	不能
external	能	不能	能	能
internal	不能	能	能	能

在表 4-1 中，我们可以看到 public 是权限最大的，private 是权限最小的。对于 public 修饰的函数或变量，外部都可以调用，这也是实际编写时使用最多的。

在搞清楚了函数权限后，再来解释一下颜色的问题。以太坊的合约部署后可以看到 3 种颜色，分别是蓝色、橘红色和红色，不同的颜色代表着函数不同的能力。

（1）蓝色：只读函数，使用 view 关键字，该类函数不允许修改状态变量，调用时不会消耗 gas。

（2）橘红色：写函数，该类函数会修改状态变量的值，调用时会消耗 gas。

（3）红色：可支付函数，该类函数涉及资产转移，必须加 payable 关键字，调用时会消耗 gas，此类函数也可以修改状态变量。

在了解了函数的修饰符后，我们来编写一个合约，实现三个颜色不同的函数。代码如下：

```
pragma solidity^0.6.1;

contract func_demo3 {
    address   admin;
    uint256   count;
   // 构造函数
    constructor() public {
        admin = msg.sender;
    }
   // 橘红色函数
    function setCount(uint256 _count) external {
        count = _count;
    }
   // 红色函数
    function withDraw() public payable {

    }
   // 蓝色函数
    function getCount() public view returns(uint256) {
        return count;
    }
}
```

读者一定要在 Remix 环境部署中感受一下！

除了 view 之外，Solidity 还提供了 pure 关键字，该关键字比 view 还要严格，既不可以访问状态变量，也不能更改状态变量。

4.1.7　巧用复合类型

之前我们使用的数据类型都是 Solidity 内置的原生类型，接下来介绍复合类型，主要包含数组、mapping（映射）这样的容器及自定义结构（struct）。

首先说一说数组，在 Solididty 中支持定长数组和动态数组，不管是定长数组还是动态数组，它们都包含一个元素 length，代表数组内元素的个数。想要访问数组的元素，可以通过下标，动态数组也可以使用 push 函数添加元素。下面的代码演示了定长数组和动态数组的用法。

```
pragma solidity^0.6.1;

contract array_demo {
   // 字符串类型定长数组
    string[5] public names;
   // 数值类型动态数组
    uint256[] public ages;
```

```
constructor() public {
    // 修改定长数组的元素
    names[0] = "yekai";
    //names.push("fuhongxue");// 定长数组不能 push
    // 动态数组追加元素
    ages.push(10);
}
// 获取数组的长度，注意多个返回值时的写法
function getLength() public view returns(uint256, uint256) {
    return (names.length,ages.length);
}
}
```

接着来说一说 mapping，与 Go 语言中的 map 类似，mapping 也是基于 key-value 存储的容器，借助 key，可以快速地获得其 value 值。它的定义语法如下：

```
mapping(T1=＞T2) modifiers mapname;
```

还是通过一个例子介绍 mapping 的使用。

```
pragma solidity^0.6.1;

contract map_demo {
    // 定义 address 与姓名的 mapping
    mapping(address=＞string) public addr_names;
    constructor() public {
        addr_names[msg.sender] = "yekai";
    }
    // 设置地址对应的姓名
    function setNames(string memory _name) public {
        addr_names[msg.sender] = _name;
    }

}
```

将该合约部署后，可以在合约视图内看到 "setNames" 和 "addr_names" 两个函数，如图 4-32 所示。

在图 4-32 所示的文本框中输入一个名称，然后单击【setNames】按钮，就将一组数据存入了 mapping。

此后，可以调用 addrnames 来查看 mapping 内的数据，需要传入一个地址，地址传入后，单击【addr_names】按钮可以看到结果。

图 4-32　mapping 使用示意图（1）

首先复制账户地址，然后在【addr_names】函数的输入框内粘贴该账户地址，最后单击【addr_names】按钮，如图 4-33 所示。

图 4-33　mapping 使用示意图（2）

Solidity 同样可以支持自定义结构体，这有助于描述一种事物的多个特性。它的定义语法如下：

```
struct struct_name {
  T1 fieldName1;
  T2 fieldName2;
  ...
}
```

Solidity 中定义的结构体可以作为新的数据类型，在数组和 mapping 都可以使用。

4.1.8　断言处理与自定义修饰符

读者在前文中已经多次看到 gas，gas 顾名思义就是汽油，就像汽车运行需要汽油一样，以太坊的合约要运行也需要汽油（gas）。对于非 view 的函数，执行每一个指令都需要消耗 gas，为此用户在执行合约时，需要指定执行此合约时允许消耗的 gas 上限。

提到 gas，顺便介绍一下以太坊的经济模型，以太坊的 EVM 执行指令并不是无偿的，系统中为每个指令规定了对应的 gas 消耗数量。除了 gas，以太坊还设计了 gasprice（汽油价格），gas 与 gasprice 的乘积将作为最终的"金钱"消耗（以太坊的 wei）。在以太坊主网中，gasprice 需要由我们自己填写，系统会提供高、中、低三档的选择，gasprice 的高或低将直接影响矿工打包交易的快或慢。这个 gas 和 gasprice 的设计很见功力，因为如果一开始将智能合约的执行与 ether 绑定，以 ether 后期高昂的价格，很可能会让以太坊平台的用户寥寥无几。通过 gasprice 动态地调整价格，可以确保用户部署和调用合约的成本不会上涨过多。

为了确保合约完整地执行，也为了保障用户账户的安全，在合约部署窗口，经常可以看到图 4-34 所示的【Gas limit】输入框，输入的值就是在合约调用时指定的 gas 上限。需要注意的是，这个值只是上限，并非一定要全部用光。合约在执行时，会将账户的余额自动转化为 gas 使用。

图 4-34　Gas limit 示意图

当 gas 充足，并且合约没有错误时，合约在执行时都会顺利完成，但是当 gas 不充足的时候或合约存在问题的时候，合约将不能顺利完成。说到这里，对数据库事务敏感的读者应该想到了，不怕合约执行成功或完全不执行，就怕执行到一半的时候出现问题，错误的善后问题不太好处理。为此，Solidity 推荐我们使用 state-reverting（状态恢复）机制，这很像是数据库的事务逻辑。使用 if 语句检测合约运行过程中的一些错误，当发生错误时主动调用 revert 来退回到合约调用前的状态。这种方式相对麻烦，很多时候我们会使用 assert 或 require 进行断言判断，这 2 个函数也是智能合约中使用率最高的两个内置函数。函数原型如下：

```
function assert(bool cond_expr);
function require(bool cond_expr, string msg);
```

assert 和 require 都是断言函数，断定某件事情 (condexpr 代表的条件) 一定成立，否则智能合约就会发生回退。二者的区别主要体现在两点：第一，函数原型不同，assert 只需传入一个条件表达式，而 require 则需要传入条件表达式和异常消息（也可不传）两个参数；第二，当 condexpr 为假时，虽然二者都会回退，但是 assert 处理的方式比较过激，它会通过扣光剩余 gas 的方式惩罚调用者（gas limit 是多少，就会扣掉多少），require 则会把剩余的 gas 返回给调用者。

require 相对温和。因此推荐大多数时候使用 require，不过也并不代表 assert 完全无用。assert 的使用场景多是作内部判断，尤其是与状态变量无关的判断多使用 assert，另外 assert 还有一个很好的作用是测试，在商用前可以用 assert 尽可能地测试合约错误，一旦 assert 扣光 gas 了，代表我们认为的不会发生的事情发生了。

下面，我们利用 assert 和 require 一起来实现一个充值函数，由用户输入充值金额，我们可以判断用户输入与 msg.value 是否相等，另外也可以判断用户输入是否大于 0，这刚好对应两个判断。函数实现如下：

```
    // 充值函数
    function deposit(uint256 _amount) public payable {
        // 判断用户输入金额是否与 msg.value 相同，不同则输出：msg.value must
equal _amount
        require(msg.value == _amount, "msg.value must equal _amount");
        // 断言 _amount 大于 0，否则用户会受到惩罚
        assert(_amount > 0);
        //do sth
    }
```

敏感的读者可能马上就会想到，对于某些条件判断，也许在多个函数内都会使用，这就是大量的【Ctrl+C】和【Ctrl+V】操作了。既然我们想到了，以太坊的创作团队也想到了，他们为我们设计了函数的自定义描述符 "modifier"，可以将一些断言判断封装、组合为我们的业务需求，方便在其他函数中使用。其语法如下：

```
modifier modifier_name() {
    require(cond, "sth error");
    ...
    _;// 占位符号，标识 modifier 的结束
}
```

通过 modifier 定义了自定义修饰符后，某函数如果使用该修饰符，就会自动判断该修饰符内封装的断言语句，这极大地提升了便利。下面实现一个权限控制为智能合约管理者才可调用的 modifier，取名叫 onlyadmin，代码如下：

```solidity
pragma solidity > 0.5.0 < 0.7.0;

// 状态回退机制演示 demo
contract revert_demo {
    // 合约管理员
    address public admin;
    uint256 public amount;
      // 构造函数
    constructor() public {
        admin = msg.sender;// 创建时指定管理员
        amount = 0;
    }
    // 充值功能
    function deposit(uint256 _amount) public payable {
        require(msg.value == _amount, "msg.value must equal _amount");
        assert(_amount > 0);
        amount += _amount;
    }
    // 自定义修饰符：onlyadmin
    modifier onlyadmin() {
        require(admin == msg.sender, "only admin can do this");
        _;
    }
    // 只有管理员可以干坏事，将银行总存款 double
    function setCount(uint256 _amount) public onlyadmin {
        amount *= 2;
    }

}
```

在上例中的 setCount 方法只能由合约的部署者，也就是我们所说的管理员才能够调用，其他人调用都会失败。

4.1.9 经典智能合约案例

我们已经把智能合约的基本语法及核心要点都介绍过了，接下来通过几个经典的案例再来加深智能合约的学习。

1. 案例一：传递方式

对于值传递和引用传递的问题，我们并不陌生，在很多开发语言当中都会存在。接下来，用值传递和引用传递的方式分别实现一个函数。值传递时，使用 memory 修饰变量，引用传递时使用 storage 修饰变量。在下面的例子中，分别实现了 setAge1 和 setAge2，其中 setAge1 是值传递的方式，setAge2 是引用传递的方式。

```solidity
pragma solidity^0.6.1;

contract storage_demo {
    // 自定义结构
    struct User {
        string name;
        uint256 age;
    }
    User public adminUser;
    // 构造函数
    constructor() public {
        adminUser.name = "yekai";
        adminUser.age = 40;
    }
    // 值传递，adminUser 的 age 不会被修改
    function setAge1(uint256 _age) public {
        // 值传递，user 是 adminUser 的一个拷贝
        User memory user = adminUser;
        user.age = _age;
    }
    // 引用传递，adminUser 的 age 会被修改
    function setAge2(uint256 _age) public {
        // 引用传递，user 就是 adminUser
        User storage user = adminUser;
        user.age = _age;
    }
}
```

将合约部署后，可以看到【setAge1】【setAge2】和【adminUser】三个方法。在【setAge1】的输入框输入 "30" 后，单击【setAge1】按钮，之后再单击【adminUser】按钮查看结果，看到 adminUser 的数据还是和构造函数设置的一样，如图 4-35 所示。

再用【setAge2】重复上述步骤，将会看到 adminUser 的年龄发生了变化，如图 4-36 所示。

通过这个例子，我们可以清楚地理解值传递与引用传递的区别，并掌握具体的编写方法。

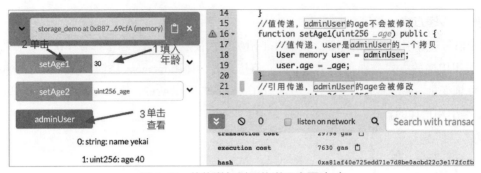

图 4-35 值传递与引用传递示意图（1）

图 4-36 值传递与引用传递示意图（2）

2. 案例二：土豪发红包

不知不觉，发红包已经成为日常娱乐活动的一部分。接下来，我们要编写一个发红包的例子。这个例子稍稍复杂一些，为了把实现过程解释清楚，分步骤来做。

步骤 01：角色分析。

分析使用者都是什么样的角色，这也是智能合约开发的特点。对于本例来说，可以认为只有两类用户，土豪和平民，土豪需要发红包的功能，平民需要抢红包的功能。

步骤 02：功能分析。

这一步就是分析需要实现哪几个函数。

（1）发红包：土豪角色的功能，可以借助构造函数实现，核心是将 ether 打入合约。

（2）抢红包：平民角色的功能，抢成功需要一些断言判断，核心操作是合约转账给平民。

（3）退还：土豪角色的功能，当红包有剩余时，允许土豪收回余额，可以使用合约销毁来做。

步骤 03：实现发红包功能。

这个功能通过构造函数来实现，需要传入一个红包的数量，红包的金额从 msg.value 传入。

```
pragma solidity^0.6.1;

contract redpacket {
    address payable public tuhao;// 定义土豪
    uint public number ;// 红包数量
```

```
    // 构造函数，携带 msg.values，必须带 payable
    constructor(uint _number) payable public {
        tuhao = msg.sender;// 谁创建谁就是土豪
        number = _number;// 指定红包数量
    }
    // 获取余额
    function getBalance() public view returns (uint) {
        return address(this).balance;
    }
}
```

步骤 04：实现抢红包功能。

能够抢红包需要 2 个前提：第一，要求红包余额大于 0，第二，要求红包剩余个数大于 0。

```
    // 抢红包
    function stakeMoney() public payable returns (bool) {
        require(number > 0);// 剩余红包必须大于 0
        require(getBalance() > 0); // 判断余额＞0
        number --;// 剩余红包数减 1
        // 抢到红包的金额采用随机的方式，random 是 100 以内的随机数
        uint random = uint(keccak256(abi.encode(now,msg.
sender,"tuhao"))) % 100;
        uint balance = getBalance();
        // 打给抢红包的人
        msg.sender.transfer(balance * random / 100 );
        return true;
    }
```

步骤 05：退还红包余额。

这一步可以借助 selfdestruct 函数，它的原型如下：

```
function selfdestruct(address user)
```

selfdestruct 的功能是销毁合约，user 代表合约销毁时的受益人，也就是如果合约内存在资产（ether），将它们打给 user。现在实现一个 kill 函数，用它来销毁合约，指定土豪为受益人就行了。

```
    // 合约销毁
    function kill() public {
        require(msg.sender == tuhao);
        selfdestruct(tuhao);// 销毁合约，tuhao 为受益人
    }
```

把步骤 03、步骤 04、步骤 05 的代码合在一起就形成了完整的土豪发红包合约，读者可以部署调用试试。在这里也给读者留一个思考题：当前抢红包的功能并未限制用户只能抢一次，如果想加上这个限制应该如何做呢？

3. 案例三：智能博彩

博彩行业是区块链一个重要的方向，匿名、结算快、公开透明性是区块链的特点，这些特性也正是博彩行业需要的。博彩类的游戏很多，在这里我们实现一个简单版的压大小。同样的，我们还是分步骤实现该功能。

步骤 01：角色分析。

在这个合约中，可以认为存在两类角色，合约管理员和玩家，合约管理员部署合约类似于平台方，玩家又分为两个阵营，一部分人选大，另一部分人选小。

步骤 02：功能分析。

此合约的核心功能主要是下注和开奖，不过为了更好地服务这两个核心功能，我们需要设计良好的数据结构。功能分析如下。

（1）下注：玩家可以选择大还是小，合约内须记录每个玩家的下注选择、下注金额。

（2）开奖：计算一个随机数以获取大还是小，按照赢家用户下注的比例分配输家的下注金额。

步骤 03：结构设计与初始化。

开始编写代码，为了记录每个玩家具体的下注金额，考虑定义一个玩家结构体，包含账户地址和金额两个信息就够了，对于玩家数据的存储，使用两个动态数组分别存储下大的玩家和下小的玩家。另外，设定游戏的管理员和开始时间，下注必须在时限内才可以进行，开奖则必须在时限之外。

```solidity
pragma solidity^0.6.1;

contract Bet {
    address public owner;// 管理者
    bool isFinshed;// 游戏结束标志
    // 玩家结构信息，可以记录玩家及其下注金额
    struct Player {
        address payable addr;
        uint amount;
    }
    // 下大的人
    Player[] inBig;
    // 下小的人
    Player[] inSmall;

    uint totalBig;
    uint totalSmall;
    uint nowtime;
    // 构造函数
    constructor() public {
        owner = msg.sender;
        totalSmall = 0;
        totalBig = 0;
```

```
        isFinshed = false;
        nowtime = now;
    }
}
```

步骤 04：下注功能实现。

下注时，用户需要选择大还是小，可以借助一个标志来决定，之后就是按照大还是小将玩家下注信息放到不同的动态数组中。

```
// 下注，选大或小
    function stake(bool flag) public payable returns (bool) {
        require(msg.value > 0);
        // 创建一个玩家
        Player memory p = Player(msg.sender, msg.value);
        if(flag) {
            //big
            inBig.push(p);
             // 记录下大的总金额，便于后期结算
            totalBig += p.amount;
        }
        else {
            //small
            inSmall.push(p);
             // 记录下小的总金额，便于后期结算
            totalSmall += p.amount;
        }
        return true;
    }
```

步骤 05：开奖功能实现。

开奖环节，我们需要做一下判断，如开奖时间必须是游戏开始时间的 20 秒以后，游戏必须并未开奖过。另外就是需要计算一个随机数来得到开奖结果是大还是小。最后需要根据开出的结果进行奖金分配，这里就体现出数据结构设计的重要性了。

```
// 开奖，随机取一个值，然后分析是大还是小
    function open() payable public returns(bool) {
        // 开奖有时间限制
        require(now > nowtime + 20);
        // 游戏不能结束
        require(!isFinshed);
        // 求一个 18 以内的随机值 0~8 开小 ,9~17 开大
        uint points = uint(keccak256(abi.encode(msg.sender,now,block.number))) % 18;
        uint i = 0;
```

```
            Player memory p;
            if(points >= 9) {
                // 开大：退还下大的人本金 + 奖金
                for(i = 0; i < inBig.length; i ++) {
                    p = inBig[i];
                     // 玩家收入 = 下注本金 + 按比例分配的奖金
                    p.addr.transfer(p.amount+totalSmall*p.amount/totalBig);
                }
            }
            else {
                // 开小：退还下小的人本金 + 奖金
                for(i = 0; i < inSmall.length; i ++) {
                    p = inSmall[i];
                     // 玩家收入 = 下注本金 + 按比例分配的奖金
                    p.addr.transfer(p.amount+totalBig*p.amount/totalSmall);
                }
            }
        // 开奖只能开一次
        isFinshed = true;
        return true;
    }
```

这个例子中的平台方还是比较好的，并没有进行任何抽水工作。由于 Solidity 目前并不支持浮点型运算，假设平台方想要抽水 10% 的话，需要使用先乘后除的方式，以开大为例，玩家的收益将发生如下变化：

```
// 玩家只分奖金的 90%，平台方留下了 10%
p.addr.transfer(p.amount+totalSmall*p.amount*90/totalBig/100)
```

4. 案例四：智能拍卖

拍卖也是智能合约的典型应用之一，本例实现一个简易的拍卖合约。相同的套路，仍然是分步骤来实现合约。

步骤 01：角色分析。

在拍卖合约中，主要存在 4 类角色，分别是拍卖师（Auctioneer）、委托人（Seller）、竞买人（Bidder）和买受人（Buyer），买受人是时限内的最高价竞买人。

步骤 02：功能分析。

拍卖的基本原则是价高者得，可以设定一个拍卖时限，在这个时限内出价最高者最终将获得拍卖的标的物。在数据结构上，不必进行太复杂的设计，只需能记录当前最高价的竞买人及其金额、拍卖结束时限就可以了。

主要实现如下功能。

（1）竞拍：竞买人可以多次出价，价格必须高于当前记录的最高价，并将最高价和竞买人替换。

（2）结束竞拍：当竞拍结束时，宣布胜利者。

步骤 03：状态变量定义和初始化。

本步骤主要做一些变量的定义及初始化工作，包括委托人、买受人、拍卖师三个角色及竞拍结束标志位和时间限制的变量。

```solidity
pragma solidity^0.6.1;

contract auction {

    address payable public seller;// 委托人
    address payable public auctioneer;// 拍卖师
    // 记录最高出价者地址，最终的买受人
    address payable public buyer;
    uint public auctionAmount;// 最高金额
    // 拍卖结束时间点
    uint auctionEndTime ;
    // 拍卖结束标志
    bool isFinshed;
    // 构造函数
    constructor(address payable _seller, uint _duration) public {
        seller = _seller;
        auctioneer = msg.sender;
        // 可以设定拍卖结束的时限
        auctionEndTime = _duration + now;
        isFinshed = false;
    }
}
```

步骤 04：竞拍。

竞拍的主要操作是只要竞拍未结束都可以发起竞拍，竞拍时价格一定要比之前的价格高，否则会被认为是捣乱。当竞拍被允许时，需要替换原有的最高价格和买受人。

```solidity
// 竞拍
    function bid() public payable {
        require(!isFinshed);// 竞拍未结束
        require(now < auctionEndTime);// 时间限制内
        require(msg.value > auctionAmount);
        if (auctionAmount > 0 && address(0) != buyer) {
            buyer.transfer(auctionAmount);// 退钱给上一买家
        }
        // 保留新买家
        buyer = msg.sender;
        auctionAmount = msg.value;
```

```
    }
```

步骤 05：结束竞拍。

一般的拍卖环节都是拍卖师来结束拍卖，但对于本例来说并非一定要拍卖师才可操作，毕竟谁调用谁消耗 gas。结束竞拍的主要操作是判断是否超过时限，并且是第一次执行本操作，确认通过后，打钱给委托人就可以了。

```
// 结束竞拍
function auctionEnd() public payable {
    require(now >= auctionEndTime);// 超过竞拍事件后，方可结束
    // 竞拍尚未结束
    require(!isFinshed);
    isFinshed = true;
    // 给卖家打钱
    seller.transfer(auctionAmount);
}
```

4.1.10　智能合约开发技巧

开发智能合约虽然是编写代码，但由于其运行环境的特殊性，再加上对合约资产转移安全方面的考虑，智能合约的开发需要一定的技巧。当然，前面介绍的开发步骤也算是技巧之一，接下来会介绍一些其他的技巧。

1. 技巧一：使用event调试

在很多语言开发中，分步调试和日志是程序检测的两个重要手段。由于智能合约运行环境比较特殊，到目前为止，还是很难做到分步调试，好在日志的问题还是可以解决的。智能合约中并没有直接打印日志的函数，但 Solidity 中给我们提供了另外一种处理机制，event 函数接口可以像日志那样显示智能合约运行时的数据问题，开发者可以将关注的数据通过 event 接口调用的方式来显示在调用返回信息中。event 接口的声明如下：

```
event eventname(paramlists ...);
```

event 只是接口，不需要实现，调用的时候和普通函数调用类似，在前面多加一个 emit 就可以了。把前面 setAge1 和 setAge2 例子再拿过来，增加一个 even 接口。

```
event setAge(address _owner, uint256 _age);
```

接下来，对合约稍稍调整，只需要在 setAge1 和 setAge2 内增加一下调用就可以了。

```
pragma solidity^0.6.1;

contract storage_demo {
    // 自定义结构
    struct User {
```

```
        string name;
        uint256 age;
    }
    User public adminUser;
    // 事件定义：修改年龄
    event setAge(address _owner, uint256 _age);
    // 构造函数
    constructor() public {
        adminUser.name = "yekai";
        adminUser.age = 40;
    }
    // 值传递，adminUser 的 age 不会被修改
    function setAge1(uint256 _age) public {
        // 值传递，user 是 adminUser 的一个拷贝
        User memory user = adminUser;
        user.age = _age;
        // 事件调用
        emit setAge(msg.sender, _age);
    }
    // 引用传递，adminUser 的 age 会被修改
    function setAge2(uint256 _age) public {
        // 引用传递，user 就是 adminUser
        User storage user = adminUser;
        user.age = _age;
        // 事件调用
        emit setAge(msg.sender, _age);
    }
}
```

将合约部署后，在合约视图内调用一下【setAge1】或【setAge2】，就可以在合约的调用明细中看到 logs 的输出，在其内部可以看到 setAge 对应的参数信息，如图 4-37 所示。

图 4-37　合约 event 调试示意图

event 的作用不仅于此，这个 event 事件也可以被以太坊的 DApp 所订阅，进而监控合约内的数据变化。

2. 技巧二：合约升级

我们对区块链的第一印象是不可篡改的，而合约一旦部署了确实无法修改。这与传统的开发区别很大，万一上线后还要修改功能怎么办？在这里，可以为大家提供一个合约升级的设计思路，这里面有一个技术基础是要求合约之间互相能够调用。我们知道，一个合约部署后地址是固定的，如果再部署一次，地址就变了。所谓的合约升级是为了让用户无感知，也就是对外公布的合约地址是不能变的。因此，合约升级其实是一个"伪升级"，但某些时候这些"伪升级"也有必要。合约升级的思路可以参考图 4-38，将合约拆分为代理合约、逻辑合约、存储合约三部分。

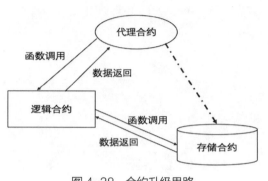

图 4-38 合约升级思路

我们再来介绍一下这个图形中各个合约所起的作用。

① 代理合约（proxy contract）：负责对外提供调用，调用内部的逻辑处理合约。

② 逻辑合约（logic contract）：负责完成数据处理的工作。

③ 存储合约（storage contract）：负责存储实际要存储的数据。

在这里，为大家提供一个简易版合约升级的例子，用一个代理合约和一个数据合约来完成简单的合约升级。数据合约 data_demo 如下：

```solidity
pragma solidity^0.6.1;
// 返回值带结构体
pragma experimental ABIEncoderV2;
// 结构体可以声明在合约外部
struct Bank {
    string name;
    uint256 amount;
}


contract data_demo {
        // 银行信息
    Bank bank;
    // 构造函数，给银行初始化
    constructor(string memory _name, uint256 _amount) public {
        bank.name = _name;
        bank.amount   = _amount;
    }
    // 返回银行信息
```

```
function getBank() public view returns (Bank memory) {
    return bank;
}
}
```

再实现一个 call_demo 合约来调用它。

```
contract call_demo {
    // 引用前一合约的数据
    data_demo data;
    // 构造时，要指定前一合约的地址
    constructor(address addr) public {
        data = data_demo(addr);
    }
    // 合约可以对 data_demo 的地址进行更新
    function upgrade(address _addrV2) public {
        data = data_demo(_addrV2);
    }
    // 调用 data_demo 的 getBank 方法
    function getData() public view returns (Bank memory) {
        return data.getBank();
    }
}
```

因为两个合约都需要用到 Bank 结构体，所以部署在一个文件中（示例使用 15-data.sol）比较方便。下面说说调用的事情，模拟场景是假设认为 datademo 部署一次相当于部署了一个银行，calldemo 通过更换银行地址来实现在不同的银行之间切换。

部署及测试步骤如下。

步骤 01：选择 data_demo 合约。

因为一个代码文件中存在两个合约，所以需要在【合约列表】下拉框中选择【data_demo - browser/15-data.sol】合约，如图 4-39 所示。

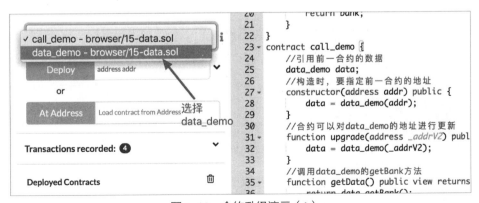

图 4-39　合约升级演示（1）

步骤 02：部署一个"小叶银行"，在【_name】输入框中输入"小叶银行"，然后在【_amount】输入框中输入"10000"，表示货币发行量 10000，如图 4-40 所示。

图 4-40　合约升级演示（2）

合约部署后，可以单击【▯】按钮获得合约地址，笔者的合约地址为：0x08970FEd061E7747CD9a38d680A601510CB659FB。

步骤 03：部署 call_demo 合约。

将前一步复制的地址，填入【Deploy】输入框，部署 call_demo 合约，然后单击【getData】按钮可以获得"小叶银行"的数据，如图 4-41 所示。

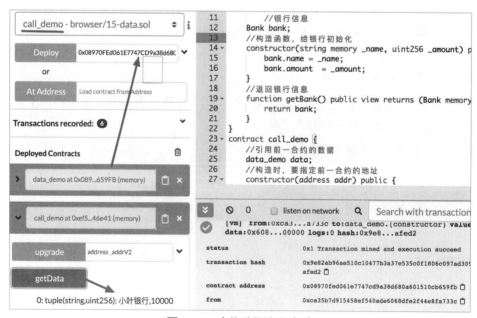

图 4-41　合约升级演示（3）

步骤 04：重复上述步骤，再部署一个"叶开银行"，货币发行量 90000，如图 4-42 所示。

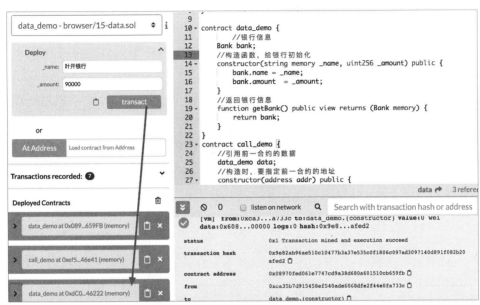

图 4-42　合约升级演示（4）

同理，获得另一个 data_demo 合约的地址为：0xdC04977a2078C8FFDf086D618d1f961B6C546222。

步骤 05：切换银行地址后，再查看数据。

将新银行的地址粘贴到【upgrade】输入框内，单击【upgrade】按钮，之后再单击【getData】按钮就可以看到银行信息切换了，如图 4-43 所示。

图 4-43　合约升级演示（5）

通过这个例子，我们可以看到 upgrade 针对不同的数据合约会做切换，对用户来说调用的入口始终是 call_demo。

3. 技巧三：如何安全开发

智能合约自面世以来，由于其可以直接操作数字货币，故安全问题也一直备受关注。对于区块链黑客来说，他们的工作可能就是每天检查哪些合约存在漏洞，然后针对漏洞进行攻击，偷取合约发行的数字代币。在以太坊早期阶段，合约漏洞较多，一个整型数值的溢出漏洞就可能导致一个项目万劫不复。

对于溢出漏洞，目前已经有成熟的解决办法。一种办法是靠个人能力，尽可能地防范可能存在的漏洞，也就是用 require 进行限制，另一种办法是借助开源库 SafeMath.sol，利用这个库对 uint256 进行加减乘除都是安全的。代码如下（为了简洁，去掉了注释部分）：

```solidity
//SafeMath.sol
pragma solidity ^0.6.0;

library SafeMath {

    function add(uint256 a, uint256 b) internal pure returns (uint256) {
        uint256 c = a + b;
        require(c >= a, "SafeMath: addition overflow");
        return c;
    }

    function sub(uint256 a, uint256 b) internal pure returns (uint256) {
        return sub(a, b, "SafeMath: subtraction overflow");
    }

    function sub(uint256 a, uint256 b, string memory errorMessage)
internal pure returns (uint256) {
        require(b <= a, errorMessage);
        uint256 c = a - b;
        return c;
    }

    function mul(uint256 a, uint256 b) internal pure returns (uint256) {
        if (a == 0) {
            return 0;
        }
        uint256 c = a * b;
        require(c / a == b, "SafeMath: multiplication overflow");
        return c;
    }
```

```
function div(uint256 a, uint256 b) internal pure returns (uint256) {
    return div(a, b, "SafeMath: division by zero");
}

function div(uint256 a, uint256 b, string memory errorMessage)
internal pure returns (uint256) {
    require(b > 0, errorMessage);
    uint256 c = a / b;
    return c;
}

function mod(uint256 a, uint256 b) internal pure returns (uint256) {
    return mod(a, b, "SafeMath: modulo by zero");
}

function mod(uint256 a, uint256 b, string memory errorMessage)
internal pure returns (uint256) {
    require(b != 0, errorMessage);
    return a % b;
}
}
```

此合约为库合约（library），使用方式参考下面的代码，该合约中使用了 SafeMath 中的加法（add）。

```
pragma solidity^0.6.0;
// 导入 SafeMath.sol 合约文件
import "./SafeMath.sol";

contract safe_demo {
    // 针对 uint256 类型使用 SafeMath
    using SafeMath for uint256;
    uint256 amount;
    constructor() public {
        //uint256 类型的数据可以调用 SafeMath 内的方法
        amount = amount.add(10);
    }
}
```

　　智能合约安全是一个很重要的话题，开发者在智能合约安全方面应该绝对小心！目前，国内、国外都有多家机构开展智能合约安全检测的业务，这也是一块很大的业务。

4.2 Go语言与智能合约调用

智能合约号称是自动执行的，但了解了智能合约原理后应该清楚，智能合约并非是自动执行的，它内部的函数是需要被调用才能够触发的。本节介绍 Go 语言调用智能合约的步骤，以及如何在调用时设置签名及如何订阅处理合约的 event 等知识。

4.2.1 合约函数如何被调用

智能合约调用是实现一个 DApp 的关键，一个完整的 DApp 包括前端、后端、智能合约及区块链系统，智能合约的调用是连接区块链与前后端的关键。

我们先来了解一下智能合约调用的基础原理。智能合约运行在以太坊节点的 EVM 中。因此要想调用合约必须要访问某个节点。以后端程序为例，后端服务若想连接节点有两种可能，一种是双方在同一主机，此时后端连接节点可以采用本地 IPC（Inter-Process Communication，进程间通信）机制，也可以采用 RPC（Remote Procedure Call，远程过程调用）机制；另一种情况是双方不在同一台主机，此时只能采用 RPC 机制进行通信。提到 RPC，读者应该对 Geth 启动参数有点印象，Geth 启动时可以选择开启 RPC 服务，对应的默认服务端口是 8545。

合约调用方式如图 4-44 所示。

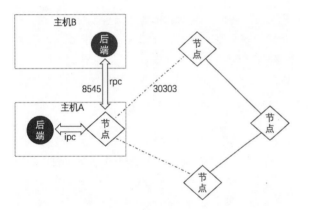

图 4-44　合约调用方式示意图

> **温馨提示**
> 30303 是 P2P 网络的默认端口。

接着，我们来了解一下智能合约运行的过程。智能合约的运行过程是后端服务连接某节点，将智能合约的调用（交易）发送给节点，节点在验证了交易的合法性后进行全网广播，被矿工打包到区块中代表此交易得到确认，至此交易才算完成。就像数据库一样，每个区块链平台都会提供主流开发语言的 SDK（Software Development Kit，软件开发工具包），由于 Geth 本身就是用 Go 语言编写的，因此若想使用 Go 语言连接节点、发交易，直接在工程内导入 go-ethereum（Geth 源码）包就可以了，剩下的问题就是流程和 API 的事情了。

总结一下，智能合约被调用的两个关键点是节点和 SDK。

4.2.2 智能合约被调用的基本步骤

前文介绍了后端服务连接节点的方式，可以使用 IPC 或 RPC，由于 IPC 要求后端与节点必须在同一主机，所以很多时候开发者都会采用 RPC 模式。除了 RPC，以太坊也为开发者提供了 json-rpc 接口，本文就不展开讨论了。

接下来介绍如何使用 Go 语言，借助 go-ethereum 源码库来实现智能合约的调用。这是有固定步骤的，我们先来说一下总体步骤，以下面的合约为例。

```solidity
pragma solidity^0.6.1;

contract calldemo {
    uint256  count;
    constructor() public {
        count = 2020;
    }
    function setCount(uint256 _count) external {
        count = _count;
    }
    function getCount() public view returns(uint256) {
        return count;
    }
}
```

步骤 01：编译合约，获取合约 ABI（Application Binary Interface，应用二进制接口）。

单击【 🗋 ABI 】按钮拷贝合约 ABI 信息，将其粘贴到文件 calldemo.abi 中（可使用 Go 语言 IDE 创建该文件，文件名可自定义，后缀最好使用 abi），如图 4-45 所示。

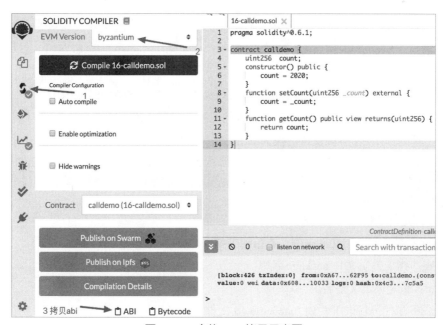

图 4-45　合约 ABI 拷贝示意图

最好能将 calldemo.abi 单独保存在一个目录下，输入"ls"命令只能看到 calldemo.abi 文件，参考效果如下：

```
root:go-sol-demo yk$ ls
calldemo.abi
```

步骤 02：获得合约地址。注意要将合约部署到 Geth 节点。因此 Environment 选择为 Web3 Provider。

在【Environment】选项框中选择 "Web3 Provider"，然后单击【Deploy】按钮，如图 4-46 所示。

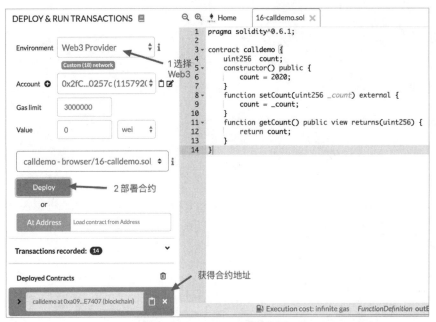

图 4-46　合约地址拷贝示意图

部署后，获得合约地址为：0xa09209c28AEf59a4653b905792a9a910E78E7407。

步骤 03：利用 abigen 工具（Geth 工具包内的可执行程序）编译智能合约为 Go 代码。

abigen 工具的作用是将 abi 文件转换为 Go 代码，命令如下：

```
abigen -abi calldemo.abi -type calldemo -pkg main -out calldemo.go
```

其中各参数的含义如下。

（1）abi：是指定传入的 abi 文件。

（2）type：是指定输出文件中的基本结构类型。

（3）pkg：指定输出文件 package 名称。

（4）out：指定输出文件名。

执行后，将在代码目录下看到 funcdemo.go 文件，读者可以打开该文件欣赏一下，注意不要修改它。

步骤 04：创建 main.go，填入如下代码。

注意代码中 HexToAddress 函数内要传入该合约部署后的地址，此地址在步骤 01 中获得。

```
package main

import (
    "fmt"
    "log"

    "github.com/ethereum/go-ethereum/common"
    "github.com/ethereum/go-ethereum/ethclient"
)

func main() {
    //1. 连接到 geth 节点
    conn, err := ethclient.Dial("http://localhost:8545")
    if err != nil {
        log.Fatalf("Failed to connect to the Ethereum client: %v", err)
    }
    // 延迟关闭连接
    defer conn.Close()
    //2. 生成合约实例，这里需要部署后的合约地址
    demoIns, err := NewCalldemo(common.HexToAddress("0xa09209c28AEf59
a4653b905792a9a910E78E7407"), conn)
    if err != nil {
        log.Fatalf("Failed to NewCalldemo: %v", err)
    }
    //3. 调用合约的 getCount 函数
    val, err := demoIns.GetCount(nil)
    if err != nil {
        log.Fatalf("Failed to GetCount: %v", err)
    }
    //4. 打印执行结果
    fmt.Println(val)
}
```

> **温馨提示**
>
> main.go 要与 calldemo.go 在同一目录下，并且该目录只有这两个 go 文件。

步骤 05：设置 go mod，以便工程自动识别。

前面有所提及，若要使用 Go 语言调用智能合约，需要下载 go-ethereum 工程，可以使用下面的指令：

```
go get -u github.com/ethereum/go-ethereum
```

该指令会自动将 go-ethereum 下载到"$GOPATH/src/github.com/ethereum/go-ethereum"，这样还算不错。不过，Go 语言自 1.11 版本后，增加了 module 管理工程的模式。只要设置好了 go mod，下载依赖工程的事情就不必关心了。

接下来设置 module 生效和 GOPROXY，命令如下：

```
export GO111MODULE=on
export GOPROXY=https://goproxy.io
```

在项目工程内，执行初始化，calldemo 可以自定义名称。

```
go mod init calldemo
```

步骤 06：运行代码。

执行代码，将看到下面的效果，以及最终输出的 2020。

```
root:go-sol-demo yk$ go run *.go
go: finding github.com/ethereum/go-ethereum v1.9.11
go: downloading github.com/ethereum/go-ethereum v1.9.11
go: extracting github.com/ethereum/go-ethereum v1.9.11
go: finding github.com/dlclark/regexp2 v1.2.0
go: finding github.com/dop251/goja v0.0.0-20200106141417-aaec0e7bde29
go: finding github.com/go-sourcemap/sourcemap v2.1.2+incompatible
go: finding github.com/aws/aws-sdk-go v1.25.48
go: finding github.com/jmespath/go-jmespath v0.0.0-20180206201540-
c2b33e8439af
go: downloading github.com/tyler-smith/go-bip39 v1.0.1-
0.20181017060643-dbb3b84ba2ef
go: extracting github.com/tyler-smith/go-bip39 v1.0.1-
0.20181017060643-dbb3b84ba2ef
# command-line-arguments
2020
```

上述输出信息中，可以看到 Go 语言会自动下载依赖文件，这就是 go mod 的神奇之处。看到 2020，相信读者也知道运行结果是正确的了。下面我们来介绍编写代码的步骤，这当然也是有套路的。

步骤 01：连接到 Geth 节点，代码如下：

```
//1. 连接到 geth 节点
    conn, err := ethclient.Dial("http://localhost:8545")
    if err != nil {
        log.Fatalf("Failed to connect to the Ethereum client: %v", err)
    }
```

```
    // 延迟关闭连接
    defer conn.Close()
```

在此步骤中，需要借助 ethclient 调用 Dial 来连接到 Geth 节点。在使用时，需要使用 import 导入包：

```
"github.com/ethereum/go-ethereum/ethclient"
```

对于 "http://localhost:8545"，读者应该很熟悉吧，它就是 Geth 启动时提供的 RPC 服务地址。简单介绍一下 log.Fatalf，它的作用是输出标准错误，并且退出进程。

```
func Fatalf(format string, v ...interface{}) {
    std.Output(2, fmt.Sprintf(format, v...))
    os.Exit(1)
}
```

步骤 02：构造合约实例。

```
//2. 生成合约实例，这里需要部署后的合约地址
    demoIns, err := NewCalldemo(common.HexToAddress("0xE5713eE37DD2a1
A852EF1bD2AD915B54a5975C18"), conn)
    if err != nil {
        log.Fatalf("Failed to NewCalldemo: %v", err)
    }
```

代码中使用的 NewCalldemo 来自 abigen 工具生成的 Go 代码，NewCalldemo 这个名称其实也很直接地表达了它的作用，它帮助我们生成一个 Calldemo 实例，其实也就是合约的对象，用这个实例可以方便调用合约内的函数。

```
func NewCalldemo(address common.Address, backend bind.
ContractBackend) (*Calldemo, error)
```

对于 NewCalldemo 来说，需要 2 个参数，第二个最好办，它是第一步获得的连接，第一个参数是合约地址，这个合约地址需要使用 common.HexToAddress 将字符串类型转化为 address 类型。使用时，需要导入 common 包：

```
"github.com/ethereum/go-ethereum/common"
```

步骤 03：调用合约内的函数。

```
//3. 调用合约的 getCount 函数
    val, err := demoIns.GetCount(nil)
    if err != nil {
        log.Fatalf("Failed to GetCount: %v", err)
    }
```

第二步获得合约实例后，通过此实例就可以调用合约内的函数，本例调用了 GetCount，它的原

型如下：

```
func (_Calldemo *CalldemoCaller) GetCount(opts *bind.CallOpts) (*big.
Int, error)
```

细心的读者也许会有疑问，Calldemo 并非 CalldemoCaller，为何可以调用 GetCount，答案在下面的代码中，Calldemo 中内嵌了 CalldemoCaller。因此可以调用它的方法。

```
type Calldemo struct {
    CalldemoCaller     // Read-only binding to the contract
    CalldemoTransactor // Write-only binding to the contract
    CalldemoFilterer   // Log filterer for contract events
}
```

还有一个问题，为什么传入了一个 nil？bind.CallOpts 正常应该填入什么值呢？正常情况下，每个函数调用都应该体现出身份信息，也就是究竟是谁发起调用的。这里之所以可以传入 nil，又与我们之前介绍的函数特点联系起来了，对于 GetCount 方法，它不需要消耗 gas，因此不需要确定调用者的身份。

上述 3 步就是 Go 语言调用合约的一般步骤，总结起来就是连接节点，生成合约实例，调用合约函数。读者可能会关心，对于这种不消耗 gas 的函数需要这样三步调用，那么需要消耗 gas 的呢？请看下节介绍。

4.2.3　调用合约时如何签名

此前的例子，由于不需要消耗 gas，因此调用的时候不明确身份信息是可行的。若想要明确身份，就要用私钥来签名。每个账户都有私钥，Geth 将私钥加密后保存为 keystore 文件，想要解密这个 kystore 文件，需要用户的密码，也就是在使用 personl.newAccount 时传入的密码。只有正确的密码才能解析该文件并形成私钥，有了私钥，一切尽在掌握！

keystore 文件默认存放于之前做 Geth 初始化时指定的 data 目录。例如，之前初始化的目录为 "/Users/yk/ethdev/yekai1003/rungeth/data"（绝对路径），在 data 目录下的 keystore 子目录下就有对应的文件信息了。

```
root:data yk$ tree keystore/
keystore/
    └──  UTC--2020-02-23T14-28-15.978345000Z--a67380a932412784794646cd5
b432beadb862f95
```

它实际的内容如图 4-47 所示，虽然大概能看懂，但它仍然是加密的，想要直接使用是不可能的。

```json
{
    "address":"a67380a932412784794646cd5b432beadb862f95",
    "crypto":{
        "cipher":"aes-128-ctr",
        "ciphertext":"4e7542af6238e64785a85b39b701c43c6484e36dd2dda94f64bc80140ec45017",
        "cipherparams":{
            "iv":"58dd59c0121b2f279d037d8eeefc7450"
        },
        "kdf":"scrypt",
        "kdfparams":{
            "dklen":32,
            "n":262144,
            "p":1,
            "r":8,
            "salt":"0ad4ce0965b2b0caa5b8122b1b9539dd0284c186243b9ea218ebcf081cab880d"
        },
        "mac":"589f43979dcde1128356fd02b408e5bad4b0c65003bb9e04caef8a82b4fe20b7"
    },
    "id":"d0e687da-edc0-4ae8-8275-90424b1a589a",
    "version":3
}
```

图 4-47　keystore 文件内容示意图

这个文件如何使用呢？还是要用到 go-ethereum 源码，要先导入 bind 包，使用 NewTransactor 来构造 TransactOpts。

```go
"github.com/ethereum/go-ethereum/accounts/abi/bind"
// 创建交易者信息
func NewTransactor(keyin io.Reader, passphrase string)
(*TransactOpts, error)
// TransactOpts 的结构如下 :
type TransactOpts struct {
    From    common.Address // 调用者地址
    Nonce   *big.Int        // 调用者 nonce 值，非区块 nonce 值
    Signer SignerFn        // 签名信息
    Value   *big.Int    // 对应 msg.valuexinxi
    GasPrice *big.Int    //gas 价格
    GasLimit uint64       //gas 上限
    Context context.Context // 上下文信息
}
```

TransactOpts 的作用又是什么呢？这就要再看编译合约 ABI 得到的 Go 代码了。在 calldemo.go 中，可以找到 SetCount 方法，它的第一个参数就是前面 NewTransactor 得到 TransactOpts 指针，这样整条线路就连起来了。第二个参数 _count 是 big.int 类型，使用官方 big 包中的 NewInt 方法就可以把整型数转换为 big.Int。

```go
// Solidity: function setCount(uint256 _count) returns()
func (_Calldemo *CalldemoTransactor) SetCount(opts *bind.
TransactOpts, _count *big.Int) (*types.Transaction, error)
```

161

整理一下思路，可以得到调用此类函数的步骤：

（1）连接到 Geth。

（2）构造合约实例。

（3）利用 keystore 文件构造交易者信息。

（4）调用合约函数。

为了简洁，将部分异常判断拿掉了，读者调试时最好加上，完整代码如下：

```go
package main

import (
    "fmt"
    "log"
    "math/big"
    "os"

    "github.com/ethereum/go-ethereum/accounts/abi/bind"
    "github.com/ethereum/go-ethereum/common"
    "github.com/ethereum/go-ethereum/ethclient"
)

func main() {
    //1. 连接到 geth 节点
    conn, _ := ethclient.Dial("http://localhost:8545")
    // 延迟关闭连接
    defer conn.Close()
    //2. 生成合约实例，这里需要部署后的合约地址
    demoIns, _ := NewCalldemo(common.HexToAddress("0xE5713eE37DD2a1A8
52EF1bD2AD915B54a5975C18"), conn)
    //3. 利用 keystore 文件生成交易者信息
    // 打开 keystore 文件
    keyfile := "/Users/yk/ethdev/yekai1003/rungeth/data/keystore/UTC-
-2020-02-23T14-28-15.978345000Z--a67380a932412784794646cd5b432beadb86
2f95"
    reader, _ := os.Open(keyfile)
    // 构造交易者消息
    opts, err := bind.NewTransactor(reader, "123")
    if err != nil {
        log.Fatalf("Failed to NewTransactor: %v", err)
    }
    //4. 带有签名的调用
    tx, err := demoIns.SetCount(opts, big.NewInt(2050))
    if err != nil {
```

```
        log.Fatalf("Failed to SetCount: %v", err)
    }
    fmt.Printf("%+v\n", tx)

}
```

执行一下，然后在图 4-48 所示的 Remix 环境单击【getCount】按钮，看到返回结果是 2050，就代表这次调用成功了。

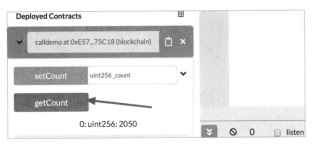

图 4-48　Go 语言调用合约后验证示意图

4.2.4　如何订阅合约的event

在智能合约开发中，曾经提到 event 的作用，event 除了帮助开发者进行合约调试外，在 DApp 中也可以通过监听 event 事件来获得合约内的状态变化，接下来就谈谈这个事件订阅。

想要进行事件订阅得有两个前提，其一是合约内必须写了 event，其二是 Geth 在启动时需要加参数 "--ws"，在这里给读者看一下相关帮助：

```
root:keystore yk$ geth -h|grep WS-RPC
   --ws                    Enable the WS-RPC server
   --wsaddr value          WS-RPC server listening interface (default:
"localhost")
   --wsport value          WS-RPC server listening port (default: 8546)
   --wsapi value           API's offered over the WS-RPC interface
```

ws 是 websocket 的缩写，Geth 只有增加此参数才可以提供订阅服务。在 wsaddr 和 wsport 不填写的情况下，会默认使用 "ws://localhost:8546" 作为连接地址。

接下来，我们介绍如何在代码中处理订阅，老规矩，分步骤来说。

步骤 01：部署一个带 event 的合约。

```
pragma solidity^0.6.1;

contract storage_demo {
    // 自定义结构
    struct User {
```

```
        string name;
        uint256 age;
    }
    User public adminUser;
    // 事件定义：修改年龄
    event setAge(address _owner, uint256 _age);
    // 构造函数
    constructor() public {
        adminUser.name = "yekai";
        adminUser.age = 40;
    }
    // 引用传递，adminUser 的 age 会被修改
    function setAge(uint256 _age) public {
        // 引用传递，user 就是 adminUser
        User storage user = adminUser;
        user.age = _age;
        // 事件调用
        emit setAge(msg.sender, _age);
    }
}
```

注意一定要连接到 Geth 节点部署，部署获得地址：0x82e1461aDA8099A89B69Ceb339eE-733705aBD9E1。

步骤 02：导入 go-ethereum 的包。

```
package main

import (
    "context"
    "fmt"

    "github.com/ethereum/go-ethereum"
    "github.com/ethereum/go-ethereum/common"
    "github.com/ethereum/go-ethereum/core/types"

    "github.com/ethereum/go-ethereum/crypto"
    "github.com/ethereum/go-ethereum/ethclient"
)
```

温馨提示

后面的代码写在 main 函数中。

步骤 03：以 ws 方式连接到 Geth。

```
// 以 ws 方式连接到 geth
    conn, err := ethclient.Dial("ws://localhost:8546")
    if err != nil {
        fmt.Println("failed to connet to geth", err)
        return
    }
    defer conn.Close()
```

步骤 04：设置过滤原则。

在此步中需要借助 ethereum.FilterQuery 结构设计规则，这个数据主要是为后面的订阅函数使用的。

```
// 合约地址处理
    cAddress := common.HexToAddress("0x82e1461aDA8099A89B69Ceb339eE733705aBD9E1")
    topicHash1 := crypto.Keccak256Hash([]byte("setAgeEvent(address,uint256)"))
    // 过滤处理
    query := ethereum.FilterQuery{
        Addresses: []common.Address{cAddress},
        Topics:    [][]common.Hash{{topicHash1}},
    }
```

FilterQuery 的结构定义如图 4-49 所示，实际只填写了 Addresses 和 Topics 信息，其中 Addresses 对应要监控的合约地址，Topics 对应监控的话题，实际也就是 event 函数名称，这个函数名称需要用 Keccak256Hash 处理为 hash 值。

```
// FilterQuery contains options for contract log filtering.
type FilterQuery struct {
    FromBlock *big.Int              // beginning of the queried range
    ToBlock   *big.Int              // end of the range, nil means la
    Addresses []common.Address      // restricts matches to events cr

    // The Topic list restricts matches to particular event topi
    // of topics. Topics matches a prefix of that list. An empty
    // topic. Non-empty elements represent an alternative that m
    // contained topics.
    //
    // Examples:
    // {} or nil              matches any topic list
    // {{A}}                  matches topic A in first position
    // {{}, {B}}              matches any topic in first position, B
    // {{A}, {B}}             matches topic A in first position, B i
    // {{A, B}}, {C, D}}      matches topic (A OR B) in first positi
    Topics [][]common.Hash
}
```

图 4-49　FilterQuery 结构示意图

步骤 05：订阅事件。

此步骤就是事件订阅步骤，在这里需要用到 Client 结构体的 SubscribeFilterLogs 方法，它的原型如下：

```
func (ec *Client) SubscribeFilterLogs(ctx context.Context, q
```

```
ethereum.FilterQuery, ch chan <- types.Log) (ethereum.Subscription,
error)
```

简单说明一下参数，ctx 是上下文信息，调用时直接用官方 context.Background() 即可，q 是上一步构造的过滤条件，ch 则是我们所熟知的通道，订阅的消息通过此通道接收。

```
// 创建日志通道，订阅数据通过此通道写入
    logs := make(chan types.Log)
    // 订阅
    //context 为官方包，直接使用即可
    sub, err := conn.SubscribeFilterLogs(context.Background(), query,
logs)
    if err != nil {
        fmt.Println("failed to SubscribeFilterLogs", err)
        return
    }
```

步骤 06：消息接收及处理。

SubscribeFilterLogs 函数订阅时会有一个返回值，它的 Err() 也是一个 channel 类型元素。因此我们需要在代码中监控 2 个或以上的 channel。要知道任一 channel 都面临着读阻塞的问题，因此一个 Goroutine 共同读取两个 channel 存在极大的风险。Go 语言提供了 select 关键字，它可以阻塞地监控多个读 channel，任何一个 channel 有数据到来，它都可以监听到，并且直接去处理 case 内的命令，处理完成后退出本次 select 监控。

```
// 订阅返回处理
    for {
        //select 可以阻塞监控多个 channel
        // 任意一个 channel 有消息，select 解除阻塞，并执行 case 内 channel
        select {
        case err := <-sub.Err():
            fmt.Println("get sub err", err)
        case vLog := <-logs:
            // 将消息转换为 json 格式
            data, err := vLog.MarshalJSON()
            fmt.Println(string(data), err)
        }
    }
```

如果将该代码运行，并不会直接看到打印输出，此时需要 remix 环境去执行 setAge 方法。当 setAge 方法执行后，将在后端看到输出的 vLog 信息。

{"address":"0x82e1461ada8099a89b69ceb339ee733705abd9e1","topics":["0x7c0e9ad1037df1b1f4f74f5f427a9404b2d1c5d2ac372260c1b832a44a5972a4"],"data":"0x0000000000000000000000002fc364da4b3e0bdc9100476ea23b5c287940257c

00000000000000000000000000000000000000000000000000000000000000de","bloc
kNumber":"0x5efc","transactionHash":"0xb47b60ec3084ddfe87f119c8c8379774
63f9a274c2aee103f18428f18701443c","transactionIndex":"0x0","blockHash":
"0xa3c4e4db384386cacfc6e316d5f1d1f4ae7dfc97ab6ff2b902a21be14db1309d","lo
gIndex":"0x0","removed":false} ＜ nil ＞

vLog 记录了交易执行的一些信息，其中 data 可以进一步解析。在这里给出一个简单的经验，将 data 数据去掉 0x 之后，按照 32 个长度为一组进行分组，得到如下结果：

```
0x
00000000000000000000000002fc364da
4b3e0bdc9100476ea23b5c287940257c
00000000000000000000000000000000
00000000000000000000000000000000de
```

分组中的前 2 组去掉前面的 0，合在一起就组成了合约调用者的地址，最后一组的数据是 de，实际上在测试该代码时，笔者向 setAge 传入的参数是 222，翻译成 16 进制正好是 de。只要明白数据的基本格式，对它进行切分就可以获得自己想要的各部分内容了。

温馨提示

每次处理 data 数据前，建议开发者最好先按照此方法分析一下数据格式。读者如果运行代码出现错误，可以尝试将 Geth 切换到 1.9.10 版本。

疑难解答

No.1：智能合约运行在什么环境？

答：从以太坊角度来说，合约编译时会将合约代码翻译为 EVM（以太坊虚拟机）的机器码，合约发布时需要某节点将其广播到网络中，其他节点需要同步此信息。EVM 设定了自己的指令集，不同指令会对应不同的 gas 消耗。这也与以太坊"全球计算机"的口号相吻合，使用其他语言编写的程序最终在电脑中执行时也需要翻译为机器码。

No.2：合约的地址与 ABI 作用是什么？

答：如果把编译通过的合约代码比作程序，那么部署的合约就相当于是一个进程，合约地址用来确定唯一运行在以太坊网络中的合约，ABI 则是表示合约的调用接口，无论合约部署多少次，它的接口调用是始终不变的。在 DApp 开发中，开发者最关心的两个内容就是合约地址和 ABI 信息，有了这两个信息，就可以调用合约内的方法了。

No.3：智能合约的数据可以篡改吗？

答：对于这个问题，看过此前内容的读者会作出什么样的回答呢？区块链的特点是不可篡改，它是指写到区块内的数据一旦写入是无法修改的。智能合约的调用会形成交易信息写到区块中，这个交易的记录是不可篡改的，但是对于智能合约数据本身修改是可以的，此前就写过修改用户年龄这样的例子。总之，智能合约的数据可以改，但是对数据进行改动的过程记录不可篡改。

实训：编写一个银行合约

【实训说明】

本实训的目标是更好地帮助读者理解智能合约的设计和开发步骤，巩固智能合约基础语法及核心要点。银行的典型业务是大家平时所熟知的，作为实训案例再合适不过了。

【实现方法】

智能合约的好处是代码即合同，约定明明白白，当事件发生时（合约被调用时）可以做到立即执行。在金融方面，智能合约确实有天然的优势。下面，用合约来实现一个银行服务。

步骤01：角色分析。

对于银行来说，可以有柜员和储户两个角色，有时候柜员也没有必要存在。

步骤02：功能分析。

银行最原始的核心服务主要有三种：存钱、提现、转账。这三个业务能够顺利实施的关键是如何记录用户账本，在合约中使用一个 mapping 就足够了。

步骤03：初始化与构造函数编写。

开设银行，我们设定一个 mapping(address= > uint256) 类型的账本，并且用状态变量 bankName 定义银行的名称。

```solidity
pragma solidity^0.6.1;

contract mybank{
    // 记录储户余额
    mapping(address= > uint256) public balances;
    // 银行名称
    string public bankName;
    constructor(string memory _name) public {
        bankName = _name;
    }
}
```

步骤04：实现存款功能。

存款功能，需要储户向合约内存"钱"，函数需要用 payable 修饰。

```solidity
function inBank() public payable {
        // 检测储户存钱带钱了
        require(msg.value > 0, "value must bigger than 0");
        // 记录账本
        balances[msg.sender] += msg.value;
    }
```

步骤 05：实现提现业务。

提现时用户可以自定义金额，通过参数传入即可。

```
function outBank(uint256 _amount) public {
        // 用户余额要大于提现金额
        require(balances[msg.sender] >= _amount, "balance must
bigger than _amount");
        // 打钱给用户
        msg.sender.transfer(_amount);
    }
```

步骤 06：实现转账功能。

转账三要素是转出方、接收方及金额，在合约调用时 msg.sender 就是转出方。因此参数里携带接收方和金额就足够了。转账业务不需要真的把钱打给储户，直接在账本上更新数据就可以了。

```
function transferTo(address _to, uint256 _amount) public {
        // 检测接收方地址有效
        require(address(0) != _to, "_to must a valid address");
        // 检测转出方余额足够
        require(balances[msg.sender] >= _amount);
        // 转出方余额减少
        balances[msg.sender] -= _amount;
        // 转入方余额增加
        balances[_to] += _amount;
    }
```

代码完成后，将该智能合约在 Remix 发布，验证合约运行结果即可。读者也可以思考一下，该合约是否存在安全隐患？如何借助前面的知识加以修正？

本章总结

本章主要介绍了智能合约的开发与智能合约的调用两部分内容，智能合约开发和调用也是区块链应用工程师的核心技能。通过对本章的学习，读者可以掌握智能合约开发环境的搭建、智能合约的语法及智能合约如何调用，学习后可以编写出安全、稳定的智能合约代码，以及在实际项目中完成智能合约的开发和调用部分功能。

第5章

Go语言区块链高级应用开发

本章导读

　　广义的区块链是包含了P2P网络、密码学、算法知识、金融学、博弈论等知识的一个综合性学科。本章将带领读者了解区块链的技术实现细节，包括hash函数、base58编码、默克尔树、P2P网络、PoW、UTXO等知识。

知识要点

通过对本章内容的学习，您将掌握以下知识：

- hash函数的使用
- base58编码的原理与实现
- 默克尔树的原理与实现
- PoW的原理与实现
- 区块数据持久化与遍历
- UTXO的原理与实现
- 区块链地址的生成方式
- 数字签名的方法与实现

5.1　Go语言与区块链开发准备

从本节开始，我们将介绍一些区块链的底层技术，不过在这之前先要了解一些基础知识，包括 hash 函数、base58 编码、默克尔树及 P2P 网络等内容。

5.1.1　Go语言与hash函数

Go 语言之所以被称为区块链编程第一语言，主要是因为其对加密函数的支持非常好。前面多次提到的 hash 函数，全名是密码散列函数（Secure Hash Algorithm，SHA）。SHA 是一种密码散列函数计算标准，由美国国家标准与技术研究院发布，截至目前已经发布了四代标准，包括 SHA-0、SHA-1、SHA-2 及 SHA-3，其中 SHA-2 包含了 SHA-224、SHA-256、SHA-384、SHA-512、SHA-512/224、SHA-512/256 六种标准，SHA-3 实际上也就是以太坊的加密算法 keccak。我们所熟知的 MD5 也属于密码散列函数，不过它和 SHA-0、SHA-1 都已经被攻破。

Go 语言为开发者直接提供了 md5、sha1、sha256、sha512 四个官方包，其中 sha1 实现了 SHA1 算法，sha256 实现了 SHA-224 和 SHA-256 算法，sha512 实现了 SHA-384 和 SHA-512 算法。由于比特币系统中使用的是 SHA-256 算法，因此我们用 sha256 来演示一下 hash 函数的使用。在 sha256 包中，直接使用 Sum256 函数就可以得到 32 字节的 hash 值，代码如下：

```
// Sum256 returns the SHA256 checksum of the data.
func Sum256(data []byte) [32]byte {
    var d digest
    d.Reset()
    d.Write(data)
    return d.checkSum()
}
```

对于不同的输入，Sum256 都可以返回一个 32 字节（256 位）的数值。

```
package main

import (
    "crypto/sha256"
    "fmt"
)

func main() {
    // 计算 hash 值
    hash := sha256.Sum256([]byte("welcome to blockchain"))
    // 显示：eb48e60fa7e75c4e999fce0e9960362232b89345b169810a42b2c73e12b33326
    fmt.Printf("%x\n", hash)
}
```

关于 hash 函数先介绍到这里，后面它的出镜率会非常高。

5.1.2　Go语言与Base58编码

为什么在这里突然提到 Base58 编码呢？这是因为比特币的钱包地址是使用 Base58 编码生成的。或许中本聪担心人的肉眼会犯错，因此使用了 Base58 编码。Base58 编码由数字和字母组成，并在其中去掉了小 "L"，大 "i" 及 0 和 O 这几个书写时容易混淆的字母，算下来正好 58 个，因此而得名。编码对照如表 5-1 所示。

表 5-1　Base58 编码对照表

值	字符	值	字符	值	字符	值	字符	值	字符
0	1	13	E	25	S	37	e	49	r
1	2	14	F	26	T	38	f	50	s
2	3	15	G	27	U	39	g	51	t
3	4	16	H	28	V	40	h	52	u
4	5	17	J	29	W	41	i	53	v
5	6	18	K	30	X	42	j	54	w
6	7	19	L	31	Y	43	k	55	x
7	8	20	M	32	Z	44	m	56	y
8	9	21	N	33	a	45	n	57	z
9	A	22	P	34	b	46	o		
10	B	23	Q	35	c	47	p		
11	C	24	R	36	d	48	q		

提到 Base58 编码，笔者就很兴奋，九年义务教育学到的数学知识在这里终于用上了。初中时，我们都学过求最大公约数的方法，这种方法的另一个学名叫辗转相除法。Base58 编码的计算方式也是辗转相除法。

接下来，以数值 258 为例，举例介绍如何分步求取 Base58 编码。

步骤 01：使用 258 除以 58，可以得出结果 258/58 = 4……26，在 Base58 编码中查到 26 对应的字母是 T。

步骤 02：使用 4 除以 58，可以得出结果 4/58 = 0……4，在 Base58 编码中查到 4 对应的字母是 5。

将求出的结果从后到前显示就得到了实际的 Base58 编码，258 对应的编码是 5T。接下来，我们再来介绍如何通过代码计算 Base58 编码。代码如下：

```
package main
```

```go
import (
    "fmt"
    "math/big"
)
//Base58 编码基础数组
var b58Alphabet = []byte("123456789ABCDEFGHJKLMNPQRSTUVWXYZabcdefghi
jkmnopqrstuvwxyz")
// 将字符串逆序
func ReverseBytes(data []byte) {
    for i, j := 0, len(data)-1; i < j; i, j = i+1, j-1 {
        data[i], data[j] = data[j], data[i]
    }
}
// 计算 Base58 编码
func Base58Encode(input int64) []byte {
    var result []byte
    x := big.NewInt(input)
    // 计算除数
    base := big.NewInt(int64(len(b58Alphabet)))
    // 获取 big.Int 类型的 0
    zero := big.NewInt(0)
    // 用于存储余数
    mod := &big.Int{}
    // 只要被除数不为 0，就继续计算
    for x.Cmp(zero) != 0 {
     // 求余运算，x= 商值，mod= 余数
        x.DivMod(x, base, mod)
        // 取出编码，存储到 result 中
        result = append(result, b58Alphabet[mod.Int64()])
    }
    // 结果逆序
    ReverseBytes(result)
    return result
}

func main() {
    result := Base58Encode(258)
    fmt.Println(string(result))
}
```

代码中使用了 big.Int 类型，该类型可以支持更大的整数，其内部方法 DivMod 可以更方便地让我们去获得除法的商和余数。其原型如下：

```
func (z *Int) DivMod(x, y, m *Int) (*Int, *Int)
```

DivMod 方法中 x 代表被除数，y 代表除数，m 代表余数，z 的值在调用后将等于除法的商。将该代码执行，将看到"5T"的输出。

5.1.3　Go语言与默克尔树

默克尔树是一个二叉树，由一组 hash 后形成的数值节点组成，其叶子节点存放基础数据，从根节点开始每个节点都是由其左右子节点联合在一起计算hash得到的。这样的数据结构有两个好处，第一是任意节点的变化都会导致整棵树的变化，第二是该树任意一部分子树都可以作为一个小型子树进行传递和使用。默克尔树的结构如图 5-1 所示。

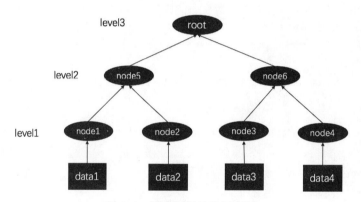

图 5-1　默克尔树结构示意图

在了解了默克尔树的基本原理后，要构造它并不复杂。下面用代码来分步实践三层默克尔树。

步骤 01：定义默克尔树的数据结构。

定义数据结构主要定义两个结构就够了，一个是 MerkleTree 树形结构，一个 MerkleNode 节点结构，因为任意一个树的根节点都可以追溯全部节点，所以 MerkleTree 记录一个根节点也就够了。

```
package main

import (
    "crypto/sha256"
)
// 默克尔树节点结构
type MerkleNode struct {
    Left  *MerkleNode
    Right *MerkleNode
    Data  []byte
```

```go
}
// 默克尔树结构
type MerkleTree struct {
    RootNode *MerkleNode// 只记录一个根节点
}
```

步骤 02：编写构造节点函数。NewMerkleNode 是一个通用节点构造函数，既要支持中间节点，也要支持叶子节点。

```go
// 创建节点
func NewMerkleNode(left, right *MerkleNode, data []byte) *MerkleNode {
    mNode := MerkleNode{}
    // 如果 left 或 right 为空，代表其对应的 data 就是最原始数据节点
    if left == nil && right == nil {
     // 计算 hash
        hash := sha256.Sum256(data)
     // 将 [32]byte 转换为 []byte
        mNode.Data = hash[:]
    } else {
     // 将左右子树的数据集合在一起
        prevHashes := append(left.Data, right.Data...)
     // 计算 hash
        hash := sha256.Sum256(prevHashes)
        mNode.Data = hash[:]
    }
    // 左右子树赋值
    mNode.Left = left
    mNode.Right = right

    return &mNode
}
```

步骤 03：将节点组建为树。其实利用 NewMerkleNode 方法已经可以自行构建成树，这一步只不过是把这个建树的过程自动化。可以使用一个 MerkleNode 类型的切片保存全部数据节点。

```go
func NewMerkleTree(data [][]byte) *MerkleTree {
    var nodes []MerkleNode
    // 确保必须为 2 的整数倍节点
    if len(data)%2 != 0 {
        data = append(data, data[len(data)-1])
    }

    for _, datum := range data {
        node := NewMerkleNode(nil, nil, datum)
```

```
        nodes = append(nodes, *node)
    }
    // 两层循环完成节点树形构造
    for i := 0; i < len(data)/2; i++ {
        var newLevel []MerkleNode
        //i=0 时，叶节点 hash 合并
     //i=1 时，注意 nodes 已经不再是原来的 nodes
        for j := 0; j < len(nodes); j += 2 {
            node := NewMerkleNode(&nodes[j], &nodes[j+1], nil)
            newLevel = append(newLevel, *node)
        }
        //nodes 已经升级为此前循环生成的新节点
        nodes = newLevel
    }
    // 构造默克尔树
    mTree := MerkleTree{&nodes[0]}

    return &mTree
}
```

步骤 04：编写遍历函数，代码如下。

```
// 先序遍历方式
func showMerkleTree(root *MerkleNode) {

    if root == nil {
        return
    } else {
     // 打印节点信息
        PrintNode(root)
    }
    showMerkleTree(root.Left)
    showMerkleTree(root.Right)

}
// 节点信息打印函数
func PrintNode(node *MerkleNode, level int) {
    fmt.Printf("%p\n", node)
    if node != nil {
        fmt.Printf("letf[%p],right[%p],data(%x)\n", node.Left, node.
Right, node.Data)
    }
```

```
}
```

步骤 05：调用测试，代码如下。

```
func main() {
    data := [][]byte{
        []byte("node1"),
        []byte("node2"),
        []byte("node3"),
        []byte("node4"),
    }

    tree := NewMerkleTree(data)
    showMerkleTree(tree.RootNode)
}
```

将各步骤代码整合后，将可以看到默克尔树的运行结果。读者也可以在遍历时增加检查的逻辑，检查就是将左右两个子树的 data 数值联合起来计算 hash 值，并与父节点的 data 进行比较。代码如下：

```
func check(node *MerkleNode) bool {

    if node.Left == nil {
        return true
    }
    prevHashes := append(node.Left.Data, node.Right.Data...)
    hash32 := sha256.Sum256(prevHashes)
    hash := hash32[:]
    return bytes.Compare(hash, node.Data) == 0
}
```

bytes.Compare 是 []byte 类型的比较方法，当返回 0 值时代表两个切片相等。再将 PrintNode 改造一下，增加 check 函数的调用就可以了。

```
func PrintNode(node *MerkleNode) {
    fmt.Printf("%p\n", node)
    if node != nil {
        fmt.Printf("letf[%p],right[%p],data(%x)\n", node.Left, node.
Right, node.Data)
        fmt.Printf("check:%t\n", check(node))
    }

}
```

5.1.4 Go语言实现P2P网络

P2P 是区块链网络中节点通信的基础协议，虽然这个技术并非什么新技术，但它使用起来还是比 TCP 协议麻烦很多。通信的两个节点在两个独立的网络内部，在不清楚对方公网 IP 的情况下，想要通信确实不容易。这就好比两个人本来不认识，但出于某种目的要建立联系，这就需要一个"媒婆"（第三方服务器）来介绍，如图 5-2 所示。

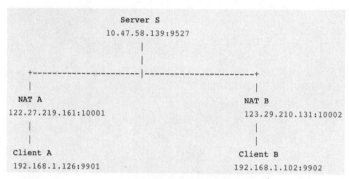

图 5-2　P2P 通信示意图

A 和 B 是分别处于两个局域网内的主机，二者进行公网访问时都是通过路由器的 NAT 技术映射了一个公网地址（IP+ 端口），对于 A 和 B 来说，A 和 B 默认情况下并不清楚对方的公网地址。因此想要通信时，必须借助一个第三方服务器 S（公网地址是公开的）。当 A 和 B 分别请求与服务器 S 进行连接时，S 同时获得了 A 和 B 映射后的公网地址，此时 S 再将 A 和 B 的公网地址分别传递给两方，A 和 B 就知道彼此的地址了。

A 和 B 是否可以直接通信了呢？是的，可以了，不过有一个小细节读者还应知道。对于路由器来说，它们除了负责公网地址的映射外，还有一个职责是对网络内的用户安全负责。当有一个陌生的地址想要发信息给内部主机时，路由器通常都是拒绝的，也就是说如果该地址没有在路由器内部登记注册，路由器会认为该地址存在风险，直接将网络包丢弃。

读者可能会想到，既然这样（路由器的安全策略），A 和 B 即使知道对方公网地址，但还是无法通信。实际上不是的，因为 A 或 B 主动发出消息时，会在路由内记录对应的公网地址，正因如此，A 和 B 想要建立 P2P 通信时，需要分别向对方发送一次请求，然后才可建立 P2P 连接。总结一下，P2P 网络的通信过程如下。

步骤 01：主机 A 向服务器 S 发出连接请求，S 获得 A 主机的公网地址。

步骤 02：主机 B 向服务器 S 发出连接请求，S 获得 B 主机的公网地址。

步骤 03：S 将 A 地址发送给 B，将 B 地址发送给 A，此后 S 可以断开与 A 和 B 的连接。

步骤 04：A 向 B 发送一个消息，此消息会被 B 所在路由器丢弃。

步骤 05：B 向 A 发送一个消息，由于上一步 A 发送时，B 地址已经处于 A 所在路由器列表中。因此可以成功发送。

步骤 06：B 发送成功后，B 所在路由器内部也记录了 A 的地址，双方可以正常通信。

接下来，我们用 UDP 机制通过代码将上述过程实现，先来实现服务器端的代码。

```go
package main

import (
    "fmt"
    "net"
    "time"
)

func main() {
    //1. 服务器启动侦听
    listener, _ := net.ListenUDP("udp", &net.UDPAddr{Port: 9527})
    defer listener.Close()
    fmt.Println("begin server at ", listener.LocalAddr().String())
    // 定义切片存放 2 个 udp 地址
    peers := make([]*net.UDPAddr, 2, 2)
    buf := make([]byte, 256)
    //2. 接下来从 2 个 UDP 消息中获得连接的地址 A 和 B
    n, addr, _ := listener.ReadFromUDP(buf)
    fmt.Printf("read from＜%s＞:%s\n", addr.String(), buf[:n])
    peers[0] = addr
    n, addr, _ = listener.ReadFromUDP(buf)
    fmt.Printf("read from＜%s＞:%s\n", addr.String(), buf[:n])
    peers[1] = addr
    fmt.Println("begin nat \n")
    //3. 将 A 和 B 分别介绍给彼此
    listener.WriteToUDP([]byte(peers[0].String()), peers[1])
    listener.WriteToUDP([]byte(peers[1].String()), peers[0])
    //4. 睡眠 10s 确保消息发送完成，可以退出历史舞台
    time.Sleep(time.Second * 10)
}
```

温馨提示

为了代码简洁，笔者去掉了错误判断部分。

代码中使用了 **UDPAddr**，它的结构如下：

```go
type UDPAddr struct {
    IP    IP
    Port  int
    Zone  string // IPv6 scoped addressing zone
}
```

相比而言，客户端的代码逻辑要复杂得多，具体实现步骤如下。

步骤 01：支持服务器地址参数化。准备工作，导入一些包，并初始化命令行参数。

```go
package main

import (
    "bufio"
    "fmt"
    "log"
    "net"
    "os"
    "strconv"
    "strings"
)
func main() {
    //1. 设定参数
    if len(os.Args) < 5 {
        fmt.Println("./client tag remoteIP remotePort port")
        return
    }
    // 本地要绑定端口
    port, _ := strconv.Atoi(os.Args[4])
    // 客户端标识
    tag := os.Args[1]
    // 服务器 IP
    remoteIP := os.Args[2]
    服务器端口
    remotePort, _ := strconv.Atoi(os.Args[3])

    // 为了绑定本地端口
    localAddr := net.UDPAddr{Port: port}

}
```

步骤 02：请求与服务器建立连接，发消息。

```go
    //2. 与服务器建立联系（严格意义上，UDP 不能叫连接）
    conn, err := net.DialUDP("udp", &localAddr, &net.UDPAddr{IP: net.
ParseIP(remoteIP), Port: remotePort})
    if err != nil {
        log.Panic("Failed ot DialUDP", err)
    }

    //2.1 自我介绍，亮明身份，发什么都行
```

```
conn.Write([]byte(" 我是 :" + tag))
```

步骤 03：从服务器获得另一个客户端地址，准备通信。获取目标对象地址，准备通信。

```
//3. 从服务器获得目标地址
buf := make([]byte, 256)
n, _, err := conn.ReadFromUDP(buf)
if err != nil {
    log.Panic("Failed to ReadFromUDP", err)
}
conn.Close()  // 读取后可以放弃服务器了
toAddr := parseAddr(string(buf[:n]))
fmt.Println(" 获得对象地址 :", toAddr)
//4. 两个人建立 P2P 通信
p2p(&localAddr, &toAddr)
```

代码中使用了 parseAddr 和 P2P 两个函数，其中 P2P 是两个客户端通信的代码，在下一步中实现，parseAddr 是用来解析服务器消息的代码，它实际处理的是对方的地址，格式为 "xx.xx.xx.xx:port"。代码如下：

```
// 解析地址函数，格式为（ip:port）
func parseAddr(addr string) net.UDPAddr {

    t := strings.Split(addr, ":")
    port, _ := strconv.Atoi(t[1])
    return net.UDPAddr{
        IP:   net.ParseIP(t[0]),
        Port: port,
    }
}
```

步骤 04：实现 P2P 通信，代码如下。

```
func p2p(srcAddr *net.UDPAddr, dstAddr *net.UDPAddr) {
    //1. 请求与对方建立联系
    conn, _ := net.DialUDP("udp", srcAddr, dstAddr)
    //2. 发送打洞消息
    conn.Write([]byte(" 打洞消息 \n"))

    //3. 启动一个 goroutine 监控标准输入
    go func() {
        buf := make([]byte, 256)
        for {
            // 接收 UDP 消息并打印
            n, _, _ := conn.ReadFromUDP(buf)
```

```
        if n > 0 {
            fmt.Printf(" 收到消息 :%sp2p > ", buf[:n])
        }

    }
}()
//4. 监控标准输入，发送给对方
reader := bufio.NewReader(os.Stdin)
for {
    fmt.Printf("p2p > ")
    // 读取标准输入，以换行为读取标志
    data, _ := reader.ReadString('\n')
    conn.Write([]byte(data))

}
}
```

步骤 05：运行、测试。需要先启动服务器端，再启动客户端，客户端至少要启动 2 个，效果如图 5-3 所示。

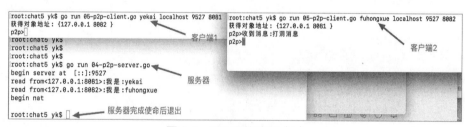

图 5-3 P2P 通信演示（1）

此时服务器退出已经不影响两个客户端通信，效果如图 5-4 所示。

图 5-4 P2P 通信演示（2）

温馨提示

笔者演示的环境为同一台主机，读者可以使用跨网络主机进行尝试。

5.2　Go语言实现PoW共识算法

对于区块链这样的分布式系统来说，共识系统是它的灵魂所在。此前我们已经介绍过了 PoW 的原理，本节用代码来体验一下工作量证明。

5.2.1　区块定义与数据串行化

在实现 PoW 前，需要先把区块链基本的架子搭起来，不然挖矿没有目标。我们把比特币的基本结构简化，设计一个最简单的区块数据结构，再使用切片来存储产生的区块，并用 hash 将它们联系起来。分步骤搭建区块链操作如下。

步骤 01：定义 Block 结构。创建 level1 目录，在目录下新建 block.go 文件，并写入如下内容。

```
package main
// 定义区块结构
type Block struct {
    Timestamp     int64   // 时间戳
    Data          []byte  // 数据域
    PrevBlockHash []byte  // 前块 hash 值
    Hash          []byte  // 当前块 hash 值
}
```

步骤 02：区块计算 hash 值。继续在 block.go 内添加方法，实现 hash 计算功能。其中 bytes.Join 的功能是将多个 []byte 合并为一个 []byte。

```
// 区块设置内部 hash 的方法
func (b *Block) SetHash() {
    // 将时间戳转换为 []byte
    timestamp := []byte(strconv.FormatInt(b.Timestamp, 10))
    // 将前块 hash、交易信息、时间戳联合到一起
    headers := bytes.Join([][]byte{b.PrevBlockHash, b.Data, timestamp},
[]byte{})
    // 计算本块 hash 值
    hash := sha256.Sum256(headers)
    //[32]byte - > []byte
    b.Hash = hash[:]
}
```

步骤 03：创世块创建。继续在 block.go 内添加函数，实现创世块创建方法。

```
// 创建 Block，返回 Block 指针
func NewBlock(data string, prevBlockHash []byte) *Block {
    // 先构造 block
    block := &Block{time.Now().Unix(), []byte(data), prevBlockHash, []
```

```
byte{}}
    // 设置 hash
    block.SetHash()
    return block
}

// 创世块创建，返回创世块 Block 指针
func NewGenesisBlock() *Block {
    return NewBlock("Genesis Block", []byte{})
}
```

温馨提示

block.go 编写完成，一些需要导入的包可以靠 IDE 来补全。

步骤 04：区块链功能实现。创建 blockchain.go 文件，区块链使用一个 Block 指针类型的切片
来实现。

```
package main

// 区块链：一个区块的指针切片
type Blockchain struct {
    blocks []*Block
}
```
为 Blockchain 增加 AddBlock 方法，所谓增加一个区块就是向切片内增加一个指针
```
// 向区块链结构上增加一个区块
func (bc *Blockchain) AddBlock(data string) {
    // 获取前块信息
    prevBlock := bc.blocks[len(bc.blocks)-1]
    // 利用前块生成新块
    newBlock := NewBlock(data, prevBlock.Hash)
    // 添加到区块链结构中
    bc.blocks = append(bc.blocks, newBlock)
}
```

再准备一个 NewBlockchain 函数，通过创世块创建并初始化区块链。

```
// 创建区块链结构，初始化只有创世块
func NewBlockchain() *Blockchain {
    return &Blockchain{[]*Block{NewGenesisBlock()}}
}
```

步骤 05：测试与使用。

```
package main
```

```
import (
    "fmt"
)

func main() {
    // 创世块初始化区块链
    bc := NewBlockchain()
    // 创建 2 个块记录 2 笔交易
    bc.AddBlock("Send 1 BTC to Yekai")
    bc.AddBlock("Send 2 more BTC to Fuhongxue")

    // 区块链遍历
    for _, block := range bc.blocks {
        fmt.Printf("Prev. hash: %x\n", block.PrevBlockHash)
        fmt.Printf("Data: %s\n", block.Data)
        fmt.Printf("Hash: %x\n", block.Hash)
        fmt.Println()
    }
}
```

运行该代码，将看到下面的效果：

```
root:level1 yk$ go run *.go
Prev. hash:
Data: Genesis Block
Hash: 016da09dd7967ac761b49505d2f513b5d8a9398e61cb49cbafa01d5ed8185497

Prev. hash: 016da09dd7967ac761b49505d2f513b5d8a9398e61cb49cbafa01d5
ed8185497
Data: Send 1 BTC to Yekai
Hash: 1e441875c01b49e5cf6897b7b1c93d5dae5ced7644ec21cc7720d7acf7270545

Prev. hash: 1e441875c01b49e5cf6897b7b1c93d5dae5ced7644ec21cc7720d7a
cf7270545
Data: Send 2 more BTC to Fuhongxue
Hash: 017c35e1080e763ea2ed6add05da742fab543efcc97dad67837eebffa162663d
```

温馨提示

文件所在目录如果是在 GOPATH 的 src 子目录下，可以直接运行，如果不在 GOPATH 下，需要设置 go mod。

5.2.2 PoW算法实现

此前我们实现的区块链可以计算 hash，但并没有工作难度，只需一次计算就可以得到 hash 值，为了体现出工作量，需要给矿工们增加挖矿难度，修改一下之前的数据结构，顺便实现 PoW 功能。具体步骤如下。

步骤 01：在 Block 结构中增加 Nonce，代码如下。

```
// 定义区块结构
type Block struct {
    Timestamp     int64   //时间戳
    Data          []byte  //数据域
    PrevBlockHash []byte  //前块 hash 值
    Hash          []byte  //当前块 hash 值
    Nonce         int64   //随机值
}
```

步骤 02：创建 pow.go 文件，定义数据结构及挖矿难度，代码如下。

```
package main

import (
    "bytes"
    "crypto/sha256"
    "fmt"
    "math"
    "math/big"
)

var (
    //Nonce 循环上限
    maxNonce = math.MaxInt64
)
// 难度值
const targetBits = 24

// PoW 结构
type ProofOfWork struct {
    block  *Block
    target *big.Int
}
```

步骤 03：创建 PoW 结构，代码如下。

```
// 创建 pow 结构
```

```
func NewProofOfWork(b *Block) *ProofOfWork {
    //target 为最终难度值
  target := big.NewInt(1)
  //target 为 1 向左位移 256-24（挖矿难度）
    target.Lsh(target, uint(256-targetBits))
    // 生成 pow 结构
    pow := &ProofOfWork{b, target}
    return pow
}
```

代码中使用的 Lsh 非常关键，它实际是将 x 左位移 n 位，原型如下。

```
// Lsh sets z = x << n and returns z.
func (z *Int) Lsh(x *Int, n uint) *Int
```

Lsh 目标是求得一个挖矿难度值，如代码中 target 的二进制值最终为 "0100000000000000000000 0000000000000000000000000000000000000000"，对于一个比 target 小的数来说，采用二进制表示时第一次出现 1 的位置一定晚于 target，换种思路也就是这个数前面至少有 targetBits 个 0，这是基于二进制比较的思想。二进制比较的思想可以参考图 5-5，一眼就可以看出来 B 比 A 大。

	二进制表示											
A	0	0	0	1	1	1	0	1	1	1	1
B	0	0	1	0	0	0	0	0	0	0	0

图 5-5　二进制比较示意图

步骤 04：编写挖矿逻辑，代码如下。

```
// 挖矿运行
func (pow *ProofOfWork) Run() (int, []byte) {
    var hashInt big.Int
    var hash [32]byte
    nonce := 0

    fmt.Printf("Mining the block containing %s, maxNonce=%d\n", pow.
block.Data, maxNonce)
    for nonce < maxNonce {
      // 数据准备
        data := pow.prepareData(nonce)
        // 计算 hash
        hash = sha256.Sum256(data)
        fmt.Printf("\r%x", hash)
        hashInt.SetBytes(hash[:])
        // 按字节比较，hashInt.Cmp 小于 0 代表找到目标 Nonce
        if hashInt.Cmp(pow.target) == -1 {
```

```
            break
        } else {
            nonce++
        }
    }
    fmt.Print("\n\n")

    return nonce, hash[:]
}
```

在代码中使用的 prepareData 函数为数据准备函数，它也是利用 Join 完成字节切片的组合，代码如下：

```
// 准备数据
func (pow *ProofOfWork) prepareData(nonce int64) []byte {
    data := bytes.Join(
        [][]byte{
            pow.block.PrevBlockHash,
            pow.block.Data,
            Int2Hex(pow.block.Timestamp),
            Int2Hex(int64(targetBits)),
            Int2Hex(nonce),
        },
        []byte{},
    )

    return data
}
```

在 Join 组合时，需要将 Int 数据转化为 []byte，为此需要再编写一个 Int2Hex 函数，代码如下：

```
// 将 int64 写入 []byte
func Int2Hex(num int64) []byte {
    buff := new(bytes.Buffer)
    // 大端法写入
    binary.Write(buff, binary.BigEndian, num)
    return buff.Bytes()
}
```

步骤 05：提供 PoW 校验功能。校验的逻辑是利用当前区块生成 PoW 结构，然后校验 hash 是否符合挖矿难度，代码如下。

```
// 校验区块正确性
func (pow *ProofOfWork) Validate() bool {
    var hashInt big.Int
```

```
    data := pow.prepareData(pow.block.Nonce)
    hash := sha256.Sum256(data)
    hashInt.SetBytes(hash[:])

    return hashInt.Cmp(pow.target) == -1
}
```

步骤 06：修改 block 代码。block 代码中的 SetHash 可以退出历史舞台了，我们完全可以在
NewBlock 中一并完成。在 NewBlock 中，将挖矿成功后的 hash 保存到 Block 结构中，代码如下。

```
// 创建 Block，返回 Block 指针
func NewBlock(data string, prevBlockHash []byte) *Block {
    // 先构造 block
    block := &Block{time.Now().Unix(), []byte(data), prevBlockHash, []
byte{}, 0}
    // 需要先挖矿
    pow := NewProofOfWork(block)
    nonce, hash := pow.Run()
    // 设置 hash 和 nonce
    block.Hash = hash
    block.Nonce = nonce
    return block
}
```

步骤 07：改造 main.go。最后一步，在 main.go 中增加 Nonce 值的打印及区块打印时的校验就
可以了。代码如下：

```
func main() {
    // 创世块初始化区块链
    bc := NewBlockchain()
    // 创建 2 个块记录 2 笔交易
    bc.AddBlock("Send 1 BTC to Yekai")
    bc.AddBlock("Send 2 more BTC to Fuhongxue")

    // 区块链遍历
    for _, block := range bc.blocks {
        fmt.Printf("Prev. hash: %x\n", block.PrevBlockHash)
        fmt.Printf("Data: %s\n", block.Data)
        fmt.Printf("Hash: %x\n", block.Hash)
        fmt.Printf("Nonce: %d\n", block.Nonce)
        pow := NewProofOfWork(block)
        fmt.Printf("Pow: %t\n", pow.Validate())
        fmt.Println()
```

```
        }
    }
```

使用"go run *.go"可以运行代码，强烈建议读者把代码运行一下，体验挖矿的快感（如图 5-6 所示，但图 5-6 表现不出 hash 的变化）。

```
root:level2 yk$ go run *.go
Mining the block containing Genesis Block, maxNonce=9223372036854775807
000000e2120bd798e49fd9df056bd7c4790472f22ac52761c19acf78689913d1  ➜ 挖矿成功

Mining the block containing Send 1 BTC to Yekai, maxNonce=9223372036854775807
000000e5d64755567c07dfd46cbed5ef50c4eda15f5e2adeba1bc91b59d46c7f  ➜ 挖矿成功

Mining the block containing Send 2 more BTC to Fuhongxue, maxNonce=9223372036854775807
54a96bdecee3c8a0596334fd519c71abad66eecb77e75e07e64a9af305d6d9ba  ➜ 正在挖
```

图 5-6　PoW 运行示意图

5.3　区块数据如何持久化

此前我们已经成功地实现了区块链，并且实现了 PoW 挖矿。但设计的程序存在一个问题，由于数据都是保存在内存中的，它们会随着进程的终止而消失。要解决这个问题，方法也非常简单，那就是使用一个数据库来记录区块数据，本节介绍如何将区块数据持久化存储。

5.3.1　Go语言与boltDB实战

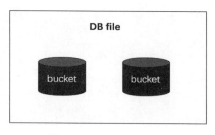

图 5-7　BoltDB 结构图

说到数据库，估计读者会有很多选择。在这里，我们的需求是不需要安装、移植方便，笔者选用了 boltDB 这一款与短跑名将博尔特同名的数据库。接下来，了解一下 boltDB。

boltDB 是一款用纯 Go 语言编写、内嵌型的 key/val 数据库。它的 API 非常小巧和简洁，数据库内主要是文件和 bucket（桶）的两层结构，kev/val 键值对存储在 bucket 中。结构如图 5-7 所示。

先来了解操作文件的 API，Open 函数，结构如下：

```
// 需要导入 bolt 包
import "github.com/boltdb/bolt"
func Open(path string, mode os.FileMode, options *Options) (*DB, error)
```

简单了解一下 Open 函数的参数，path 代表数据库文件，mode 用来设置文件的权限，options 则是用来设置文件权限。Open 的返回值是 DB 对象及错误描述。具体使用时，可以不关注 options

选项，如果数据文件存在则直接打开，不存在则会新创建。文件的权限要特别注意，为了安全起见，须设置仅限本用户可读可写（对应权限为 0600）。示例代码如下：

```
// 打开数据库
   db, err := bolt.Open("my.db", 0600, nil)
   if err != nil {
       log.Fatal(err)
   }
   defer db.Close()
```

对于 DB 对象，我们主要使用 Update 和 View 两种方法，分别对应更新和查看，这很好理解，这两种方法原型如下：

```
func (db *DB) Update(fn func(*Tx) error) error
func (db *DB) View(fn func(*Tx) error) error
```

仔细观察这两种方法，关键点在于它们内部都要传入一个函数，这个函数参数是 *Tx 类型，Tx 是 boltDB 的交易结构。我们不必关注 Tx 结构，知道它的 CreateBucket 和 Bucket 两种关键方法就可以了。CreateBucket 用来创建 bucket，Bucket 用来获取 bucket。原型如下：

```
type Tx struct {
    // 可以不关注内部信息
}
// 创建 Bucket
func (tx *Tx) CreateBucket(name []byte) (*Bucket, error)
// 获得已有 Bucket
func (tx *Tx) Bucket(name []byte) *Bucket
```

通过 Tx 可以获得 Bucket 对象，Bucket 里关注 Put 和 Get 两种方法就够了，原型如下：

```
func (b *Bucket) Put(key []byte, value []byte) error
func (b *Bucket) Get(key []byte) []byte
```

了解了相关的 API 后，总结一下 boltDB 的简单使用思路，也就是先通过 Open 获得数据库对象 DB，通过 DB 创建一个 Bucket 对象，再利用 Bucket 对象调用 Put 方法插入一组键值对。示例代码如下：

```
func main() {
    // 打开数据库
    db, _ := bolt.Open("my.db", 0600, nil)
    defer db.Close()
    // 插入数据库数据
    db.Update(func(tx *bolt.Tx) error {
        // 创建 bucket
        bucket, _ := tx.CreateBucket([]byte("bucket1"))
        // 设置 key-val
```

```
        bucket.Put([]byte("name"), []byte("yekai"))
        return nil
    })
    // 查询数据库数据
    db.View(func(tx *bolt.Tx) error {
        // 获取 bucket
        bucket := tx.Bucket([]byte("bucket1"))
        // 获取 key-val
        val := bucket.Get([]byte("name"))
        fmt.Println(string(val))
        return nil
    })
}
```

5.3.2 区块数据如何持久化

在了解了 boltDB 的基本使用后，我们来尝试在此前的代码工程中增加 DB 功能，这是一个复杂的改造工程。改造的整体思路是不再使用切片来存储区块链信息，而是将区块链数据存放在 DB 中。因此在 Blockchain 的生成过程中需要增加读写数据库的操作。

图 5-8 中可以清晰地表示我们要做的事情，将区块链的每一个区块用 hash 作为 key，区块数据作为 val 存储在 bucket 中，此外始终用 "last" 作为 key 记录最新区块的 hash。

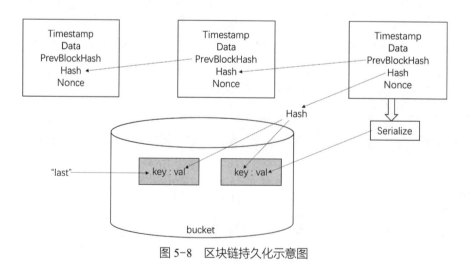

图 5-8　区块链持久化示意图

还是分步骤来实施计划，具体步骤如下。

步骤 01：Blockchain 结构调整（blockchain.go）。

```
//db 文件名称
```

```
const dbFile = "blockchain.db"
//bucket 名称
const blocksBucket = "blocks"

type Blockchain struct {
  // 用来记录区块的 hash 值
  tip []byte
  db  *bolt.DB
}
```

步骤 02：借助 gob 对区块数据进行编码（block.go）。gob 使用时需要先使用 NewEncoder 生成编码器 encoder，然后使用 encoder 编码区块内存数据就可以了。

```
// 序列化区块
func (b *Block) Serialize() []byte {
    var result bytes.Buffer
    // 编码器
    encoder := gob.NewEncoder(&result)
    // 编码
    encoder.Encode(b)
    return result.Bytes()
}
```

步骤 03：修改创建 Blockchain 方法。在获取 bucket 时，如果为空，代表创世块操作，代码中使用了两次 Put，第一次是记录 hash 与数据，第二次是记录最新块的 hash 值，key 为 "last"。

```
// 创建区块链结构，初始化只有创世块
func NewBlockchain() *Blockchain {
    var tip []byte
    //1. 打开数据库文件
    db, _ := bolt.Open(dbFile, 0600, nil)
    //2. 更新数据库
    db.Update(func(tx *bolt.Tx) error {
        //2.1 获取 bucket
        buck := tx.Bucket([]byte(blocksBucket))
        if buck == nil {
            //2.2.1 第一次使用，创建创世块
            fmt.Println("No existing blockchain found. Creating a new
one...")
            genesis := NewGenesisBlock()
            //2.2.2 区块数据编码
            block_data := genesis.Serialize()
            //2.2.3 创建新 bucket，存入区块信息
```

```
        bucket, _ := tx.CreateBucket([]byte(blocksBucket))
        bucket.Put(genesis.Hash, block_data)
        bucket.Put([]byte("last"), genesis.Hash)
        tip = genesis.Hash

    } else {
        //2.3 不是第一次使用，之前有块
        tip = buck.Get([]byte("last"))
    }
    return nil
})
//3. 记录 Blockchain 信息
return &Blockchain{tip, db}
}
```

步骤 04：修改添加区块的方法。增加区块的核心思想是打开数据库，获得最新的 tip 值，之后创建新的区块，并将其保存在数据库中。

```
// 向区块链结构上增加一个区块
func (bc *Blockchain) AddBlock(data string) {
    var tip []byte
    //1. 获取 tip 值，此时不能再打开数据库文件，要用区块的结构
    bc.db.View(func(tx *bolt.Tx) error {
        buck := tx.Bucket([]byte(blocksBucket))
        tip = buck.Get([]byte("last"))
        return nil
    })
    //2. 更新数据库
    bc.db.Update(func(tx *bolt.Tx) error {
        buck := tx.Bucket([]byte(blocksBucket))
        block := NewBlock(data, tip)
        // 将新区块放入 db
        buck.Put(block.Hash, block.Serialize())
        buck.Put([]byte("last"), block.Hash)
        // 覆盖 tip 值
        bc.tip = block.Hash
        return nil
    })
}
```

此时，区块持久化已经完成，目前挖矿运转良好，但是区块遍历还有问题。

5.3.3　区块数据如何遍历

此前的修改已经将区块顺利保存在数据库中，接下来解决遍历的问题。要想做到遍历，自然要清楚数据的存储形式，图 5-8 已经很清晰地显示，每次可以从最新块 hash 值获得该区块数据，在区块数据内可以找到前一块的 hash 值，然后以此类推，就可以一直遍历到创世块。下面来分步骤实现一下。

步骤 01：利用 gob 将区块数据还原。在 block.go 中添加如下代码，利用 gob.NewDecoder 可以构造解码器，将之前序列化数据传入就可以还原为区块数据。

```
// 区块数据还原为 Block
func DeserializeBlock(d []byte) *Block {
    var block Block
    // 创建解码器
    decoder := gob.NewDecoder(bytes.NewReader(d))
    // 解析区块数据
    err := decoder.Decode(&block)
    return &block
}
```

步骤 02：设计迭代器。因为遍历时涉及数据赋值变化，为了避免遍历对整个区块链的影响，增加一个迭代器来实现遍历。

```
// 迭代器
type BlockchainIterator struct {
    currentHash []byte   // 当区块 hash
    db          *bolt.DB // 已经打开的数据库
}
再来实现一个构造迭代器的方法
// 通过 Blockchain 构造迭代器
func (bc *Blockchain) Iterator() *BlockchainIterator {
    bci := &BlockchainIterator{bc.tip, bc.db}

    return bci
}
```

步骤 03：用迭代获取区块并将 hash 指向前一区块。实现 PreBlock 方法，获取当前区块的值，并告知是否还有前块。

```
// 获取前一个区块 hash，返回当前区块数据
func (i *BlockchainIterator) PreBlock() (*Block, bool) {
    var block *Block
    // 根据 hash 获取块数据
    i.db.View(func(tx *bolt.Tx) error {
```

```
    b := tx.Bucket([]byte(blocksBucket))
    encodedBlock := b.Get(i.currentHash)
    // 解码当前块数据
    block = DeserializeBlock(encodedBlock)

    return nil
})
// 当前 hash 变更为前块 hash
i.currentHash = block.PrevBlockHash
// 返回区块
return block, len(i.currentHash) > 0
}
```

步骤 04：准备完成，可以遍历了。在 main 中，添加如下代码即可。

```
// 迭代器构造
bci := bc.Iterator()
for {
    block, next := bci.PreBlock()
    fmt.Printf("Prev. hash: %x\n", block.PrevBlockHash)
    fmt.Printf("Data: %s\n", block.Data)
    fmt.Printf("Hash: %x\n", block.Hash)
    fmt.Printf("Nonce: %d\n", block.Nonce)
    pow := NewProofOfWork(block)
    fmt.Printf("Pow: %t\n", pow.Validate())
    fmt.Println()
    if !next {
        //next 为假代表已经到创世块了
        break
    }
}
```

5.4　Go语言实现UTXO模型

通过之前的代码，我们已经实现了区块链搭建、挖矿及数据持久化的功能，但交易信息只是用了一个字符串代替，本节将解决交易环节的问题，重点是搞定 UTXO 模型。

5.4.1　如何定义交易

通常一笔交易应该存在三要素，即转出方、接收方及金额。比特币的交易基于 UTXO 模型，这个模型的交易较为复杂，因此我们需要好好设计一下。在此之前，不妨先看一个真实的比特币交易数据的详情，它主要包含三部分内容：元数据、输入项及输出项。如图 5-9 所示。

```
{
    "hash":"5a42590fbe0a90ee8e8747244d6c84f0db1a3a24e8f1b95b10c9e050990b8b6b",
    "ver":1,
    "vin_sz":2,
    "vout_sz":1,                          元数据
    "lock_time":0,
    "size":404,
    "in":[
    {
        "prev_out":{
            "hash":"3be4ac9728a0823cf5e2deb2e86fc0bd2aa503a91d307b42ba76117d79280260",
            "n":0
        },
        "scriptSig":"30440..."           输入项
    },
    {
        "prev_out":{
            "hash":"7508e6ab259b4df0fd5147bab0c949d81473db4518f81afc5c3f52f91ff6b34e",
            "n":0
        },
        "scriptSig":"3f3a4ce81...."
    }
    ],
    "out":[
    {
        "value":"10.12287097",            输出项
        "scriptPubKey":"OP_DUP OP_HASH160 69e02e18b5705a05dd6b28ed517716c894b3d42e OP_EQUALVERIFY OP_CHECKSIG"
    }
    ]
}
```

图 5-9　真实比特币交易

真实的比特币交易对于我们来说过于复杂了，这里需要把它简化一下。基于 UTXO 模型，交易的转出方和接收方都可以是多个，作为参考，也可以定义输入项和输出项，结构如下：

```go
// transaction.go
// 交易输入结构
type TXInput struct {
    Txid     []byte // 引用交易 ID
    VoutIdx  int       // 引用的交易输出编号
    FromAddr string // 输入方验签
}

// 交易输出结构
type TXOutput struct {
    Value  int     // 输出金额
    ToAddr string // 收方验签
}
// 交易结构
type Transaction struct {
```

```
ID     []byte      // 交易 ID
Vin    []TXInput   // 交易输入项
Vout   []TXOutput  // 交易输出项
}
```

将交易信息序列化后，并计算 hash 值。

```
// 将交易信息转换为 hash，并设为 ID
func (tx *Transaction) SetID() {
    var encoded bytes.Buffer
    var hash [32]byte

    enc := gob.NewEncoder(&encoded)
    enc.Encode(tx)
    hash = sha256.Sum256(encoded.Bytes())
    tx.ID = hash[:]
}
```

在定义了交易之后，需要在 block.go 中更改 block 结构。

```
// 定义区块结构
type Block struct {
    Timestamp      int64            // 时间戳
    Transactions   []*Transaction   // 交易信息
    PrevBlockHash  []byte           // 前块 hash 值
    Hash           []byte           // 当前块 hash 值
    Nonce          int64            // 随机值
}
```

为了方便后面 PoW 的改造，先实现一种交易转 []byte 的方法。

```
// 构建区块交易 hash 值
func (b *Block) HashTransactions() []byte {
    var txHashes [][]byte
    var txHash [32]byte

    for _, tx := range b.Transactions {
        txHashes = append(txHashes, tx.ID)
    }
    txHash = sha256.Sum256(bytes.Join(txHashes, []byte{}))

    return txHash[:]
}
```

5.4.2　如何判断CoinBase交易

对于比特币来说，除了正常的转账交易外，还存在一类特殊的交易。这个特殊的交易就是指矿工挖矿的奖励，习惯上会把它称为 CoinBase 交易。所谓 CoinBase 交易，就是没有输入项，只有输出项，输出来自系统奖励。

如何判断一个交易是 CoinBase 交易呢？只要自己创建一个 CoinBase 交易，然后就知道如何判断了。下面，编写创建 CoinBase 交易的函数。首先考虑函数参数问题，由于属于系统奖励，因此只考虑接收方就可以了。虽说输入项不存在，但作为平台开发者，还是希望刷一波存在感，FromAddr 这个字段可以帮助我们完成夙愿。NewCoinbaseTX 代码如下：

```go
// 定义奖励数量
const subsidy = 10
// 创建 CoinBase 交易
func NewCoinbaseTX(to, data string) *Transaction {
    if data == "" {
        data = fmt.Sprintf("Reward to '%s'", to)
    }
    // 创建一个输入项
    txin := TXInput{[]byte{}, -1, data}
    // 创建输出项
    txout := TXOutput{subsidy, to}
    tx := Transaction{nil, []TXInput{txin}, []TXOutput{txout}}
    tx.SetID()

    return &tx
}
```

在确定了 CoinBase 如何创建后，我们也可以清晰地判断出什么是 CoinBase 交易了。这个交易输入项的切片只有一个元素，该元素 VoutIdx 为 -1，并且输出项切片内也只有一个元素。于是，我们可以写出判断 CoinBase 交易的方法。

```go
// 判断是否为 CoinBase 交易
func (tx Transaction) IsCoinbase() bool {
    return len(tx.Vin) == 1 &&
        len(tx.Vin[0].Txid) == 0 &&
        tx.Vin[0].VoutIdx == -1
}
```

5.4.3　如何使用CoinBase交易

在了解了如何创建和判断 CoinBase 交易后，我们在挖矿时使用 CoinBase 进行奖励。提前整理一下思路很有必要，我们需要做以下事情：

（1）修改 NewBlock 函数，将原 Data 域替换为 []*Transaction 类型。

（2）修改 ProofOfWork 的 prepareData 和 Run 方法，将原 Data 域调整。

（3）修改创世块创建函数，原 Data 域替换为 CoinBase 交易。

（4）修改 NewBlockchain 函数，创世块创建部分调整。

（5）main 函数调用调整。

接下来，分步骤来完成，操作如下。

步骤 01：修改 NewBlock 函数，只涉及传入参数与对象构造方面。

```
// 创建 Block，返回 Block 指针
func NewBlock(txs []*Transaction, prevBlockHash []byte) *Block {
    // 先构造 block
    block := &Block{time.Now().Unix(), txs, prevBlockHash, []byte{}, 0}
    // 需要先挖矿
    pow := NewProofOfWork(block)
    nonce, hash := pow.Run()
    // 设置 hash 和 nonce
    block.Hash = hash
    block.Nonce = nonce
    return block
}
```

步骤 02：修改 pow.go 文件。pow.go 文件的修改主要是受 Block 结构变化的影响，具体涉及 prepareData 方法和 Run 方法。

prepareData 方法修改如下：

```
// 准备数据
func (pow *ProofOfWork) prepareData(nonce int64) []byte {
    data := bytes.Join(
        [][]byte{
            pow.block.PrevBlockHash,
            pow.block.HashTransactions(),
            Int2Hex(pow.block.Timestamp),
            Int2Hex(int64(targetBits)),
            Int2Hex(nonce),
        },
        []byte{},
    )

    return data
}
```

Run 方法修改后的全部代码就不再全部展示了，它主要是修改一下计算 Nonce 值前的打印消息。

```
fmt.Printf("%s\n", pow.block.Transactions[0].Vin[0].FromAddr)
```

步骤 03：修改创世块创建函数。NewGenesisBlock 的修改主要是参数及 NewBlock 的调整。

```go
// 创世块创建，返回创世块 Block 指针
func NewGenesisBlock(coinbase *Transaction) *Block {
    return NewBlock([]*Transaction{coinbase}, []byte{})
}
```

步骤 04：修改 NewBlockchain 函数。NewBlockchain 的作用是创建区块链，它肩负的另一个作用是初始化创世区块。先将它的名字修改为 CreateBlockchain，针对 CreateBlockchain 的改造主要有两处：第一，出于安全性的考虑，创世块文件一旦存在则不能再次创建；第二，在创建创世块时需要将 CoinBase 交易加入其中。

为了检测文件是否存在，增加一个 dbExists 函数来判断。

```go
// 判断区块链是否已经存在
func dbExists() bool {
    if _, err := os.Stat(dbFile); os.IsNotExist(err) {
        return false
    }
    return true
}


// 创建区块链结构，初始化只有创世块
func CreateBlockchain() *Blockchain {
    //1. 只能第一次创建
    if dbExists() {
        fmt.Println("Blockchain already exists.")
        os.Exit(1)
    }
    var tip []byte
    //2. 没有则创建文件
    db, _ := bolt.Open(dbFile, 0600, nil)
    // 接下来是更新数据库操作
}
```

更新数据库时，需要加入 CoinBase 交易，代码如下：

```go
    //3. 更新数据库
    db.Update(func(tx *bolt.Tx) error {
        //2.1 获取 bucket
        buck := tx.Bucket([]byte(blocksBucket))
        if buck == nil {
            //2.2.1 第一次使用，创建创世块
            fmt.Println("No existing blockchain found. Creating a new
one...")
```

```
            cbtx := NewCoinbaseTX(miner, genesisCoinbaseData)
            genesis := NewGenesisBlock(cbtx)
            //2.2.2 区块数据编码
            block_data := genesis.Serialize()
            //2.2.3 创建新 bucket,存入区块信息
            bucket, _ := tx.CreateBucket([]byte(blocksBucket))
            bucket.Put(genesis.Hash, block_data)
            bucket.Put([]byte("last"), genesis.Hash)
            tip = genesis.Hash

        } else {
            //2.3 不是第一次使用,之前有块
            tip = buck.Get([]byte("last"))
        }
        return nil
    })
    //3. 记录 Blockchain 信息
    return &Blockchain{tip, db}
```

NewCoinbaseTX 在使用时需要传入一个接收地址和 Data,可以提前定义 2 个常量,其中 genesisCoinbaseData 正是中本聪在比特币创世块中写入的内容。

```
// 定义矿工地址
const miner = "yekai"

// 创世块留言
const genesisCoinbaseData = "The Times 03/Jan/2009 Chancellor on
brink of second bailout for banks"
```

步骤 05:修改 main 函数。main 函数主要是 CreateBlockchain 调用和遍历显示的调整。

```
func main() {
    // 创世块初始化区块链
    bc := CreateBlockchain()
    // 遍历
    bci := bc.Iterator()
    for {
        block, next := bci.PreBlock()
        fmt.Printf("Prev. hash: %x\n", block.PrevBlockHash)
        fmt.Printf("Data: %s\n", block.Transactions[0].Vin[0].FromAddr)
        fmt.Printf("Hash: %x\n", block.Hash)
        fmt.Printf("Nonce: %d\n", block.Nonce)
        pow := NewProofOfWork(block)
        fmt.Printf("Pow: %t\n", pow.Validate())
```

```
        fmt.Println()
        if !next {
            //next 若为假，代表当前区块为创世块，就可以结束循环了
            break
        }
    }

}
```

经过修改后，矿工终于有动力了。

5.4.4　如何查找账户的UTXO

经过前面的努力，我们刚刚能够做到在创世块中增加 CoinBase 交易，这还远远不够，接下来要考虑如何支持普通交易。说到交易，又要考虑交易三要素：转出方、转入方及金额。目前对于转出方和转入方，我们直接用字符串指定一个虚拟人物就可以了，但是对于转出金额，应该严谨一些，要保证余额足够。说起余额，读者应该想到，在比特币网络中 UTXO 就代表余额。接下来解决如何查找账户的 UTXO。先来关注一下 TXInput 和 TXOutput 的结构，TXInput 中 FromAddr 可以用来验证该交易被谁发出，TXOutput 的 ToAddr 代表收益方是谁，现阶段为了方便说明，直接使用转出方和转入方的账户名称，代码如下：

```
// 判断该输入是否可以被某账户使用
func (in *TXInput) CanUnlockOutputWith(unlockingData string) bool {
    return in.FromAddr == unlockingData
}


// 判断某输出是否可以被账户使用
func (out *TXOutput) CanBeUnlockedWith(unlockingData string) bool {
    return out.ToAddr == unlockingData
}
```

为了查找到账户下所有的 UTXO，需要先查询账户的 UTXO 都在哪些交易中，为此需要遍历区块链获取这些交易。这些交易的判断依据是那些可以被账户解锁的交易输出，并且没有被交易输入项引用过的交易。在遍历区块链时，需要维护两个集合，一个是可以被交易输出解锁的集合 unspentTXs（返回目标），另一个是交易被引用的集合 spentTXOs。具体代码如下：

```
// 查找账户可解锁的全部交易
func (bc *Blockchain) FindUnspentTransactions(address string) []
Transaction {
    var unspentTXs []Transaction
    // 已经花出的 UTXO，构建 tx- > VOutIdx 的 map
    spentTXOs := make(map[string][]int)
```

```
    bci := bc.Iterator()

    for {
        block, next := bci.PreBlock()

        for _, tx := range block.Transactions {
            txID := hex.EncodeToString(tx.ID)

        Outputs:
            for outIdx, out := range tx.Vout {
                // 如果已经被花出了，直接跳过此交易
                if spentTXOs[txID] != nil {
                    for _, spentOut := range spentTXOs[txID] {
                        if spentOut == outIdx {
                            continue Outputs
                        }
                    }
                }
```

代码较长，分为两部分。

```
                // 可以被 address 解锁，就代表属于 address 的 utxo 在此交易中
                if out.CanBeUnlockedWith(address) {
                    unspentTXs = append(unspentTXs, *tx)
                }
            }
            // 用来维护 spentTXOs，已经被引用过了，代表被使用
            if tx.IsCoinbase() == false {
                for _, in := range tx.Vin {
                    if in.CanUnlockOutputWith(address) {
                        inTxID := hex.EncodeToString(in.Txid)
                        spentTXOs[inTxID] = append(spentTXOs[inTxID],
in.VoutIdx)
                    }
                }
            }
        }

        if !next {
            break
        }
    }
```

```
      return unspentTXs
}
```

能够找到有关的交易后，再从这些交易中查找 UTXO 就容易多了。再来实现一种 FindUTXO 方法，它将返回所有的用户未使用的交易输出。

```go
func (bc *Blockchain) FindUTXO(address string) []TXOutput {
   var UTXOs []TXOutput
   // 先找所有交易
   unspentTransactions := bc.FindUnspentTransactions(address)

   for _, tx := range unspentTransactions {
      for _, out := range tx.Vout {
      // 可解锁代表是用户的资产
         if out.CanBeUnlockedWith(address) {
            UTXOs = append(UTXOs, out)
         }
      }
   }

   return UTXOs
}
```

接下来，尝试一下查找用户的余额，基于 blockchain 实现一种 getBalance 方法。

```go
func (bc *Blockchain) getBalance(address string) {

   balance := 0
   UTXOs := bc.FindUTXO(address)

   for _, out := range UTXOs {
      balance += out.Value
   }

   fmt.Printf("Balance of '%s': %d\n", address, balance)
}
```

在主函数内调用一下。

```go
package main

func main() {
   // 创世块初始化区块链
   bc := CreateBlockchain()
```

```
    defer bc.db.Close()
    // 获取叶开余额
    bc.getBalance("yekai")

}
```

执行一下，就可以看到下面的结果了。

```
root:utxo yk$ rm *.db
root:utxo yk$ go run *.go
No existing blockchain found. Creating a new one...
The Times 03/Jan/2009 Chancellor on brink of second bailout for banks
034501e32ae2d51bf78d8c44b67a24b44cdc3b634fc19691f82f6ef753005483

Balance of 'yekai': 10
```

> **温馨提示**
>
> 为了加快挖矿速度，笔者调低了挖矿难度，同时为确保执行，需要每次删除数据库文件。

5.4.5 如何发送交易

既然余额查询已经没问题了，就可以顺利发送交易。发送交易前可以先查询一下用户余额，然后判断是否足够支付，之后再发送交易。这样当然没问题，不过对于 UTXO 来说，并非一定要知道确定余额，只要保证 UTXO 比交易金额高就可以了。具体步骤如下。

步骤 01：实现查询最小 UTXO 方法。为了交易发送顺利，再来实现一种查询 UTXO 的方法，此方法不需要获取所有的 UTXO，只需确保余额超过要转出金额就足够了。另外，由于交易需要填写输入项，因此还要记录查询到的这些 UTXO。

```
// 获取部分满足交易的 UTXO
func (bc *Blockchain) FindSpendableOutputs(address string, amount int)
(int, map[string][]int) {
    unspentOutputs := make(map[string][]int)
    // 获取可使用交易
    unspentTXs := bc.FindUnspentTransactions(address)
    // 记录余额
    accumulated := 0

Work:
    for _, tx := range unspentTXs {
        txID := hex.EncodeToString(tx.ID)
```

```
        for outIdx, out := range tx.Vout {
            if out.CanBeUnlockedWith(address) && accumulated < amount {
                accumulated += out.Value
                unspentOutputs[txID] = append(unspentOutputs[txID], outIdx)
                //utxo 足够了就跳出循环，break 可以跳出多重循环
                if accumulated >= amount {
                    break Work
                }
            }
        }
    }


    return accumulated, unspentOutputs
}
```

步骤 02：改造 blockchain 内的 AddBlock 方法。由于新交易也需要被矿工打包，并且矿工打包到区块后也会获得 CoinBase 奖励，因此我们改造 AddBlock 为 MinedBlock 方法，操作与创世块类似。

```
// 向区块链结构上增加一个区块
func (bc *Blockchain) MinedBlock(transactions []*Transaction, data
string) {
    var tip []byte
    //1. 获取 tip 值，此时不能再打开数据库文件，要用区块的结构
    bc.db.View(func(tx *bolt.Tx) error {
        buck := tx.Bucket([]byte(blocksBucket))
        tip = buck.Get([]byte("last"))
        return nil
    })
    //2. 更新数据库
    bc.db.Update(func(tx *bolt.Tx) error {
        buck := tx.Bucket([]byte(blocksBucket))
        // 创建 CoinBase 交易
        cbtx := NewCoinbaseTX(miner, data)
        transactions = append(transactions, cbtx)
        block := NewBlock(transactions, tip)
        // 将新区块放入 db
        buck.Put(block.Hash, block.Serialize())
        buck.Put([]byte("last"), block.Hash)
        // 覆盖 tip 值
        bc.tip = block.Hash
        return nil
    })
}
```

步骤 03：实现普通交易创建函数。实现 NewUTXOTransaction 函数，首先要获得 UTXO 信息。

```go
// 创建普通交易
func NewUTXOTransaction(from, to string, amount int, bc *Blockchain)
*Transaction {
    //1. 需要组合输入项和输出项
    var inputs []TXInput
    var outputs []TXOutput
    //2. 查询最小 UTXO
    acc, validOutputs := bc.FindSpendableOutputs(from, amount)
    if acc < amount {
        log.Panic("ERROR: Not enough funds")
    }
```

其次构建输入项。

```go
    //3. 构建输入项
    for txid, outs := range validOutputs {
        txID, _ := hex.DecodeString(txid)

        for _, out := range outs {
            input := TXInput{txID, out, from}
            inputs = append(inputs, input)
        }
    }
```

最后构建输出项，如果 UTXO 超出，还需要给自己找零。这些都做完了，交易也就可以生成了。

```go
    //4. 构建输出项
    outputs = append(outputs, TXOutput{amount, to})
    // 需要找零
    if acc > amount {
        outputs = append(outputs, TXOutput{acc - amount, from}) // a
change
    }
    //5. 交易生成
    tx := Transaction{nil, inputs, outputs}
    tx.SetID()

    return &tx
}
```

步骤 04：实现交易发送。由于基础工作已经做好了，交易发送反倒很简单了。

```go
// 交易发送
```

```go
func (bc *Blockchain) send(from, to string, amount int, data string) {
    // 创建普通交易
    tx := NewUTXOTransaction(from, to, amount, bc)
    bc.MinedBlock([]*Transaction{tx}, data)
    fmt.Println("Success!")
}
```

步骤 05：交易调用。调用时，可以发送交易后，再查询余额。

```go
package main

func main() {
    //1. 创世块初始化区块链
    bc := CreateBlockchain()
    defer bc.db.Close()
    //2. 获取叶开余额
    bc.getBalance("yekai")
    //3. 发送 8 个给傅红雪
    bc.send("yekai", "fuhongxue", 8, " 拿去生活吧 ")
    //4. 查询余额
    bc.getBalance("yekai")
    bc.getBalance("fuhongxue")
}
```

执行效果如下：

```
root:utxo yk$ rm blockchain.db
root:utxo yk$ go run *.go
No existing blockchain found. Creating a new one...
The Times 03/Jan/2009 Chancellor on brink of second bailout for banks
00eac232eb349054f2de1ecdc137b63336f8062a71695988f871a4f87493f96f

Balance of 'yekai': 10
yekai
00ad73f81182d134c0d34e4f97eebd3f8ef87822ffe94a02232d7466445e2cef

Success!
Balance of 'yekai': 12
Balance of 'fuhongxue': 8
```

5.5 区块链账户地址如何生成

此前，在实现交易时，账户名称直接放在了输入项和输出项，确实够简单，但明显不够安全，本节来搞定交易的加密和签名问题。

5.5.1 公钥加密与数字签名

从安全和保护用户隐私角度出发，比特币（区块链）系统必然会使用非对称加密技术，通过一组密钥对信息进行加密，私钥（private key）负责加密，公钥（public key）负责认证。在区块链网络中，每个用户都可以持有若干个密钥对，其中的私钥是绝对不能告知他人的，在加密世界中，私钥是证明身份的唯一途径，有了私钥，你才是你！

在数学和密码学中，有一个数字签名（digital signature）的概念，该算法可以保证：

（1）当数据从发送方传送到接收方时，数据不会被修改。

（2）数据由某一确定的发送方创建。

（3）发送方无法否认发送过数据这一事实。

图 5-10 显示了签名和验证的过程，签名实际就是公钥加密技术的运用。用户 A 可以通过钱包工具生成一组公私钥对，A 可以用私钥对交易进行签名，其他用户利用 A 公布的公钥、签名后的数据及原数据可以验证这件事情确实是 A 确认过的。

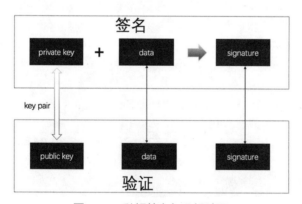

图 5-10　私钥签名与公钥验证

比特币使用椭圆曲线来产生私钥，不过椭圆曲线是个非常复杂的概念，在这里我们不再展开描述。我们大概知道比特币使用的椭圆曲线给我们提供的随机数已经足够多（大概是 10 的 77 次幂），可以保证不会两次生成同一私钥的情况。

比特币使用 ECDSA（椭圆曲线数字签名算法）对交易进行签名，这个 ECDSA 同样很复杂，在这里不再介绍它的详细过程，读者只需要知道经过 ECDSA 签名，会得到一组签名值（r，s），后面我们在写代码时要用到。

下面，介绍如何生成密钥对，其关键是使用官方 ecdsa 包提供的 GenerateKey 函数。

```
func GenerateKey(c elliptic.Curve, rand io.Reader) (*PrivateKey,
error)
```

对于 GenerateKey，要传入一个椭圆曲线方案及一个随机值读取器，在比特币系统中使用 ellip-tic 包提供的 P256 曲线，rand 可以直接使用 rand.Reader，这是一个全局加密随机值读取器。在 ecd-sa.PrivateKey 内部就已经包含了 PublicKey 信息，可以使用 append 将公钥导出。代码如下：

```
//wallet.go
func newKeyPair() (ecdsa.PrivateKey, []byte) {
    curve := elliptic.P256()
  //生成私钥
    private, err := ecdsa.GenerateKey(curve, rand.Reader)
    if err != nil {
        log.Panic(err)
    }
  //利用私钥推导出公钥
    pubKey := append(private.PublicKey.X.Bytes(), private.PublicKey.
Y.Bytes()...)

    return *private, pubKey
}
```

为了配合签名，需要将输入项的结果进行调整，输入项需要携带签名信息及公钥信息。

```
// 交易输入结构
type TXInput struct {
    Txid      []byte // 引用交易 ID
    VoutIdx   int    // 使用的交易输出编号
    Signature []byte // 签名信息
    PubKey    []byte // 公钥
}
```

当然，输出项也需要公钥信息，只有拥有这个公钥对应私钥的小伙伴才能使用这个 TXOutput。

```
// 交易输出结构
type TXOutput struct {
    Value      int    // 输出金额
    PubKeyHash []byte // 公钥 hash 值
}
```

为了实现交易签名，需要再把交易修剪一下，把输入项的签名和公钥位置都空出来。修剪方法 TrimmedCopy 代码如下：

```
// 交易修剪
func (tx *Transaction) TrimmedCopy() Transaction {
    var inputs []TXInput
```

```
    var outputs []TXOutput
    // 将原交易内的签名和公钥都置空
    for _, vin := range tx.Vin {
        inputs = append(inputs, TXInput{vin.Txid, vin.VoutIdx, nil, nil})
    }
    // 复制原输入项
    for _, vout := range tx.Vout {
        outputs = append(outputs, TXOutput{vout.Value, vout.PubKeyHash})
    }
    // 复制一份交易
    txCopy := Transaction{tx.ID, inputs, outputs}

    return txCopy
}
```

准备了这么多，可以用私钥来进行签名了。交易签名需要输入一些被引用的交易，这些交易以 map[string]Transaction 传入。

```
// 交易签名
func (tx *Transaction) Sign(privKey ecdsa.PrivateKey, prevTXs
map[string]Transaction) {
    //1. CoinBase 交易无须签名
    if tx.IsCoinbase() {
        return
    }
    //2. 修剪交易
    txCopy := tx.TrimmedCopy()
```

需要给所有的输入项签名，可以使用 ecdsa.Sign 函数并利用私钥对交易 ID 进行签名，同时将签名数据写入输入项。

```
    //3. 循环向输入项签名
    for inID, vin := range txCopy.Vin {
        // 找到输入项引用的交易
        prevTx := prevTXs[hex.EncodeToString(vin.Txid)]
        txCopy.Vin[inID].Signature = nil
        txCopy.Vin[inID].PubKey = prevTx.Vout[vin.VoutIdx].PubKeyHash
        txCopy.SetID()
        //txid 生成后再把 PubKey 置空
        txCopy.Vin[inID].PubKey = nil
        // 使用 ecsda 签名获得 r 和 s
        r, s, err := ecdsa.Sign(rand.Reader, &privKey, txCopy.ID)
        if err != nil {
```

```
        log.Panic(err)
    }
    // 形成签名数据
    signature := append(r.Bytes(), s.Bytes()...)

    tx.Vin[inID].Signature = signature
    }
}
```

5.5.2　生成区块链账户地址

此前，我们已经了解了私钥和公钥的创建方法，私钥肯定是需要保护起来的，即使是公钥也不会直接示人。为了收款方便，用户需要对外公布一个地址，这个地址其实是通过公钥经过一系列变化得来的。图 5-11 展示了（比特币）公钥到地址的变化过程，一个公钥经过 SHA256+RIPEMD160 两次叠加运算得到公钥 hash，在公钥 hash 前放置版本号（0x00），再经过两次 SHA256 后取前 4 个字节得到校验和（checksum），将前置版本号（0x00）、公钥 hash、校验和连接在一起，经 Base58 编码，最终得到了比特币地址。

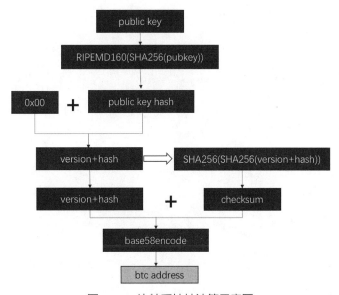

图 5-11　比特币地址计算示意图

史上第一个比特币地址 1A1zP1eP5QGefi2DMPTfTL5SLmv7DivfNa 也是这么得来的，利用 Base58 将其解码将会看到下面的信息：

0062e907b15cbf27d5425399ebf6f0fb50ebb88f18c29b7d93

将其按照前面介绍的流程再进一步反解析，将会得到公钥 hash 为 62e907b15cbf27d5425399ebf6f0fb50ebb88f18，校验和为 c29b7d93。这个校验和的作用是检查地址的合法性，我们将

0062e907b15cbf27d5425399ebf6f0fb50ebb88f18 使用 sha256.Sum256 函数连续计算两次 hash，再取前 4 个字节得到的将是 c29b7d93。验证代码如下：

```go
func main() {
    val := Base58Decode([]byte("1A1zP1eP5QGefi2DMPTfTL5SLmv7DivfNa"))
    fmt.Printf("%x, %d\n", val, len(val))
    fmt.Printf("%x, %x\n", val[1:21], val[21:])
    hash1 := sha256.Sum256(val[:21])
    hash2 := sha256.Sum256(hash1[:])
    fmt.Printf("%x\n", hash2[:4])
}
```

执行效果如下：

```
root:address yk$ go run *.go
0062e907b15cbf27d5425399ebf6f0fb50ebb88f18c29b7d93, 25
62e907b15cbf27d5425399ebf6f0fb50ebb88f18, c29b7d93
c29b7d93
```

接下来，我们将私钥生成与地址生成结合起来，实现比特币地址的生成，具体步骤如下。

步骤 01：构造钱包结构。从面向对象编程角度考虑，我们先来构造一个钱包结构，钱包包含用户的私钥和公钥。再利用之前写过的 newKeyPair，可以快速实现 Wallet 的构造函数。

```go
// 钱包结构
type Wallet struct {
    PrivateKey ecdsa.PrivateKey // 私钥
    PublicKey  []byte           // 公钥
}

// 创建钱包
func NewWallet() *Wallet {
    // 随机生成密钥对
    private, public := newKeyPair()
    wallet := Wallet{private, public}
    return &wallet
}
```

步骤 02：计算 hash 和 ripemd160。为了获得地址，首先要对公钥进行 hash 运算，之后计算其 ripemd160。

```go
// 计算公钥 hash
func HashPubKey(pubKey []byte) []byte {
    //1. 先 hash 一次
    publicSHA256 := sha256.Sum256(pubKey)
```

```
//2. 计算 ripemd160
RIPEMD160Hasher := ripemd160.New()
RIPEMD160Hasher.Write(publicSHA256[:])

publicRIPEMD160 := RIPEMD160Hasher.Sum(nil)

return publicRIPEMD160
}
```

代码中使用 ripemd160 时需要导入 ripemd160 包。

```
"golang.org/x/crypto/ripemd160"
```

步骤 03：计算校验和。在获得了公钥 hash 后，就可以计算校验和了。实现一个 checksum 函数，需要计算两次 hash，输入的内容是已经加了前缀 0x00 的公钥 hash。

```
const ChecksumLen = 4
// 计算校验和
func checksum(payload []byte) []byte {

    firstSHA := sha256.Sum256(payload)
    secondSHA := sha256.Sum256(firstSHA[:])

    return secondSHA[:ChecksumLen]
}
```

步骤 04：生成地址。生成地址就是把步骤 02 和步骤 03 的功能再加上 base58 编码，就可以获得比特币的地址了。

```
// 定义前缀版本
const version = byte(0x00)
// 生成地址
func (w Wallet) GetAddress() []byte {
    //1. 计算公钥 hash
    pubKeyHash := HashPubKey(w.PublicKey)
    //2. 计算校验和
    versionedPayload := append([]byte{version}, pubKeyHash...)
    checksum := checksum(versionedPayload)
    //3. 计算 base58 编码
    fullPayload := append(versionedPayload, checksum...)
    address := Base58Encode(fullPayload)

    return address
}
```

步骤 05：地址生成测试。

```go
func main() {
    //1. 构造钱包
    wallet := NewWallet()
    //2. 生成地址
    address := wallet.GetAddress()
    fmt.Printf("%s\n", address)
}
```

执行该部分代码，就可以看到比特币地址了，每次生成的都会不一样。

```
root:address yk$ ls *.go
base58.go main.go    wallet.go
root:address yk$ go run *.go
1H2jLiEYfr4H2gyDduifaBrPR8fG7TNrN1
root:address yk$ go run *.go
1EDsjDZ7TQwxt9U3q76wgfxUt7uFJ4J9E9
```

去比特币浏览器（https://www.blockchain.com/explorer）查一下，如果里面有余额，就发财了！当然，这是不可能的！

🗡 疑难解答

No.1：搭建 P2P 网络关键是什么？

答：P2P 网络搭建的难点是两个局域网内的主机无法直接建立连接，其一是需要借助公网 IP，其二是路由器的安全策略。因此，搭建 P2P 网络关键是需要有一个公网服务器提供中介服务，两个主机彼此获得对方公网地址后，就可以互相发消息建立连接了。

No.2：PoW 算法实现的要点是什么？

答：PoW 也就是工作量证明，比特币设计 PoW 的目的是给记账者出难题，同时又会给解题者奖励。对于 PoW 算法来说，因为交易信息、前块 hash、时间戳都是固定的，矿工要做的是尽快去获得符合条件 nonce 值。对于这个 nonce 值的获取，除了使用蛮力碰撞，没有更有效的办法。正因如此，矿工们只能考虑在算力上作弊，也就是在固定时间内完成更多次数的 hash 计算。

No.3：如何理解 UTXO？

答：UTXO 账户模型是比特币非常有特点的一个设计，实际上比特币的余额就是 UTXO。UTXO 的好处可以从三个角度考虑，从去中心化角度，区块链系统不需要，也不应该有统一的中心去保留账户、余额信息；从用户长期增长角度来看，UTXO 模型会更加节省空间；从匿名化角度，用户 - 地址 -UTXO 这样的层次结构也更容易隐藏用户的个人信息。

实训：结合区块链账户地址，发送区块链交易

【实训说明】

本实训主要目标是让读者真实体验区块链账户地址、交易及签名之间的紧密联系，读者可以使用现有代码完成实验。此外，笔者也建议读者在实验完成和理解后去阅读一下源码，以便更好地理解区块链理论。

【实现方法】

在介绍了地址和签名之后，我们并未将其与之前的体系相结合，在这里让读者来体验一下结合后的效果。具体步骤如下。

步骤 01：下载工程代码。本节内容的代码在这个工程中都可以找到。

```
git clone https://github.com/yekai1003/blockchainwithme.git
```

步骤 02：进入签名交易对应的工程目录，并编译。

```
cd blockchainwithme/level4/signature/
go build
```

步骤 03：查看命令行帮助。

```
root:signature yk$ ./signature
Usage:
   createblockchain -address ADDRESS - Create a blockchain and send
genesis block reward to ADDRESS
   createwallet - Generates a new key-pair and saves it into the wallet file
   getbalance -address ADDRESS - Get balance of ADDRESS
   send -to TO -amount AMOUNT - Send AMOUNT of coins from FROM address
to TO
```

步骤 04：创建钱包。创建钱包会在本地创建一个 wallet.dat 文件，为了避免影响可以先清除。

```
root:signature yk$ rm blockchain.db wallet.dat
root:signature yk$ ./signature createwallet
17vtKcsRcwiCo9D12uSprY1B8pp6TgkixQ
```

执行后，可以看到生成了一个比特币地址：17vtKcsRcwiCo9D12uSprY1B8pp6TgkixQ。

步骤 05：创建区块链。此步骤需要传入之前创建的比特币地址，创世区块会给该地址 10 个奖励。

```
root:signature yk$ ./signature createblockchain -address 17vtKcsRcwi
Co9D12uSprY1B8pp6TgkixQ
No existing blockchain found. Creating a new one...
The Times 03/Jan/2009 Chancellor on brink of second bailout for banks
```

```
0003efe217a87319bd33f85f71acce7941b113c102c30d42c153671c6d0dc372
```

步骤 06：查看余额。此步骤同样需要之前的比特币地址。

```
root:signature yk$ ./signature getbalance -address 17vtKcsRcwiCo9D12
uSprY1B8pp6TgkixQ
  Balance of '17vtKcsRcwiCo9D12uSprY1B8pp6TgkixQ': 10
```

步骤 07：发起转账。发起转账需要指定另外一个比特币地址，任意一个有效的地址都可以。

```
root:signature yk$ ./signature send -to 1CCQubF4uS1C9BZE5wuquwEpLKBt
5di1LB -amount 8
  007b1d0fa7af8e1b2da1e8ab693de11ebe8b4d0b88d6f0ee0ed02ab805957efa

Success!
```

步骤 08：再次查询余额。

```
root:signature yk$ ./signature getbalance -address 1CCQubF4uS1C9BZE5
wuquwEpLKBt5di1LB
  Balance of '1CCQubF4uS1C9BZE5wuquwEpLKBt5di1LB': 8
```

本章总结

本章主要介绍了比特币的技术细节及部分功能的编码实现，通过对本章的学习，读者可以更好地理解 hash 函数、Base58 编码、PoW 算法、UTXO 模型、比特币地址等知识。实践了本章的代码后，读者无论是对 Go 语言的应用能力还是对区块链的理解，都将得到质的提高。

第 **3** 篇

实战篇

　　在前两篇，我们介绍了Go语言基础、区块链原理、智能合约开发，掌握了这些基础技能后，就可以来尝试做一些区块链的应用项目了。在本篇，将介绍两个应用项目，一个是区块链钱包，另一个是图片版权交易系统，相信读者可以从项目开发的过程中，找到区块链项目开发的方法和关键点。

第6章

Go语言离线钱包开发

本章导读

对很多人来说，区块链还非常神秘，大多数人接触区块链的第一个产品多是钱包。可以说，钱包是通向区块链世界的一扇窗户。本章将用Go语言编写一个命令行版本的区块链钱包，捅破钱包这层窗户纸，可以让我们更深刻地理解区块链技术。

知识要点

通过对本章内容的学习，您将掌握以下知识：

- 区块链钱包的相关术语
- 区块链钱包的原理
- 助记词的原理与实现
- 私钥存储的原理与实现
- Coin交易的原理与实现
- ERC-20同质化Token标准
- Token交易的原理与实现

6.1　区块链钱包原理

随着区块链和数字货币的普及，钱包必将成为第一批走进大众生活的区块链应用。本节将采用理论与代码实践相结合的方式介绍钱包的核心原理、助记词的生成方式及私钥存储。

6.1.1　区块链钱包的核心原理

对于钱包，大家并不陌生，在移动支付并未占据主导的那些年月，钱包是我们出行的必备物品。由于移动支付所带来的便捷和种种好处，现在大多数人已经不再携带钱包了，有些人即使携带钱包，更多的也是保存银行卡或身份证，这样的功能更像是卡包。从某种意义上说，区块链钱包更像是"卡包"的功能，它内部不会直接存放"现金"，实际保存的是用户的私钥，因为有了私钥就代表拥有一切。这就跟此前介绍的内容联系上了，其实无论任何区块链项目，私钥都是最重要的元素。

实际上，在前面我们已经使用过钱包产品了，以太坊的客户端 Geth 本身就具有钱包的功能，否则它是无法帮助账户完成交易及合约调用的。区块链钱包按照联网情况、节点数据同步情况来划分，可以分为全节点钱包、冷钱包、热钱包、中心化钱包及轻钱包。冷钱包和热钱包主要是指从联网情况来说，私钥一直处于区块链网络中的属于热钱包，冷钱包则是只有在交易的时候联网，交易后立即断开。全节点钱包很好理解，它会同步全部区块的数据，而轻钱包则只保存跟自己相关的数据。中心化钱包则是完全依赖某公司或某机构的中心化服务器，如交易所就是中心化钱包，它负责保管用户的私钥。

钱包按照展现形式又可以分为手机钱包、网页钱包、硬件钱包、纸钱包、脑钱包等，纸钱包和脑钱包主要是指记录私钥的方式靠纸和大脑，现在使用最广泛的是手机钱包，毕竟大家已经离不开智能手机了，网页钱包就是类似 MetaMask 这样的浏览器插件钱包，硬件钱包多是离线钱包，一般借助一个小屏幕显示二维码，在交易的那一刻联网或借助其他设备完成交易。我们要做的钱包是一个只有交易时才会联网，以命令行形式展现的钱包，所以笔者管它叫命令行版离线钱包。各类钱包示意图如图 6-1 所示。

手机钱包　　　　　网页钱包　　　　　硬件钱包

图 6-1　不同类钱包示意图

钱包最关键的功能是保存私钥。私钥光靠钱包存储也并不安全，任何一款钱包产品都会提醒用户备份好私钥。但是，私钥这样敏感的内容不适合手机拍照，最稳妥的方式是用纸抄录下来，并秘密保存起来。用纸抄又面临着抄错的风险，毕竟私钥是一长串无规律字符，记忆起来太反人类了。

私钥存储的问题，包括关于比特币的其他问题，在比特币社区都会有人发布改进思路，进行热烈讨论后，最终形成比特币改进提案（Bitcoin Improvement Proposals，简称 BIP），由此可见，BIP 对于比特币是非常重要的。在 BIP32 中，提出了比特币钱包的改进提案，改进方式是通过一个 seed 可以产生一树状结构存储多组密钥对（公钥和私钥），这样的好处是只备份 seed 就可以备份整个体系内的私钥，适合公司或集团化的私钥管理，这种钱包被命名为分层确定性钱包（Hierarchical Deterministic wallet，简称 HD Wallet）。此后，又有提案继续改进钱包，在 BIP39 提案中，将 seed 用一组方便记忆和书写的单词表示，这就有了助记词的概念。在 BIP44 提案中，基于 HD Wallet 的特点，又针对钱包路径进行了定义，通过多层次的目录表示，让钱包可以支持多币种。目录定义方式如下：

```
m / purpose' / coin_type' / account' / change / address_index
```

目录内的各个元素的含义如下。

（1）Purpose：提案编号，比如 39、44。

（2）coin_type：币种，可以是比特币（0）或以太坊（60），或其他数字货币。

（3）account：再细分独立的逻辑性亚账户，如 0、1、2。

（4）change：HD 钱包两个亚树，一个用来接收地址，一个用来找零。

（5）address_index：地址编号，在这一层，编号不同可以对应多个不同子账户。

图 6-2 所示的界面是一款有图形用户界面的以太坊钱包（Ganache），它就是一款测试用的分层确定性钱包，我们可以直接在图中看到助记词及 HD PATH 信息。图中第一个以太坊地址 0x48C3Ff AB87c6E3C1eeF47BF7d7e5ef9F36F26e00 所对应的 HD PATH 是 m/44'/60'/0'/0/0。

图 6-2　ganache 界面示意图

说到这儿，读者应该感觉到了，我们要实现的必然也是一个类似的分层确定性钱包。这个过程就是利用助记词生成一个 seed，使用 seed 基于不同路径（HD PATH）可以推导出不同的密钥对，也就是不同的子账户，如图 6-3 所示。

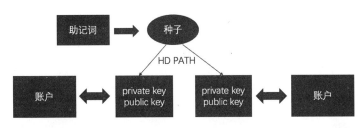

图 6-3　助记词推导账户示意图

获得私钥之后呢？私钥都在手里，还有什么是做不了的？

6.1.2　助记词如何生成与验证

此前，已经介绍了钱包的核心原理，核心思想就是通过助记词推导出私钥，然后随心所欲。但如何生成助记词对我们来说仍然是个问题。接下来介绍如何生成助记词，首先介绍一下助记词的生成原理。助记词生成过程如图 6-4 所示。

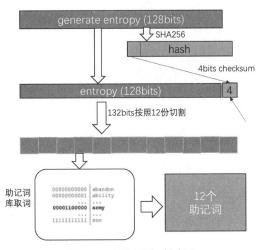

图 6-4　助记词生成过程

分析该图，过程如下：

（1）生成 entropy（熵，无序状态），128 字节的一个数（随机）。

（2）对 entropy 计算 hash，取前 4 个字节获得校验和。

（3）将校验和连接在 entropy 尾部，形成 132 字节的数。

（4）对 132 字节的数据进行 12 等份切割。

（5）每一份数据换算为十进制后到助记词库（bip39，词库内包含 2048 个单词）内查找对应编号的单词。

（6）将 12 个单词按照顺序用空格连接形成最终助记词。

图 6-5 就是 bip39 对应的英文助记词库。

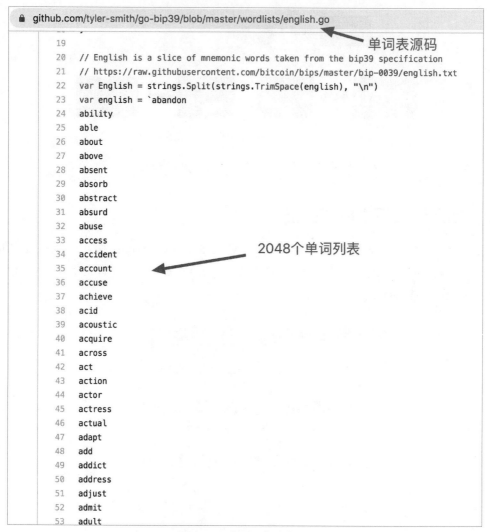

图 6-5　助记词库示意图

虽然说过程是上述这样的，但实际编写时不必做这么多工作，因为已经有人把它们封装好了。想要感受一下助记词，借助 bip39 这个第三方库非常方便。使用 bip39，调用两个函数就可以创建助记词了。API 如下：

```
// bitSize has to be a multiple 32 and be within the inclusive range
of {128, 256}
func NewEntropy(bitSize int) ([]byte, error)
// NewMnemonic will return a string consisting of the mnemonic words for
// the given entropy.
func NewMnemonic(entropy []byte) (string, error)
```

NewEntropy 函数用来创建 entropy，注意该函数传入的值在 128 到 256 之间，并且是 32 的整数倍的一个数。NewMnemonic 用来创建助记词，传入 NewEntropy 创建的 entropy，它会返回助记词。也就是说它把我们前面说的第 2 ~ 6 步都完成了，感兴趣的读者可以去看看它的实现源码。工程地址：https://github.com/tyler-smith/go-bip39。

接下来使用这两个函数创建助记词。

```go
import (
    "fmt"
    "log"

    "github.com/tyler-smith/go-bip39"
)

func create_mnemonic() {
    //Entropy 生成，注意传入值 y=32*X，并且 128 < =y < =256
    b, err := bip39.NewEntropy(128)
    if err != nil {
        log.Panic("failed to NewEntropy:", err, b)
    }
    // 生成助记词
    nm, err := bip39.NewMnemonic(b)
    if err != nil {
        log.Panic("failed to NewMnemonic:", err)
    }
    fmt.Println(nm)
}
```

在 main 函数内调用一下，就可以看到效果了。

```go
func main() {
    create_mnemonic()
}
```

执行该代码，就可以看到类似下面的效果，每次的助记词会不一样。

```
root:mnemonic yk$ go run main.go
go: finding golang.org/x/crypto latest
panther hunt nuclear sponsor reduce sentence electric trophy
umbrella talk home brain
```

介绍到这里，我们已经可以顺利地生成助记词了，助记词的神秘感也就消失了。有了助记词，就可以推导出种子，通过种子就可以获得私钥及账户地址。接下来介绍如何利用助记词推导出私钥及账户地址。先看一下示意图，如图 6-6 所示。

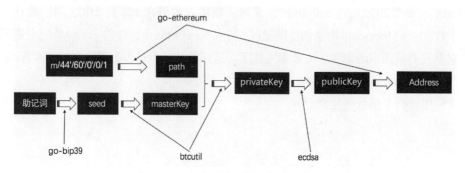

图 6-6　助记词推导地址调用流程图

由示意图可知，由助记词推导到地址的步骤如下。

（1）借助以太坊源码包，通过 BIP44 定义的目录获取对应的钱包目录 path。

（2）借助 bip39 包，通过助记词生成种子 seed。

（3）使用 btcutil 包，将 seed 变为 masterKey。

（4）借助 btcutil，利用 masterKey+path 生成私钥 privateKey。

（5）利用 ecdsa，通过私钥生成公钥 publicKey。

（6）利用以太坊源码包将 publicKey 转换为地址。

有了步骤操作就简单多了，按步骤完成任务即可。

步骤 01：推导 path。

这一步需要对 bip44 的结构有所了解，不过因为以太坊已经把这部分功能封装好了，我们直接使用即可。ParseDerivationPath 的使用需要导入 "github.com/ethereum/go-ethereum/accounts" 包。

```
//1. 推导路径
path, err := accounts.ParseDerivationPath("m/44'/60'/0'/0/1")
if err != nil {
    panic(err)
}
```

步骤 02：生成 seed。这一步需要借助 bip39 包内的 NewSeedWithErrorChecking，原型如下。

```
func NewSeedWithErrorChecking(mnemonic string, password string) ([]
byte, error)
```

除了助记词，还需要传入密码，由于 ganache 并未设置密码，因此我们传入代码中的引号（""）即可。

```
//2. 获得种子
    // 注意，助记词就是 ganache 显示的助记词
    nm := "cargo emotion slot dentist client hint will penalty wrestle
divide inform ranch"
    seed, err := bip39.NewSeedWithErrorChecking(nm, "")
```

步骤 03：生成 masterKey。这一步需要借助 "github.com/btcsuite/btcutil" 下的 hdkeychain 包，NewMaster 原型如下。

```
func NewMaster(seed []byte, net *chaincfg.Params) (*ExtendedKey, error)
```

NewMaster 的第二个参数直接传入 &chaincfg.MainNetParams 就可以了。

```
//3. 获得主 key
    masterKey, err := hdkeychain.NewMaster(seed, &chaincfg.MainNetParams)
    if err != nil {
        fmt.Println("Failed to NewMaster", err)
        return
    }
```

步骤 04：推导私钥。

这一步相对来说比较复杂，将它封装为一个函数，利用 path+masteKey 进行推导，主要操作是按照目录不断迭代计算 key 值，并将最终的 key 转换为 ecdsa 算法的私钥。

```
// 推导私钥
func DerivePrivateKey(path accounts.DerivationPath, masterKey
*hdkeychain.ExtendedKey) (*ecdsa.PrivateKey, error) {
    var err error
    key := masterKey
    for _, n := range path {
        // 按照路径迭代获得最终 key
        key, err = key.Child(n)
        if err != nil {
            return nil, err
        }
    }
    // 将 key 转换为 ecdsa 私钥
    privateKey, err := key.ECPrivKey()
    privateKeyECDSA := privateKey.ToECDSA()
    if err != nil {
        return nil, err
    }

    return privateKeyECDSA, nil
}
```

步骤 05：推导公钥。有了私钥，获取公钥就非常简单了，为了使用方便，我们统一将其封装为方法。

```
// 推导公钥
```

```go
func DerivePublicKey(privateKey *ecdsa.PrivateKey) (*ecdsa.PublicKey,
error) {

    publicKey := privateKey.Public()
    publicKeyECDSA, ok := publicKey.(*ecdsa.PublicKey)
    if !ok {
        return nil, errors.New("failed to get public key")
    }
    return publicKeyECDSA, nil
}
```

步骤 06：生成地址。将第 4 步、第 5 步的函数调用一下，并调用以太坊源码包的 PubkeyToAddress 函数，就可以获得以太坊的地址了。

```go
//4. 推导私钥
    privateKey, err := DerivePrivateKey(path, masterKey)
    //5. 推导公钥
    publicKey, err := DerivePublicKey(privateKey)
    //6. 利用公钥推导私钥
    address := crypto.PubkeyToAddress(*publicKey)

    fmt.Println(address.Hex())
```

完成上述步骤后，将代码整合，分成三部分。

第一部分，引用包。

```go
package main

import (
    "crypto/ecdsa"
    "errors"
    "fmt"
    "log"

    "github.com/btcsuite/btcd/chaincfg"
    "github.com/btcsuite/btcutil/hdkeychain"

    "github.com/ethereum/go-ethereum/accounts"
    "github.com/ethereum/go-ethereum/crypto"
    "github.com/tyler-smith/go-bip39"
)
```

第二部分，将之前的 6 步封装为 DeriveAddressFromMnemonic 函数。

```go
func DeriveAddressFromMnemonic() {
    //1. 先推导路径
    path, err := accounts.ParseDerivationPath("m/44'/60'/0'/0/1")
    if err != nil {
        panic(err)
    }
    //2. 获得种子
    nm := "cargo emotion slot dentist client hint will penalty wrestle
divide inform ranch"

    seed, err := bip39.NewSeedWithErrorChecking(nm, "")
    //3. 获得主 key
    masterKey, err := hdkeychain.NewMaster(seed, &chaincfg.MainNetParams)
    if err != nil {
        fmt.Println("Failed to NewMaster", err)
        return
    }
    //4. 推导私钥
    privateKey, err := DerivePrivateKey(path, masterKey)
    //5. 推导公钥
    publicKey, err := DerivePublicKey(privateKey)

    //6. 利用公钥推导私钥
    address := crypto.PubkeyToAddress(*publicKey)

    fmt.Println(address.Hex())
}
```

第三部分, 主函数调用。

```go
func main() {
    DeriveAddressFromMnemonic()
}
```

执行后, 将看到下面的输出:

```
root:mnemonic yk$ go run *.go
0x0e3418E31243e3f38A04460A2c5A67c47C5094e1
```

细心的读者如果注意之前 accounts.ParseDerivationPath("m/44'/60'/0'/0/1") 的代码, 并且关注一下 Ganache 的界面, 就会知道测试成功了。如果把编号改成 2, 得到的结果将是 0x86e2F-baD4280a2a9eB22348Fc128eE467647da29, 如图 6-7 所示。

图 6-7　Ganache 地址示意图

温馨提示

本节使用的平台是以太坊，以太坊的账户模型并非是 UTXO，而是传统的账户 – 余额模型，因为它要支持智能合约。

6.1.3　如何存储私钥

虽然把助记词搞定了，但是让用户每次都输入助记词再来操作钱包是非常麻烦的，为了给用户更好的体验，还要想办法让钱包把私钥存储起来，当然也要确保私钥的安全。还记得在 Geth 环境操作的细节吗？图 6-8 展示了 Geth 创建账户的命令，那么 Geth 是如何保存账户私钥的呢？

图 6-8　Geth 账户创建操作示意图

在 Geth 中，使用 personal.newAccount("123") 创建账户时，这个 "123" 代表的是密码，此后我们对账户解锁时需要这个密码。那么解锁的原理又是什么呢？再次强调，Geth 本身也具备钱包功能，它在创建账户时将私钥通过加密技术转换为 json 格式的文件（keystore），这个文件虽然是明文的，但解析它的时候需要用到密码，否则解密会失败。账户解锁的操作实际也就是先解析账户对应的 keystore 文件，解析成功后相当于掌握了私钥，才具备解锁权限。流程如图 6-9 所示。

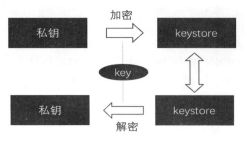

图 6-9　私钥与 keystore 文件互相转换示意图

keystore 文件，可以在 Geth 启动时指定的目录下找到对应的 json 文件，如图 6-10 所示。

图 6-10　账户与 keystore 信息示意图

在 keystore 文件里可以看到一些关键元素信息，下面简单介绍一下。

（1）Address：账户地址信息。

（2）Crypto 加密算法部分如下。

① Cipher：对称加密算法。

② Kdf：密钥生成函数。

③ Mac：用于验证密码的代码。

（3）ID：uuid，系统内的唯一标识。

（4）Version：版本号。

keystore 文件的生成使用的是对称加密算法，使用该算法的原因仔细一想就明白，因为我们用同一个密码进行加密和解密。keystore 文件中的 Mac 是用来核验密码是否正确，使用任何一个密码都可以处理该文件，但只有最终与 Mac 匹配才算解密成功。

说了这么多，读者应该明白了，keystore+ 密码等同于私钥。接下来考虑如何把步骤变成代码，把愿望变成现实。要办成这件事情很容易，也很复杂，容易在于工具都是现成的，复杂在于工具都在以太坊源码中。为了做好这件事情，需要耐心阅读一下以太坊源码，当然也不必全部阅读，只须带着问题去读，重点关注 "go-ethereum/accounts/keystore/" 目录下的代码就可以了。

源码阅读的心得在这里就不展开说了，为了做好私钥存储这件事情，可以将 keystore 的功能进行封装，形成自己的工程包，方便后面的使用。具体的操作思路是利用助记词推导出私钥，再利用私钥构建 KeyStore 结构，再调用 KeyStore 的存储接口，将私钥存储为文件，流程如图 6-11 所示。

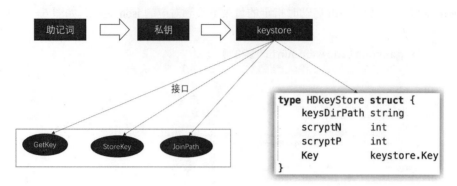

图 6-11　助记词生成 keystore 分析示意图

当然，代码层面的实现步骤要更细化一些，具体步骤如下。

步骤 01：定义 hdkeystore 包和结构。

这一步主要参考以太坊的源码 keystore，自定义一个 HDkeyStore 结构体，并提前导入一些需要的文件。

```go
package hdkeystore

import (
    "crypto/ecdsa"
    "crypto/rand"
    "fmt"
    "hdwallet/util"
    "io"
    "io/ioutil"
    "math/big"
    "os"
    "path/filepath"

    "github.com/ethereum/go-ethereum/accounts/abi/bind"
    "github.com/ethereum/go-ethereum/accounts/keystore"
    "github.com/ethereum/go-ethereum/common"
    "github.com/ethereum/go-ethereum/core/types"
    "github.com/ethereum/go-ethereum/crypto"
)

type HDkeyStore struct {
    keysDirPath string         // 文件所在路径
    scryptN     int            // 生成加密文件的参数 N
    scryptP     int            // 生成加密文件的参数 P
    Key         keystore.Key   //keystore 对应的 key
}
```

在 HDkeyStore 使用的 Key 并非是私钥，它也是一个结构体，内部包含私钥。

```
type Key struct {
    // Version 4 "random" for unique id not derived from key data
    Id uuid.UUID
    // 地址
    Address common.Address
    // 私钥
    PrivateKey *ecdsa.PrivateKey
}
```

步骤 02：UUID 生成。在构建 keystore 时需要用到 UUID，这里借助加密 rand 包，很容易实现生成 UUID。

```
type UUID []byte

// 全局加密随机阅读器
var rander = rand.Reader

// 生成 UUID
func NewRandom() UUID {
    uuid := make([]byte, 16)
    io.ReadFull(rand.Reader, uuid)
    // 版本 4 规范处理与变形
    uuid[6] = (uuid[6] & 0x0f) | 0x40
    uuid[8] = (uuid[8] & 0x3f) | 0x80
    return uuid
}
```

步骤 03：编写 HDkeyStore 构造函数。这实际是 Go 语言的惯用套路，或者说这是面向对象编程的一个通用思想，必须先提供一个构造函数。

```
// 给出一个生成 HDkeyStore 对象的方法，通过 privatekey 生成
func NewHDkeyStore(path string, privateKey *ecdsa.PrivateKey)
*HDkeyStore {
    // 获得 UUID
    uuid := []byte(NewRandom())
    key := keystore.Key{
        Id:         uuid,
        Address:    crypto.PubkeyToAddress(privateKey.PublicKey),// 地址信息
        PrivateKey: privateKey,// 私钥信息
    }
    return &HDkeyStore{
```

```
        keysDirPath: path,
        scryptN:     keystore.LightScryptN, // 固定参数
        scryptP:     keystore.LightScryptP, // 固定参数
        Key:         key,
    }
}
```

步骤 04：写入文件实现。源码中的 KeyStore 实际是以太坊的一个接口，它内部定义了三个方法，这些方法都需要实现。

```
// keyStore 接口
type keyStore interface {
    // 解析文件为 key
    GetKey(addr common.Address, filename string, auth string) (*Key, error)
    // 存储 key
    StoreKey(filename string, k *Key, auth string) error
    // 在文件前加上 keystore 路径
    JoinPath(filename string) string
}
```

StoreKey 用来存储 key 值，做好这件事情，我们就可以做到把私钥存储为 keystore 文件了。

```
// 存储 key 为 keystore 文件
func (ks HDkeyStore) StoreKey(filename string, key *keystore.Key, auth
string) error {
    // 编码 key 为 json
    keyjson, err := keystore.EncryptKey(key, auth, ks.scryptN, ks.scryptP)
    if err != nil {
        return err
    }
    // 写入文件
    return WriteKeyFile(filename, keyjson)
}
```

在具体写入文件时，需要调用 WriteKeyFile 函数，透露一下，下面这段代码实际就是从以太坊源码中摘出来的，因为源码函数名称为小写，没法在外部调用，因此笔者借鉴改造了一下。代码如下：

```
func WriteKeyFile(file string, content []byte) error {
    // Create the keystore directory with appropriate permissions
    // in case it is not present yet.
    const dirPerm = 0700
    if err := os.MkdirAll(filepath.Dir(file), dirPerm); err != nil {
        return err
    }
```

```
// Atomic write: create a temporary hidden file first
// then move it into place. TempFile assigns mode 0600.
f, err := ioutil.TempFile(filepath.Dir(file), "."+filepath.Base(file)+".
tmp")
    if err != nil {
        return err
    }
    if _, err := f.Write(content); err != nil {
        f.Close()
        os.Remove(f.Name())
        return err
    }
    f.Close()

    return os.Rename(f.Name(), file)
}
```

步骤 05：实现路径拼接。JoinPath 也是 KeyStore 结构三大接口之一，用于将路径和文件名拼接。

```
func (ks HDkeyStore) JoinPath(filename string) string {
    // 如果 filename 是绝对路径，则直接返回
  if filepath.IsAbs(filename) {
        return filename
    }
    // 将路径与文件拼接
    return filepath.Join(ks.keysDirPath, filename)
}
```

步骤 06：实现 keystore 文件解析。GetKey 同样是 keystore 三大接口之一，该函数调用时将 keystore 文件解析，并形成私钥信息。

```
// 解析 key
func (ks *HDkeyStore) GetKey(addr common.Address, filename, auth string)
(*keystore.Key, error) {
    // 读取文件内容
  keyjson, err := ioutil.ReadFile(filename)
    if err != nil {
        return nil, err
    }
    // 利用以太坊 DecryptKey 解码 json 文件
    key, err := keystore.DecryptKey(keyjson, auth)
    if err != nil {
        return nil, err
    }
```

```
    // 如果地址不同代表解析失败
    if key.Address != addr {
        return nil, fmt.Errorf("key content mismatch: have account %x,
want %x", key.Address, addr)
    }
    ks.Key = *key
    return key, nil
}
```

步骤 07：实现钱包创建。首先定义一个钱包结构体。

```
//BIP 路径
const defaultDerivationPath = "m/44'/60'/0'/0/1"

// 钱包结构体
type HDWallet struct {
    Address     common.Address
    HdKeyStore *hdkeystore.HDkeyStore
}
```

再来实现一种 HDWallet 的构造方法。

```
// 钱包构造函数
func NewWallet(keypath string) (*HDWallet, error) {
    //1. 创建助记词
    mn, err := create_mnemonic()
    if err != nil {
        fmt.Println("Failed to NewWallet", err)
        return nil, err
    }
    //2. 推导私钥
    privateKey, err := NewKeyFromMnemonic(mn)
    if err != nil {
        fmt.Println("Failed to NewKeyFromMnemonic", err)
        return nil, err
    }
    //3. 获取地址
    publicKey, err := DerivePublicKey(privateKey)
    if err != nil {
        fmt.Println("Failed to DerivePublicKey", err)
        return nil, err
    }
    // 利用公钥推导私钥
    address := crypto.PubkeyToAddress(*publicKey)
```

```
    //4. 创建 keystore
    hdks := hdkeystore.NewHDkeyStore(keypath, privateKey)
    //5. 创建钱包
    return &HDWallet{address, hdks}, nil
}
```

步骤 08：实现加密存储私钥部分代码。这一步主要调用 HdKeyStore 提供的方法，利用输入的密钥完成私钥存储。

```
func (w HDWallet) StoreKey(pass string) error {
    // 账户即文件名
    filename := w.HdKeyStore.JoinPath(w.Address.Hex())
    return w.HdKeyStore.StoreKey(filename, &w.HdKeyStore.Key, pass)
}
```

步骤 09：调用主函数。

```
func main() {
    w, err := wallet.NewWallet()
    if err != nil {
        fmt.Println("Failed to NewWallet", err)
        return
    }
    w.StoreKey("123")
}
```

执行后可以看到助记词，顺便也可以检测一下生成的文件信息，效果如图 6-12 所示。

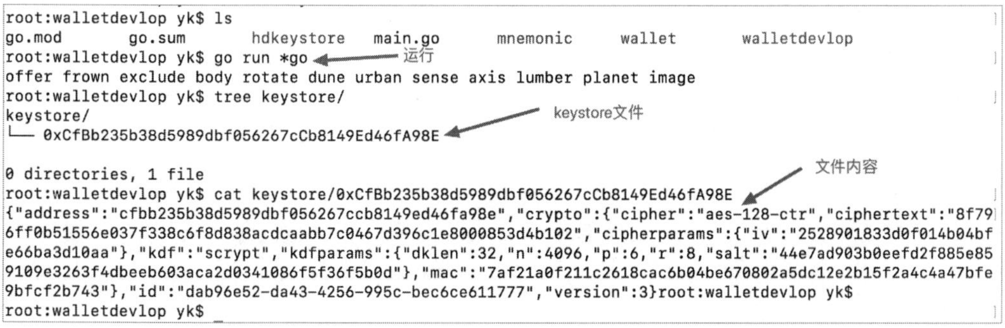

```
root:walletdevlop yk$ ls
go.mod        go.sum        hdkeystore    main.go       mnemonic    wallet    walletdevlop
root:walletdevlop yk$ go run *go     运行
offer frown exclude body rotate dune urban sense axis lumber planet image
root:walletdevlop yk$ tree keystore/
keystore/
 └── 0xCfBb235b38d5989dbf056267cCb8149Ed46fA98E         keystore文件

0 directories, 1 file
root:walletdevlop yk$ cat keystore/0xCfBb235b38d5989dbf056267cCb8149Ed46fA98E        文件内容
{"address":"cfbb235b38d5989dbf056267ccb8149ed46fa98e","crypto":{"cipher":"aes-128-ctr","ciphertext":"8f79
6ff0b51556e037f338c6f8d838acdcaabb7c0467d396c1e8000853d4b102","cipherparams":{"iv":"2528901833d0f014b04bf
e66ba3d10aa"},"kdf":"scrypt","kdfparams":{"dklen":32,"n":4096,"p":6,"r":8,"salt":"44e7ad903b0eefd2f885e85
9109e3263f4dbeeb603aca2d0341086f5f36f5b0d"},"mac":"7af21a0f211c2618cac6b04be670802a5dc12e2b15f2a4c4a47bfe
9bfcf2b743"},"id":"dab96e52-da43-4256-995c-bec6ce611777","version":3}root:walletdevlop yk$
root:walletdevlop yk$
```

图 6-12　keystore 生成结果示意图

6.2　区块链钱包核心功能实现

在前一节，我们弄明白了钱包的原理，助记词和私钥之间的关系，以及私钥如何存储的问题。

本节将从开发入手，逐步实现一个离线版的以太坊钱包，这是一次理论与实践相结合的动手过程。

6.2.1　flag使用与开发框架搭建

为了更好地支持命令行，我们借助一下 flag 包，该包可以很好地支持命令行。flag 的使用总共分四步：

（1）立 flag，设置要解析的参数种类（如创建钱包、转移 Coin 等），得到 FlagSet 结构。

（2）利用 FlagSet 设定参数接收变量（创建钱包要获取到的子参数）。

（3）利用 FlagSet 解析命令行参数。

（4）确认 FlagSet 参数解析，处理对应的业务逻辑。

下面结合代码再来说一下具体的操作方式和细节。

步骤 01：立 flag。这一步需要用到 NewFlagSet 函数，它的原型如下。

```
func NewFlagSet(name string, errorHandling ErrorHandling) *FlagSet
```

name 就是参数的种类，它实际对应命令行参数的 os.Args[1]，代表要做什么事情。为了理解这件事，我们先提供一下命令行帮助。如果像下面这样设计命令行帮助，那么 os.Args[1]＝"createwallet"。

```
fmt.Println("./walletdevlop createwallet  -pass PASSWORD --for create
new wallet")
```

errorHandling 是代表错误的处理方式，包括继续（ContinueOnError）、退出（ExitOnError）和抛出恐慌（PanicOnError）这三种处理方式，我们填写 ExitOnError 就可以了。下面的代码就完成了立 flag。

```
//1. 立flag
    cw_cmd := flag.NewFlagSet("createwallet", flag.ExitOnError)
```

步骤 02：设定参数接收变量。这一步借助前一步得到的 cw_cmd 进行设定，如果有多个参数值要获取，需要设置多个变量，不同类型应注意使用不同的方法。

```
//name 代表参数名称，value 代表默认值，usage 代表对应的元素
func (f *FlagSet) String(name string, value string, usage string) *string
func (f *FlagSet) Int(name string, value int, usage string) *int
```

仍然用前面的例子，在本步骤需要解析 "-pass PASSWORD" 这一部分，其中 "pass" 是参数名称，PASSWORD 是实际输入的密码。代码如下：

```
//2. 立flag 参数
    cw_cmd_pass := cw_cmd.String("pass", "", "PASSWORD")
```

步骤 03：利用 FlagSet 解析命令行参数。这一步就是使用 FlagSet 来解析参数，解析是从 os.Args[2:] 开始。

```
//3. 解析命令行参数
   err := cw_cmd.Parse(os.Args[2:])
   if err != nil {
       fmt.Println("Failed to Parse cw_cmd", err)
       return
   }
```

步骤 04：确认 FlagSet 参数解析。这一步也非常关键，因为命令行输入是不确定的，必须判断发生过立 flag 参数的行为才能处理其后面的逻辑。

```
//4. 确认 flag 参数出现
   if cw_cmd.Parsed() {
       fmt.Println("params is ", *cw_cmd_pass)
       c.createWallet(*cw_cmd_pass)
   }
```

在了解了 flag 的使用后，将代码组装一下，封装一个 CmdClient 结构，用它来处理命令行的参数及运行调用，具体步骤如下。

步骤 01：定义 CmdClient 结构，编写构造函数。

这个 CmdClient 后面需要连接到节点。因此先定义一个 network 地址，dataDir 则是设定 key-store 文件所在目录。

```
package client

import (
    "flag"
    "fmt"
    "log"
    "os"
    "walletdevlop/wallet"
)
type CmdClient struct {
    network string // 区块链地址
    dataDir string // 数据路径
}

func NewCmdClient(network, datadir string) *Client {
    return &Client{network, datadir}
}
```

步骤 02：封装钱包创建方法。该方法需要传入一个密码，其余就是调用此前 Wallet 已经提供的函数。

```
// 创建钱包
```

```go
func (c CmdClient) createWallet(pass string) error {
    w, err := wallet.NewWallet(c.dataDir)
    if err != nil {
        log.Panic("Failed to createWallet", err)
    }
    return w.StoreKey(pass)
}
```

步骤 03：封装调用方法 Run。提供一种 Run 方法，将 flag 操作整合到其中。

```go
// 帮助方法
func (c NewCmdClient) Help() {
    fmt.Println("./walletdevlop createwallet  -pass PASSWORD --for create
new wallet")
}
// 运行方法
func (c NewCmdClient) Run() {
    // 判断参数准确与否
    if len(os.Args) < 2 {
        c.Help()
        os.Exit(-1)
    }
    //1. 立 flag
    cw_cmd := flag.NewFlagSet("createwallet", flag.ExitOnError)
    //2. 立 flag 参数
    cw_cmd_pass := cw_cmd.String("pass", "", "PASSWORD")
    //3. 解析命令行参数
    err := cw_cmd.Parse(os.Args[2:])
    if err != nil {
        fmt.Println("Failed to Parse cw_cmd", err)
        return
    }
    //4. 确认 flag 参数出现
    if cw_cmd.Parsed() {
        fmt.Println("params is ", *cw_cmd_pass)
        c.createWallet(*cw_cmd_pass)
    }
}
```

步骤 04：main 函数调用。在 main.go 中引用该 client 包，并且调用该代码。

```go
package main

import (
```

```
    "walletdevlop/cli"
)

func main() {
    c := client.NewCmdClient("http://localhost:8545", "./keystore")
    c.Run()
}
```

执行效果如图 6-13 所示。

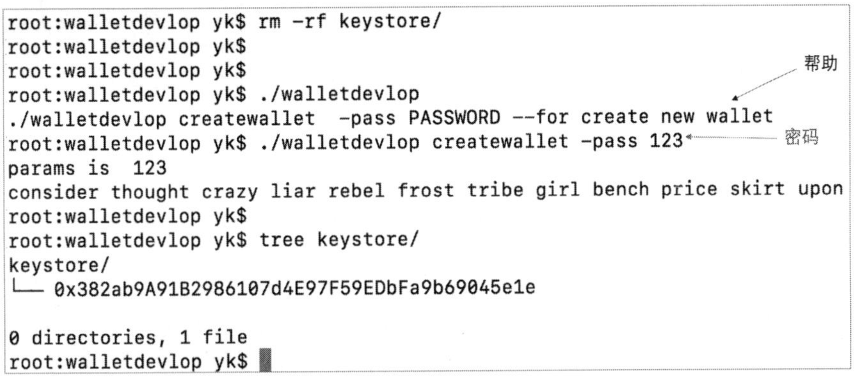

```
root:walletdevlop yk$ rm -rf keystore/
root:walletdevlop yk$
root:walletdevlop yk$
root:walletdevlop yk$ ./walletdevlop
./walletdevlop createwallet  -pass PASSWORD --for create new wallet
root:walletdevlop yk$ ./walletdevlop createwallet -pass 123
params is  123
consider thought crazy liar rebel frost tribe girl bench price skirt upon
root:walletdevlop yk$
root:walletdevlop yk$ tree keystore/
keystore/
└── 0x382ab9A91B2986107d4E97F59EDbFa9b69045e1e

0 directories, 1 file
root:walletdevlop yk$
```


图 6-13　钱包创建操作示意图

6.2.2　钱包如何支持Coin转移

架子已经搭起来了，接下来就是向里面填内容，钱包要支持的最核心功能是 Coin 转移，这里的 Coin 也就是指以太坊的 ETH。所谓 Coin 转移，也就是转账，需要发起一个交易（实际以太坊所有的操作都是交易）。想要支持交易，必然先要了解它的数据结构，“go-ethereum/core/types/transaction.go”文件内定义了 Transaction 的结构，具体内容参看图 6-14。

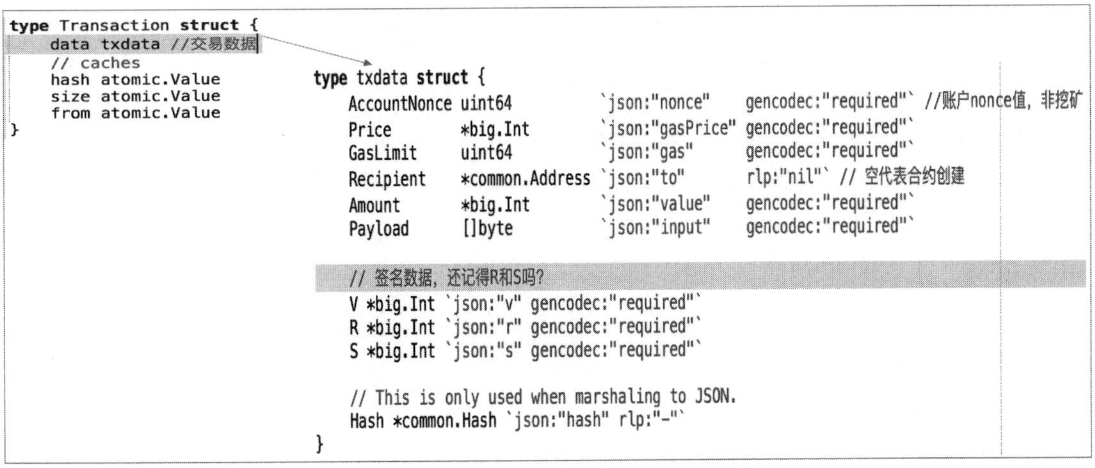

```
type Transaction struct {
    data txdata //交易数据
    // caches
    hash atomic.Value
    size atomic.Value
    from atomic.Value
}

type txdata struct {
    AccountNonce uint64          `json:"nonce"    gencodec:"required"` //账户nonce值, 非挖矿
    Price        *big.Int        `json:"gasPrice" gencodec:"required"`
    GasLimit     uint64          `json:"gas"      gencodec:"required"`
    Recipient    *common.Address `json:"to"       rlp:"nil"` // 空代表合约创建
    Amount       *big.Int        `json:"value"    gencodec:"required"`
    Payload      []byte          `json:"input"    gencodec:"required"`

    // 签名数据, 还记得R和S吗?
    V *big.Int `json:"v" gencodec:"required"`
    R *big.Int `json:"r" gencodec:"required"`
    S *big.Int `json:"s" gencodec:"required"`

    // This is only used when marshaling to JSON.
    Hash *common.Hash `json:"hash" rlp:"-"`
}
```

图 6-14　交易结构示意图

交易信息 Transaction 中最主要的内容是 txdata 数据，txdata 的信息会让我们非常亲切。Account-Nonce 是账户的交易编号值，注意此 nonce 并非 hash 函数挖矿的那个 nonce；Price 和 GasLimit 是以太坊交易的重要元素，这里不再多说；Recipient 实际是指交易收益人，为空时代表合约创建操作；Amount 代表交易的金额；对 R 和 S 我们也不陌生，它们是签名数据，V 则是用于恢复结果的 ID。

按照 Go 语言编程惯用套路，定义了结构体就该提供一个构造函数，在 transaction.go 文件内，很容易找到它的构造函数，原型如下：

```
// 交易构造函数
func NewTransaction(nonce uint64, to common.Address, amount *big.
Int, gasLimit uint64, gasPrice *big.Int, data []byte) *Transaction
```

NewTransaction 函数的参数大部分我们都会填写，或许只有 nonce 和 data 稍有疑问，data 就类似于我们的转账附言，随便填写一个信息也就可以了，nonce 代表账户交易的编号，不能重复，以太坊用它来防止同一个交易被反复执行。

想要获得账户对应的 nonce 值，可以调用 ethclient 包内 Client 结构提供的 NonceAt 方法，原型如下：

```
type Client struct {
    c *rpc.Client
}
// 连接到网络
func Dial(rawurl string) (*Client, error)
// 获取 Nonce
func (ec *Client) NonceAt(ctx context.Context, account common.Address,
blockNumber *big.Int) (uint64, error)
```

函数中 account 是要查询的账户地址，blockNumber 代表 nonce 在某个区块内的值，如果为 nil 则代表最新可用值，示例调用如下：

```
nonce, err := client.NonceAt(context.Background(), common.
HexToAddress(fromAddr), nil)
    if err != nil {
        log.Panic("Failed to NonceAt", err)
    }
```

分析到这里，我们可以做到交易创建了。但是，读者应该清楚，在区块链系统里交易是需要签名的，还需要研究如何对交易签名。笔者将 keyStore 源码的 SignTx 改造了一下，形成了 HDkeyStore 的交易签名方法。代码如下：

```
func (ks HDkeyStore) SignTx(address common.Address, tx *types.
Transaction, chainID *big.Int) (*types.Transaction, error) {
    // 交易签名
    signedTx, err := types.SignTx(tx, types.HomesteadSigner{}, ks.Key.
PrivateKey)
```

```
    if err != nil {
        return nil, err
    }
    // 验证, 签名
    msg, err := signedTx.AsMessage(types.HomesteadSigner{})
    if err != nil {
        return nil, err
    }
    sender := msg.From()
    if sender != address {
        return nil, fmt.Errorf("signer mismatch: expected %s, got %s",
address.Hex(), sender.Hex())
    }

    return signedTx, nil
}
```

可以创建交易，再对交易签名，接下来就是在网络中发送了。这方面比较简单，只要有了 Client 就可以做到，方法如下：

```
func (ec *Client) SendTransaction(ctx context.Context, tx *types.
Transaction) error
```

介绍到这里，Coin 交易的一些细节已经清楚了，现在我们整理一下实现交易调用的思路和步骤：

（1）连接到以太坊网络（ethclient.Dial）。

（2）获取 nonce 值（NonceAt）。

（3）创建交易（NewTransaction）。

（4）对交易进行签名（HDkeyStore.SignTx）。

（5）交易发送（SendTransaction）。

有了这个具体的指导后，现在将它具体实施一下。

步骤 01：设计 Coin 交易命令行参数。先把 Help 方法改变一下，增加 transfer 帮助。

```
func (c CmdClient) Help() {
    fmt.Println("./walletdevlop createwallet  -pass PASSWORD --for
create new wallet")
    fmt.Println("./walletdevlop transfer -from FROM -toaddr TOADDR
-value VALUE --for transfer from acct to toaddr")
}
```

在 Run 方法中增加 flag 的处理。

```
transfer_cmd_from := transfer_cmd.String("from", "", "FROM")
    transfer_cmd_toaddr := transfer_cmd.String("toaddr", "", "TOADDR")
    transfer_cmd_value := transfer_cmd.Int64("value", 0, "VALUE")
```

由于要支持多个命令行的解析，因此使用 switch 调整一下此前的代码。

```
//3．解析命令行参数
    switch os.Args[1] {
    case "createwallet":
        err := cw_cmd.Parse(os.Args[2:])
        if err != nil {
            fmt.Println("Failed to Parse cw_cmd", err)
            return
        }
    case "transfer":
        err := transfer_cmd.Parse(os.Args[2:])
        if err != nil {
            fmt.Println("Failed to Parse transfer_cmd", err)
            return
        }
    }
```

步骤 02：再实现一个 HDkeyStore 构造函数。因为钱包签名时不能总是新建，所以我们再编写一个 HDkeyStore 构造函数，用来支持无私钥时创建 HDkeyStore。

```
func NewHDkeyStoreNoKey(path string) *HDkeyStore {
    return &HDkeyStore{
        keysDirPath: path,
        scryptN:     keystore.LightScryptN,
        scryptP:     keystore.LightScryptP,
        Key:         keystore.Key{},
    }
}
```

步骤 03：再实现一个钱包构造函数。通过账户文件，实现钱包结构创建，为了不明文显示密码，代码中使用了"github.com/howeyc/gopass"包，以用户输入非明文方式获得密码。

```
func LoadWallet(filename, datadir string) (*HDWallet, error) {
    hdks := hdkeystore.NewHDkeyStoreNoKey(datadir)
    // 解决密码问题
    fmt.Println("Please input password for:", filename)
    pass, _ := gopass.GetPasswd()
    //filename 也是账户地址
    fromaddr := common.HexToAddress(filename)
    _, err := hdks.GetKey(fromaddr, hdks.JoinPath(filename), string(pass))
    if err != nil {
        log.Panic("Failed to GetKey ", err)
    }
```

```
    return &HDWallet{fromaddr, hdks}, nil
}
```

步骤 04：整合交易全过程，实现 transfer 方法。此步骤将之前的细节进行整合，实现 transfer 方法。

```
//Coin 转移
func (c CmdClient) transfer(from, toaddr string, value int64) error {
    //1. 钱包加载
    w, _ := wallet.LoadWallet(from, c.dataDir)
    //2. 连接到以太坊
    cli, _ := ethclient.Dial(c.network)
    defer cli.Close()
    //3. 获取 nonce
    nonce, _ := cli.NonceAt(context.Background(), common.
HexToAddress(from), nil)
    //4. 创建交易
    gaslimit := uint64(300000)
    gasprice := big.NewInt(21000000000)
    amount := big.NewInt(value)
    tx := types.NewTransaction(nonce, common.HexToAddress(toaddr),
amount, gaslimit,
        gasprice, []byte("Salary"))
    //5. 签名
    stx, err := w.HdKeyStore.SignTx(common.HexToAddress(from), tx, nil)
    if err != nil {
        log.Panic("Failed to SignTx", err)
    }
    //6. 发送交易
    return cli.SendTransaction(context.Background(), stx)
}
```

步骤 05：在 Run 方法中增加调用。

```
// 处理 Coin 转移
    if transfer_cmd.Parsed() {
        fmt.Println(*transfer_cmd_from, *transfer_cmd_toaddr, *transfer_
cmd_value)
        c.transfer(*transfer_cmd_from, *transfer_cmd_toaddr, *transfer_
cmd_value)
    }
```

步骤 06：测试调用。

由于此前 main 函数已经封装了 CmdClient 调用方法，因此直接就可以编译运行。在测试时，

245

读者应注意，由于自行创建的账户当前没有 ETH，须用已经挖到矿的账户转账给创建的账户。操作如图 6-15 所示。

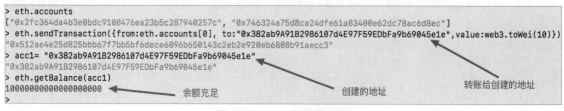

```
> eth.accounts
["0x2fc364da4b3e0bdc9100476ea23b5c287940257c", "0x746324a75d8ca24dfe61a83400e62dc78ac6d8ec"]
> eth.sendTransaction({from:eth.accounts[0], to:"0x382ab9A91B2986107d4E97F59EDbFa9b69045e1e",value:web3.toWei(10)})
"0x512ae4e25d825bbb67f7bb5bf6dece6096b650143c2eb2e920eb6808b91aecc3"
> acc1= "0x382ab9A91B2986107d4E97F59EDbFa9b69045e1e"
"0x382ab9A91B2986107d4E97F59EDbFa9b69045e1e"
> eth.getBalance(acc1)
10000000000000000000
>
```
余额充足   创建的地址   转账给创建的地址

图 6-15　Geth 转账示意图

余额充足后，可以用刚写好的代码给 0x746324a75d8ca24dfe61a83400e62dc78ac6d8ec 打点"钱"，这个地址是上图中 Geth 客户端内的第二个地址。

```
root:walletdevlop yk$ ./walletdevlop transfer -from 0x382ab9A91B2986
107d4E97F59EDbFa9b69045e1e -toaddr 0x746324a75d8ca24dfe61a83400e62dc78a
c6d8ec -value 2001
    0x382ab9A91B2986107d4E97F59EDbFa9b69045e1e 0x746324a75d8ca24dfe61a83
400e62dc78ac6d8ec 2001
    Please input password for: 0x382ab9A91B2986107d4E97F59EDbFa9b69045e1e
```

输入密码后，没有错误提示，代表转账顺利完成了，此时去 Geth 查询 0x746324a75d8ca24dfe-61a83400e62dc78ac6d8ec 余额就可以验证执行效果了，如图 6-16 所示。

```
> acc2=eth.accounts[1]
"0x746324a75d8ca24dfe61a83400e62dc78ac6d8ec"
> eth.getBalance(acc2)
2001
```

图 6-16　Geth 查询余额示意图

经过确认，这次 Coin 交易成功。

> **温馨提示**
>
> 以太坊地址可以离线创建，并非必须通过以太坊网络。

6.2.3　钱包如何支持Coin查询

刚刚实现了 Coin 转移，但还只能在 Geth 网络中查询 Coin 余额，这很不理想。很显然，钱包也要支持余额查询功能。

余额查询就相对简单多了，它只是查询以太坊网络中的数据，不涉及签名等操作。查询余额，最核心的方法是 BalanceAt，原型如下：

```
// BalanceAt returns the wei balance of the given account.
// The block number can be nil, in which case the balance is taken
```

```
from the latest known block.
    func (ec *Client) BalanceAt(ctx context.Context, account common.Address,
blockNumber *big.Int) (*big.Int, error)
```

BalanceAt 方法实际是获取账户在某个区块时的余额，当 blockNumber 传入 nil 时，代表获取最新区块中的余额，这也正是我们想要的余额。接下来的事情就简单了，还是按照前面的步骤分步实现。

步骤 01：设计 Coin 余额查询命令行参数。在 Help 方法内增加一行帮助打印。

```
fmt.Println("./walletdevlop balance -from FROM  --for get balance")
```

在 Run 方法中增加 flag 的处理。

```
balance_cmd := flag.NewFlagSet("balance", flag.ExitOnError)
balance_cmd_from := balance_cmd.String("from", "", "FROM")
```

在 switch - case 语句内增加 balance 处理的部分。

```
case "balance":
        err := balance_cmd.Parse(os.Args[2:])
        if err != nil {
            fmt.Println("Failed to Parse balance_cmd", err)
            return
        }
```

步骤 02：整合余额查询方法。这一步主要在 CmdClient 内实现 balance 方法，两步就能完成，连接到网络后调用 BalanceAt 就可以了。

```
func (c CmdClient) balance(from string) (int64, error) {
    //1. 连接到以太坊
    cli, err := ethclient.Dial(c.network)
    if err != nil {
       log.Panic("Failed to ethclient.Dial  ", err)
    }
    defer cli.Close()
    //2. 查询余额
    addr := common.HexToAddress(from)
    value, err := cli.BalanceAt(context.Background(), addr, nil)
    if err != nil {
        log.Panic("Failed to BalanceAt ", err, from)
    }
    fmt.Printf("%s's balance is %d\n", from, value)
    return value.Int64(), nil

}
```

步骤 03：在 Run 方法中增加 balance 调用。

```
// 处理 Coin 余额
    if balance_cmd.Parsed() {
        //fmt.Println(*balance_cmd_from)
        c.balance(*balance_cmd_from)
    }
```

步骤 04：测试调用。将代码编译后，输入如下命令行参数，将看到图 6-17 所示的效果，2001 正是此前 Coin 转移的数量。

```
root:walletdevlop yk$ go build
root:walletdevlop yk$
root:walletdevlop yk$
root:walletdevlop yk$ ./walletdevlop balance -from 0x746324a75d8ca24dfe61a83400e62dc78ac6d8ec
0x746324a75d8ca24dfe61a83400e62dc78ac6d8ec's balance is 2001
root:walletdevlop yk$
```

图 6-17　钱包余额示意图

6.2.4　ERC-20标准与实现

正常情况下，支持 ETH 转移和余额查询已经具备钱包的基本功能了，但是由于以太坊是支持智能合约的，因此基于以太坊平台可以有更多的玩法，利用以太坊发行项目代币（token）就是其中之一。利用代币兑换 ETH 的方式进行项目初期融资，这种行为被称为 ICO（Initial Coin Offering，首次币发行）。由于很多项目方只编写了白皮书，随便提交一些代码，就开始进行 ICO 公开募资，随着一些交易所的参与及曝光，更多的民众会参与到这种代币的购买中，但很多项目最终也是不了了之，民众获得的 token 自然也就没有了价值，变成了货真价实的空气币。

鉴于大量项目方利用 ICO 割韭菜、发空气币的行为，央行等七部委在 2017 年 9 月 4 日发布《关于防范代币发行融资风险的公告》，将该行为定性为非法。token 能够风靡一时，ICO 起到了巨大的作用，虽然 ICO 被禁止了，但 token 本身的一些技术特性仍然值得研究。以太坊社区的开发者甚至推出了一系列通用的 token 标准，众多 token 标准中使用最广泛的就是 ERC-20 和 ERC-721。

ERC-20 和 ERC-721 代表了不同的 token 标准，ERC-721 代表了非同质化 token，也就是 token 彼此是唯一的，不能互相交换，以太坊平台中最成功的游戏 CryptoKitties（加密猫）曾经把一只猫卖到 1 万多人民币，加密猫中的一只猫对应的实际上就是一个 ERC-721 代币。

ERC-20 代表的是同质化 token，相同 token 之间是完全等价、可以互换的，ICO 发行的项目代币正是 ERC-20 标准的 token。目前市面上的钱包都支持 ERC-20 标准的 token，对于我们来说，虽然 ICO 是违法的，但是在项目内部使用 token 是没有问题的，笔者认为这个 token 更像是大家熟知的积分的升级版。

下面具体介绍一下 ERC-20 标准及其实现，可以参考官方网址：https://eips.ethereum.org/EIPS/eip-20。ERC-20 的标准如下：

```solidity
//IERC20.sol
pragma solidity ^0.6.0;

interface IERC20 {
    // 查询发行量
    function totalSupply() external view returns (uint256);
    // 查询余额
    function balanceOf(address who) external view returns (uint256);
    // 授权余额查询
    function allowance(address owner, address spender) external view
returns (uint256);
    // 转账
    function transfer(address to, uint256 value) external returns (bool);
    // 授权
    function approve(address spender, uint256 value) external returns
(bool);
    // 利用授权转账
    function transferFrom(address from, address to, uint256 value)
external returns (bool);
    // Transfer 事件
    event Transfer(address indexed from, address indexed to,uint256
value);
    // approve 事件
    event Approval(address indexed owner, address indexed spender,
uint256 value);
}
```

这个 IERC20 定义了 ERC-20 标准 token 必须要实现的函数。它实际就是在合约内部实现了一个用户账本，用户的 token 持有结果在合约中能够体现，并且用户之间可以互相转移。下面我们来逐个介绍接口并实现它们。

步骤 01：数据结构定义。合约需要记录用户余额及用户授权的余额，为此我们定义 balances 和 allowed。

```solidity
pragma solidity ^0.6.0;

import "./IERC20.sol";
import "./SafeMath.sol";

contract ERC20 is IERC20 {
    // 使用安全函数
    using SafeMath for uint256;
    // 记录用户余额的结构
```

```
    mapping (address => uint256) private _balances;
      // 记录用户授权的结构 from => (to => value)
    mapping (address => mapping (address => uint256)) private _allowed;
      // 总发行量
    uint256 private _totalSupply;
    ...
}
```

步骤 02：构造函数实现。构造函数主要做一些初始化工作，也可以给 token 定义一个符号 symbol。

```
// token 名
  string public symbol;

  constructor(string memory _sym) public {
      symbol = _sym;
  }
```

步骤 03：实现 totalSupply。totalSupply 是 token 总发行量，直接返回即可。

```
function totalSupply() override public view returns (uint256) {
    return _totalSupply;
  }
```

步骤 04：实现 balanceOf。balanceOf 是用户的余额，传入一个账户地址，就可以从 mapping 中取得余额。

```
function balanceOf(address owner) override public view returns (uint256) {
    return _balances[owner];
  }
```

步骤 05：实现 approve。

approve 是授权，调用者允许 spender 从自己账户内转移 value 个 token，因此 approve 的关键就是记录调用者授权 spender 可以转移的 token 是多少，需要用两层 mapping 来记录。函数执行时，需要执行 Approval 这个事件（event）。

```
function approve(address spender, uint256 value) override public
returns (bool) {
    require(spender != address(0));

    _allowed[msg.sender][spender] = value;
    emit Approval(msg.sender, spender, value);
    return true;
  }
```

步骤 06：实现 allowance。allowance 是用来查询授权者 owner 授权给了 spender 多少个 token，

直接从 _allowed 获取就可以了。

```
function allowance(address owner, address spender) override public
view returns (uint256) {
    return _allowed[owner][spender];
}
```

步骤 07：实现 transferFrom。transferFrom 也是与授权相配合的转账函数，所谓账本，就是一个账户 token 减少，另外一个账户 token 增加。

```
function transferFrom(
    address from,
    address to,
    uint256 value
)
override
    public
    returns (bool)
{
    // 用户余额充足
    require(value <= _balances[from]);
      // 用户授权余额充足
    require(value <= _allowed[from][msg.sender]);
    require(to != address(0));
      // 划账 A-、B+
    _balances[from] = _balances[from].sub(value);
    _balances[to] = _balances[to].add(value);
    _allowed[from][msg.sender] = _allowed[from][msg.sender].sub(value);
    emit Transfer(from, to, value);
    return true;
}
```

步骤 08：实现 transfer。transfer 是 token 最关键的函数，它负责 token 的转移，转移时需要执行 Transfer 事件。

```
function transfer(address to, uint256 value) override public returns
(bool) {
    // 转出用户余额充足
    require(value <= _balances[msg.sender]);
    require(to != address(0));
      // 调整账本
    _balances[msg.sender] = _balances[msg.sender].sub(value);
    _balances[to] = _balances[to].add(value);
    emit Transfer(msg.sender, to, value);
```

```
    return true;
  }
```

步骤 09：解决 token 发行问题。

标准接口只是定义了 token 函数标准，但是并未解决发行问题，也就是说初始化时每个账户都没有 token，那么后续的任何函数都无法使用。因此，合约在实现时通常都要预设一些发行量给管理者账户，或者采用挖矿的方式发行一些 token 出来，当然挖矿的方式只能是合约的管理者来操作。我们在合约中增加管理员，这需要改造构造函数。

```
// 管理员
  address private _owner;
  constructor(string memory _sym) public {
    symbol = _sym;
    owner = msg.sender;
  }
```

利用管理员实现一个挖矿函数。

```
function mint(address to, uint256 value) public {
    require(msg.sender == owner);
    _totalSupply = _totalSupply.add(value);
    _balances[to] = _balances[to].add(value);
    emit Transfer(address(0), to, value);
  }
```

至此，ERC-20 标准合约已经实现了。接下来可以去 remix 环境运行一下试试。还记得之前讲述的操作步骤吗？先按照图 6-18 所示部署一下。

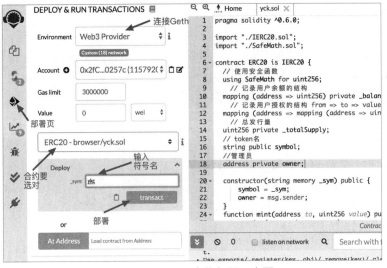

图 6-18　Token 合约部署示意图

部署后，给创建的账户发行一些 token，然后可以顺便查看一下余额（如图 6-19 所示，笔者给自己发了 10000 个 ykc）。

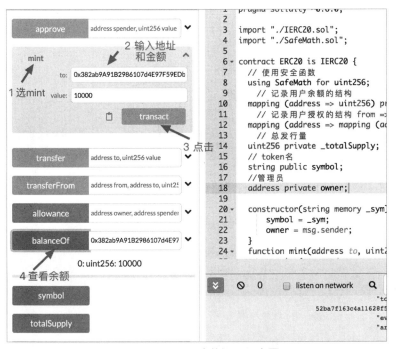

图 6-19　Token 合约调用示意图

为了方便后面编码，可以再把 ABI 拷贝出来，并将它翻译为 Go 代码，如图 6-20 所示。

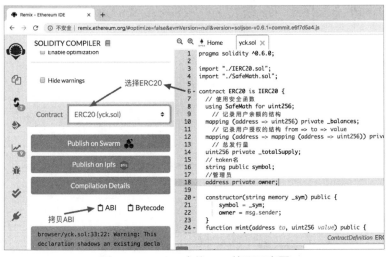

图 6-20　Token 合约 ABI 拷贝示意图

在工程内单独创建一个 sol 目录，拷贝了 abi 文件后，利用 abigen 工具获得 Go 代码，如图 6-21 所示。

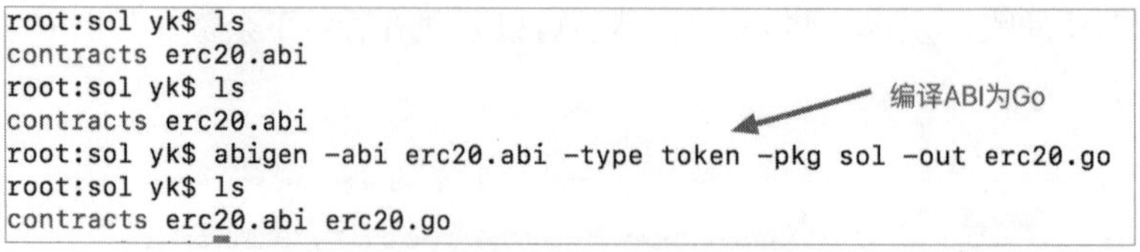

```
root:sol yk$ ls
contracts erc20.abi
root:sol yk$ ls
contracts erc20.abi                                    编译ABI为Go
root:sol yk$ abigen -abi erc20.abi -type token -pkg sol -out erc20.go
root:sol yk$ ls
contracts erc20.abi erc20.go
```

图 6-21　ABI 转换 Go 代码示意图

6.2.5　钱包如何支持token转移

介绍到这里，相信读者已经知道接下来该如何编写代码了。因为 token 就是合约，所以 token 转移也就是智能合约调用，这对我们来说并不复杂，只是把它们封装一下就可以了。整体思路还是和之前的 Coin 转移差不多，只不过 token 转移主要是针对合约调用，这与 Coin 转移略有不同。下面，还是分步骤实现，具体步骤如下。

步骤 01：设计命令行。在 Help 方法增加 token 转移的命令行帮助。

```
// 命令帮助
fmt.Println("./walletdevlop sendtoken -from FROM -toaddr TOADDR -value
VALUE --for   sendtoken")
```

在 Run 方法增加 sendtoken 的命令参数解析。

```
tokenbalance_cmd := flag.NewFlagSet("tokenbalance", flag.ExitOnError)
   //sendtoken 解析
   sendtoken_cmd_from := sendtoken_cmd.String("from", "", "FROM")
   sendtoken_cmd_toaddr := sendtoken_cmd.String("toaddr", "", "TOADDR")
   sendtoken_cmd_value := sendtoken_cmd.Int64("value", 0, "VALUE")
```

别忘了 switch 语句内也要增加 sendtoken 处理。

```
switch os.Args[1] {
  ...
   case "sendtoken":
      err := sendtoken_cmd.Parse(os.Args[2:])
      if err != nil {
         fmt.Println("Failed to Parse balance_cmd", err)
         return
      }
  ...
   }
```

步骤 02：利用 KeyStore 生成调用身份。调用身份可以用 keystore 文件生成，既然已经封装了 HDkeyStore，可以利用它调用 bind.NewKeyedTransactor 直接生成，传入参数是钱包内的私钥。

```
func (ks HDkeyStore) NewTransactOpts() *bind.TransactOpts {
```

```
return bind.NewKeyedTransactor(ks.Key.PrivateKey)
}
```

步骤 03：实现 sendtoken 方法。sendtoken 的主要步骤就是合约调用的步骤，调用时需要设置调用者身份（签名），利用钱包可以直接加载 KeyStore 并得到 TransactOpts。注意，这里需要 token 部署后的合约地址。

```
const TokenContractAddr = "0x4b6388442c218751604CC3aec7512efE850C7D15"

func (c CmdClient) sendtoken(from, toaddr string, value int64) error {
    //1. 连接到以太坊
    cli, _ := ethclient.Dial(c.network)
    defer cli.Close()
    //2. 创建 token 合约实例，需要合约地址
    token, _ := sol.NewToken(common.HexToAddress(TokenContractAddr), cli)
    //3. 设置调用身份
    //3.1. 钱包加载
    w, _ := wallet.LoadWallet(from, c.dataDir)
    //3.2 利用钱包私钥创建身份
    auth := w.HdKeyStore.NewTransactOpts()
    //4. 调用转移
    _, err := token.Transfer(auth, common.HexToAddress(toaddr), big.
NewInt(value))
    return err
}
```

步骤 04：在 Run 方法内实现调用。

```
// 处理 sendtoken
    if sendtoken_cmd.Parsed() {
        c.sendtoken(*sendtoken_cmd_from, *sendtoken_cmd_toaddr,
*sendtoken_cmd_value)
    }
```

步骤 05：测试运行。将 0x746324a75d8ca24dfe61a83400e62dc78ac6d8ec 作为收钱账户，0x382ab9A91B2986107d4E97F59EDbFa9b69045e1e 作为转出账户，此前它的账户内已经有了 10000 个 token，如图 6-22 所示。

```
root:walletdevlop yk$ ./walletdevlop sendtoken -from 0x382ab9A91B2986107d4E97F59EDbFa9b69045e1e -toaddr 0
x746324a75d8ca24dfe61a83400e62dc78ac6d8ec -value 998
Please input password for: 0x382ab9A91B2986107d4E97F59EDbFa9b69045e1e

root:walletdevlop yk$
```

图 6-22　钱包 Token 转移示意图

输入账户 0x382ab9A91B2986107d4E97F59EDbFa9b69045e1e 的密码后，token 转移将会完成，

255

此时在 remix 环境查询 0x746324a75d8ca24dfe61a83400e62dc78ac6d8ec 的余额将是 998。

6.2.6　钱包如何支持token查询

写到这里，钱包还差一个功能，就是查询 token 余额的功能。Token 余额查询与 Token 转移功能没有太大区别，只是不需要私钥就可以完成。仍然按照步骤来分步实现。

步骤 01：设计命令行。在 Help 方法增加 token 余额的命令行帮助。

```
// 命令帮助
fmt.Println("./walletdevlop tokenbalance -from FROM --for get
tokenbalance")
```

在 Run 方法增加 sendtoken 的命令参数解析。

```
tokenbalance_cmd := flag.NewFlagSet("tokenbalance", flag.ExitOnError)
   //tokenbalance 解析
   tokenbalance_cmd_from := tokenbalance_cmd.String("from", "", "FROM")
```

别忘了 switch 语句内也要增加 sendtoken 处理。

```
switch os.Args[1] {
  ...
  case "tokenbalance":
     err := tokenbalance_cmd.Parse(os.Args[2:])
     if err != nil {
        fmt.Println("Failed to Parse tokenbalance_cmd", err)
        return
     }
  ......
  }
```

步骤 02：实现 tokenbalance 方法。

```
func (c CmdClient) tokenbalance(from string) (int64, error) {
   //1. 连接到以太坊
   cli, err := ethclient.Dial(c.network)
   if err != nil {
      log.Panic("Failed to ethclient.Dial  ", err)
   }
   defer cli.Close()
   //2. 创建合约实例
   token, err := sol.NewToken(common.HexToAddress(TokenContractAddr), cli)
   if err != nil {
      log.Panic("Failed to NewToken ", err)
   }
```

```
//3. 构建 CallOpts
fromaddr := common.HexToAddress(from)
opts := bind.CallOpts{
    From: fromaddr,
}

value, err := token.BalanceOf(&opts, fromaddr)
if err != nil {
    log.Panic("failed totoken.BalanceOf ", err)
}
fmt.Printf("%s's token balance is: %d\n", from, value.Int64())
return value.Int64(), err
}
```

步骤 03：在 Run 方法内实现调用。

```
// 处理 tokenbalance
    if tokenbalance_cmd.Parsed() {
        c.tokenbalance(*tokenbalance_cmd_from)
    }
```

步骤 04：测试运行。测试此前的两个账户地址，将会看到 9002 和 998 的余额，如图 6-23 所示。

```
root:walletdevlop yk$ ./walletdevlop tokenbalance -from 0x382ab9A91B2986107d4E97F59EDbFa9b69045e1e
0x382ab9A91B2986107d4E97F59EDbFa9b69045e1e's token balance is: 9002
root:walletdevlop yk$ ./walletdevlop tokenbalance -from 0x746324a75d8ca24dfe61a83400e62dc78ac6d8ec
0x746324a75d8ca24dfe61a83400e62dc78ac6d8ec's token balance is: 998
root:walletdevlop yk$
```

图 6-23　钱包 Token 余额查询示意图

6.2.7　交易明细查询

作为一个钱包，用户交易的明细也是需要提供的，接下来给钱包增加一个 token 明细查询的功能。智能合约里并未记录 token 交易的明细，想要查询明细需要借助第 4 章介绍过的事件过滤功能，处理思路是利用 FilterLogs（ethclient）方法，查询区块内与合约地址有关的日志数据，并根据 crypto.Keccak256Hash([]byte("Transfer(address,address,uint256)")) 过滤交易事件，得到最终的 Token 交易明细。tilterLogs 的原型如下：

```
func (ec *Client) FilterLogs(ctx context.Context, q ethereum.
FilterQuery) ([]types.Log, error)
```

在使用 FilterLogs 时，需要先导入 ethereum 和 crypto 两个包。

```
"github.com/ethereum/go-ethereum"
```

```
"github.com/ethereum/go-ethereum/crypto"
```

具体处理步骤如下。

步骤 01：设计命令行。先给 Help 方法增加一个 detail 帮助。

```
fmt.Println("./walletdevlop detail -who WHO --for get tokendetail")
```

在 Run 方法内增加命令行解析设置的代码。

```
detail_cmd := flag.NewFlagSet("detail", flag.ExitOnError)
    detail_cmd_who := detail_cmd.String("who", "", "WHO")
```

同样的步骤，不要忘了 switch 语句内的处理。

```
case "detail":
        err := detail_cmd.Parse(os.Args[2:])
        if err != nil {
            fmt.Println("Failed to Parse detail_cmd", err)
            return
        }
```

步骤 02：为 CmdClient 实现一个 tokendetail 方法。为 CmdClient 增加一个 tokendetail 方法，通过输入的地址查询其交易明细。

```
func (c CmdClient) tokendetail(who string) error {
    // 1. 连接到以太坊
    cli, err := ethclient.Dial(c.network)
    if err != nil {
        log.Panic("Failed to ethclient.Dial  ", err)
    }
    defer cli.Close()
    ......
}
```

在 tokendetail 内增加日志查询的代码。在这里需要借助 FilterLogs 方法，获得交易的信息，FilterQuery 在设置过滤条件时可以指定开始区块和结束区块，例子中没有设置，代表从创世块到最后。

```
// 2. 先设置过滤条件，设为空
    query := ethereum.FilterQuery{
        Addresses: []common.Address{},
        Topics:    [][]common.Hash{{}},
    }
    // 3. 合约地址处理，这两个变量后面会使用
    cAddress := common.HexToAddress(TokenContractAddr)
    topicHash := crypto.Keccak256Hash([]byte("Transfer(address,address,uint256)"))
```

```
    // 4. 查询全部日志
    logs, err := cli.FilterLogs(context.Background(), query)
    if err != nil {
        log.Panic("failed to FilterLogs", err)
    }
```

步骤 03：日志分析。在 tokendetail 中，我们已经获得了日志，不过需要根据传入的 who\token 合约地址及上一步设置的 topicHash 进行过滤。在做这件事之前，不妨先分析一下日志，方法如下：

```
for _, v := range logs {
    data, err := v.MarshalJSON()
  //topicHash 为 Transfer 计算的 hash 值
    fmt.Printf("topicHash : [0x%x]\n", topicHash)
    fmt.Println(string(data), err, "\n\n")
}
```

日志打印会展示多条，其中与 token 合约有关的日志格式如下，判断依据是 address 等于此前部署的合约地址：

```
topicHash : [ddf252ad1be2c89b69c2b068fc378daa952ba7f163c4a11628f55a4
df523b3ef]
    {"address":"0x4b6388442c218751604CC3aec7512efE850C7D15","topics":[
"0xddf252ad1be2c89b69c2b068fc378daa952ba7f163c4a11628f55a4df523b3ef","
0x0000000000000000000000000382ab9a91b2986107d4e97f59edbfa9b69045e1e","0x
0000000000000000000000000746324a75d8ca24dfe61a83400e62dc78ac6d8ec"],"dat
a":"0x00000000000000000000000000000000000000000000000000000000000003e6"
,"blockNumber":"0x24d5e","transactionHash":"0xe09e26edca712cf378c0b21d4
59727b8cfd6fe163715b4e4a5e56e5b4839b8bb","transactionIndex":"0x0","bloc
kHash":"0xdabecc22008e3474b01fac64bcbb0779389e61888ddf424ccf4ada1204bd0
9a5","logIndex":"0x0","removed":false} < nil >
```

通过观察，可以分析出以下信息：

（1）address 为合约地址。

（2）token 合约交易时，topics 包含 3 个元素：

① topics[0] 为合约事件的 hash 值，也就是 crypto.Keccak256Hash([]byte（"Transfer(address,address,uint256)"））。

② topics[1] 为转出地址，前面补了一些 0，v.Topics[1].Bytes()[len(v.Topics[1].Bytes())-20:] 可以获得精确地址。

③ topics[2] 为接收地址，前面补了一些 0，v.Topics[2].Bytes()[len(v.Topics[2].Bytes())-20:] 可以获得精确地址。

（3）data 实际值为 3e6，转换为 10 进制数为 998，这就和之前的 token 转移对上了。

步骤 04：日志处理，获得 token 明细。

对日志进行过滤时，先判断合约地址是否与 token 的地址相同，之后判断 Topics[0] 是否为我们关注的 event 事件，获取明细时就是判断转出地址或转入地址是否为 tokendetail 方法内输入的地址。这里读者需要注意一下，以太坊地址在网络中是忽略大小写的，但是 Go 语言在字符串比较时却需要精准匹配，为此，建议读者特意使用 strings.ToUpper 统一转换为大写后再比较。最终处理日志的代码如下，将它放在 tokendetail 里就形成了明细查询方法的最终版。

```
// 5. 过滤日志
for _, v := range logs {
    if cAddress == v.Address {
        if len(v.Topics) == 3 {
            if v.Topics[0] == topicHash {
                fromF := v.Topics[1].Bytes()[len(v.Topics[1].Bytes())-20:]
                to := v.Topics[2].Bytes()[len(v.Topics[2].Bytes())-20:]
                val := big.NewInt(0)
                val.SetBytes(v.Data)
                if strings.ToUpper(fmt.Sprintf("0x%x", fromF)) ==
strings.ToUpper(who) {
                    fmt.Printf(" from : 0x%x\n to : 0x%x\n value :
-%d\n BlockNumber : %d\n",
                            fromF, to, val.Int64(), v.BlockNumber)
                }
                if strings.ToUpper(fmt.Sprintf("0x%x", to)) ==
strings.ToUpper(who) {
                    fmt.Printf("from : 0x%x\n to : 0x%x\n value :
+%d\n BlockNumber : %d\n",
                            fromF, to, val.Int64(), v.BlockNumber)
                }
            }
        }
    }
}
return nil
```

步骤 05：调用与测试。tokendetail 编写好之后，在 Run 方法内增加调用，代码如下。

```
// 处理 detail
if detail_cmd.Parsed() {
    c.tokendetail(*detail_cmd_who)
}
```

测试前，别忘了编译代码，执行明细查询时，指定一个账户地址，结果如图 6-24 所示。

```
root:walletdevlop yk$ ./walletdevlop detail -who 0x382ab9A91B2986107d4E97F59EDbFa9b69045e1e
from : 0x0000000000000000000000000000000000000000
 to : 0x382ab9a91b2986107d4e97f59edbfa9b69045e1e
 value : +10000
 BlockNumber : 150778
 from : 0x382ab9a91b2986107d4e97f59edbfa9b69045e1e
 to : 0x746324a75d8ca24dfe61a83400e62dc78ac6d8ec
 value : -998
 BlockNumber : 150878 _
```

图 6-24　Token 明细查询示意图

看到这个结果，说明明细查询正常。查询的地址此前发生了两笔交易，第一笔是 mint 挖矿转入 10000，第二笔是转出 998。

 疑难解答

No.1：Coin 与 token 交易的区别？

答：Coin 和 token 这两个概念容易混淆。Coin 是指基于区块链平台发行的本源币，如比特币、以太币，一般来说 Coin 是矿工通过算力比拼获得的系统奖励，在区块链平台交易时需要消耗这样的本源币；token 是利用智能合约，基于区块链平台发行的项目代币，区块链早期很多项目都是通过发行自己的 token 来募资（ICO），也有人会把 token 翻译为通证。

No.2：助记词与私钥的关系？

答：了解区块链的人都清楚，私钥非常重要，掌握了私钥也就相当于掌握了资产所有权。私钥是一长串无序、无规律的字符，无法被人类识别，为此钱包设计了助记词，通过助记词可以推导出私钥。因此可以认为钱包助记词等同于私钥。

No.3：钱包为什么可以支持不同 token？

答：这与智能合约的原理有关，用以太坊举例来说，合约部署后会运行在节点的 EVM 中。当想要调用合约时，必须知道合约的 ABI（函数接口）、合约地址，如果 token 都遵循一定的标准（比如 ERC-20 标准），那么对应的 ABI 接口也是相同的。因此钱包想要支持不同的 token，只要知道它对外公布的合约地址就可以了。

本章总结

本章完整地介绍了区块链钱包项目从原理到实现的全过程，内容包括钱包的关键术语、核心原理、助记词和私钥保存、Coin 交易及 token 交易等知识点。通过对本章的学习，读者可以掌握区块链钱包的开发过程，对区块链技术和项目开发会有更深刻的认知。

第7章

Go语言图片版权交易系统开发

本章导读

　　2019年国内曾经爆发了著名的视觉中国图片版权事件，时至今日，版权问题已经引起了社会的普遍关注，如何保护版权、如何快速维权变得越发重要。也是在2019年，人民网基于"fis-co-bcos"平台提供的区块链技术，推出了"人民版权"平台。很容易想到，区块链技术的不可篡改性是版权保护的最佳选择，不过，区块链技术并非仅仅有不可篡改性，从人性的角度出发，让更多的人愿意参与到版权保护中来，这是从激励角度解决问题，也是本章"图片版权交易系统"项目的核心思想。在本章，读者将接触一个复杂的区块链项目分析、设计、开发的全部流程。

知识要点

通过对本章内容的学习，您将掌握以下知识：

- 版权行业的痛点
- 区块链项目的设计思路
- 通用合约标准与实现
- ERC-721标准与实现
- echo开发框架的使用
- HTTP服务器开发的基本步骤
- 后端功能实现的细节

7.1　项目需求分析与通证设计

我们把项目名称定为"图片版权交易系统"，该项目的需求来自一个摄影师社区，摄影师在社区内进行照片分享，图片使用者可以在社区内挑选自己喜欢的图片，向分享者购买版权，购买后在自己的图文类作品中引用。本节主要介绍项目的痛点和需求分析，以及如何利用区块链思想解决行业的痛点问题，除此之外，还将详细介绍 ERC-721 标准与实现。

7.1.1　项目需求与痛点分析

这个摄影师社区的主要痛点是盗版横行，版权认定不够清楚，维权成本比较高，社区经济模式模糊。长期下去，摄影师会对社区失去信心，如果没有优秀的作品，没有商家来购买图片版权，等待社区的将是逐渐消亡。

从区块链角度思考，版权保护主要有两个出发点：其一是确权，系统内能够给用户提供完整的原创版权证明；其二是激励，除了原创作者外，可以想办法吸引更多的参与者，让他们有热情参与到版权维护中来。对于第一点，主要是记录作品的确权元素，如时间戳、作者等信息，便于版权确认，在这里不再展开讨论。我们主要讨论第二点，如何让更多的人参与，提高他们维权的积极性。

维权之路是一条漫长之路，维权的最大问题在于时间成本，耗费精力而又收效较慢。一旦发生了图片的盗版问题，可能很多作者会选择忍耐。我们没办法直接提高一个人的积极性，但是可以想办法让更多的人参与维权。经过系统确认后的图片，已经成为用户的图片资产，用户可以选择出售某个图片资产的部分所有权，这样就可以让更多人享受某个资产的收益权，一个人的版权问题也就变成了多个人的利益问题。此外，为了发现更优秀的图片，还可以在平台上设计一些玩法，如发起优秀图片投票，让平台用户参与投票，选出那些优秀的图片，这样便于图片使用者挑选。

> **温馨提示**
> 这个系统设计面向国际化，国内的法律规定艺术品类资产是不允许分割出售的。

经上述分析，除了基本的注册、登录功能外，还应为用户提供数字化的版权资产及该资产的拆分销售功能。此外，为了提升趣味性，还需要为用户提供拍卖及投票的功能，在拍卖环节实现拆分销售，在投票环节选出最好的图片，并给积极参与的用户一些奖励。最终确认一下需求范围，我们需要实现一个 B-S 结构的系统，核心功能如下：

（1）注册。

（2）登录。

（3）图片上传与版权资产颁发。

（4）拍卖。

（5）投票。

> **温馨提示**
>
> 一个系统内的实际功能远不止这些，这里列出的仅是核心部分。

7.1.2 项目整体设计

根据此前的分析，我们主要是想实现一个 HTTP 服务器。与传统的服务器不同的是，在数据存储层面，肯定要用到区块链。其实，想要完全使用区块链也是可以的，只不过由于区块链存储数据的成本太高，很多时候我们没法做到将全部数据都存储在区块链上，因此并非所有数据都可以上链。为了更好地提升服务水平，我们考虑在项目中使用区块链存储数据的同时，也使用传统的中心化数据库。从前端、后端、存储的层面看，项目的整体结构如图 7-1 所示。

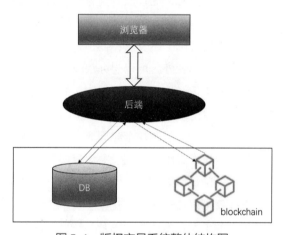

图 7-1　版权交易系统整体结构图

大方向确定后，设计者下一个要考虑的是技术选型问题，很显然后端开发语言只能选择 Go，DB 方面选择通用的 MySQL，区块链方面选择面也很广，在这里选择最熟悉的以太坊。对一个传统 App 项目来说，技术选型后或许就要进入功能设计，区块链项目会略有不同。前文也提到了，我们还要通过激励的方式去帮助原创作者，这就涉及通证设计。

什么是通证呢？通证一词来源于 token 的翻译，代表以数字形式存在的资产证明，它代表的是一种权利，一种固有和内在的价值。此前介绍过的 ERC-20，实际上也算是一种通证。有了通证的解释，很容易想到，对于原创作者来说，每一张图片都算是他的一个数字资产，也就是通证。每一张图片，都是一个单独的个体，很显然 ERC-20 标准并不适合，此前提到过的 token 标准 ERC-721 更为合理。如果设计简单一些，单独使用一个 ERC-721 标准的 token 也可以支撑图片资产的使用，但为了提升系统的黏性，鼓励更多人参与，可以再在系统内部发行一个 ERC-20 标准的通证，该通证可以兑换其他用户拥有的 ERC-721 资产。为了后面讨论方便，我们将 ERC-721 对应的通证叫作 PXA，将 ERC-20 对应的通证叫作 PXC。

除了通证，在区块链系统设计时，还要考虑一下系统参与者的角色分布。摄影师肯定是系统内最重要的角色，系统理应围绕他们来建设；图片买家也属于系统中的一类重要角色，他们是摄影师的主要收入来源；为了增加活跃性，系统内也需要设置粉丝类角色；除了这三个角色外，还应有个平台维护者的角色。

在确定了角色后，还要考虑不同角色与通证之间的关系，明确不同角色如何获得或失去相关通证。角色与资产关系见表 7-1。

表 7-1　角色行为与资产关系

角色	获得 PXC	失去 PXC	获得 PXA	失去 PXA
摄影师	出售作品	兑换	上传作品	出售作品
粉丝	充值、参与活动	恶意行为	–	–
购买者	充值	购买作品	购买作品	出售作品
平台方	交易分成	平台维护、平台活动	–	–

需要注意的是，由于 PXC 是通过充值获得的，因此我们将其与对应的法定货币锚定即可，PXA 则可以通过市场行为决定其增值还是贬值。图 7-2 清晰地显示了各角色之间与通证的关系，不过读者需要注意，角色之间是可以切换的。

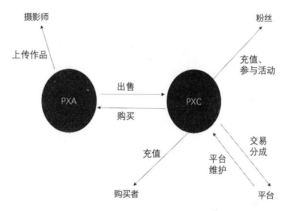

图 7-2　角色与资产关系图

7.1.3　ERC-721标准与实现

在项目需求分析与设计后，可以明确，需要实现 PXC 和 PXA 两个合约，PXC 的实现其实可以借鉴钱包中的智能合约，在本章就不再重复介绍了；PXA 要采用 ERC-721 标准。因此在这里，我们要详细介绍 ERC-721 标准并实现它。ERC-721 标准同样来源于以太坊社区讨论的结果，详细内容可以查看网址：https://eips.ethereum.org/EIPS/eip-721。

ERC-721 标准意在描述非同质化 token，每个 token 实际对应了一个独一无二的 ID（256 位），官方标准并未对这个 ID 的产生方式进行严格要求，只是提到了几种方式，如 UUID 或 hash 值都可以转化为 uint256 类型的数字。首先，我们来看看这个标准。

```
//IERC721 要求必须继承 IERC165
abstract contract IERC721 is IERC165 {
    // 转移事件：tokenID 发生转移时进行 event 通知
    event Transfer(address indexed from, address indexed to, uint256
indexed tokenId);
    // 授权事件：发生授权事件时进行通知
    event Approval(address indexed owner, address indexed approved,
uint256 indexed tokenId);
    // 全部授权事件：发生全部授权时进行通知
    event ApprovalForAll(address indexed owner, address indexed operator,
bool approved);
    // 账户余额：账户有多少个 tokenID
    function balanceOf(address owner) public view virtual returns (uint256
balance);
    // 拥有权查询：按照 tokenID 查询其归属用户
    function ownerOf(uint256 tokenId) public view virtual returns (address
owner);
    // tokenID 安全转移：转移三要素要存在
    function safeTransferFrom(address from, address to, uint256 tokenId)
public virtual;
    // tokenID 转移
    function transferFrom(address from, address to, uint256 tokenId)
public virtual;
    // 授权：这里的授权指 to 有权利将委托方的 tokenID 进行转移
    function approve(address to, uint256 tokenId) public virtual;
    // 授权查询：查询 tokenID 对应的被授权者
    function getApproved(uint256 tokenId) public view virtual returns
(address operator);
    // 全部授权：指将用户名下的所有 tokenID 进行转移
    function setApprovalForAll(address operator, bool _approved)
public virtual;
    // 查看全部授权：查看 owner 是否对 operator 赋予了全部授权
    function isApprovedForAll(address owner, address operator) public
view virtual returns (bool);
    // token 转移：注意参数与此前不同
    function safeTransferFrom(address from, address to, uint256 tokenId,
bytes memory data) public virtual;
}
```

在 Solidity 第 0.6.0 版本语法中增加了 abstract、virtual、override 关键字，定义 ERC-721 接口时我们就看到了 abstract 关键字，代表这个合约是抽象的，它只是接口定义，抽象接口内的函数都定义为 virtual。另外，在 ERC-721 接口实现时，必须继承并实现 ERC-165。

ERC-165 又是什么呢？本着安全的角度，以太坊社区经讨论形成了 165 标准，它提供的是一套检测合约的办法，可以检测到合约是否按照官方要求实现了全部对应的标准接口。它的检测方式是字节运算，通过 supportsInterface 来获取真或假以判断合约是否已经实现了标准接口，IERC-165 的接口如下：

```
interface IERC165 {
    // 主要实现此接口即可
    function supportsInterface(bytes4 interfaceId) external view returns
(bool);
}
```

读者此时的困惑或许是 interfaceId 到底为何物？别急，interfaceId 的值实际是对一个函数原型进行 hash 运算后取前 4 个字节。如果要获取 supportsInterface 的 interfaceId，那么计算方式如下：

```
// 0x01ffc9a7
bytes4(keccak256('supportsInterface(bytes4)'))
```

如果一个合约想要支持 ERC-165，也就代表它要将其内部所有标准函数都用上述的计算 interfaceId 方法计算一遍，并注册为真（使 supportsInterface 返回结果为真）。ERC-165 实现如下，_registerInterface 是为了便于实现接口注册，新增的内部方法。

```
// 实现 IERC-165 标准
contract ERC165 is IERC165 {
    // bytes4(keccak256('supportsInterface(bytes4)')) == 0x01ffc9a7
    bytes4 private constant _INTERFACE_ID_ERC165 = 0x01ffc9a7;
    // 注册接口保存
    mapping(bytes4 => bool) private _supportedInterfaces;
    // 构造函数
    constructor () internal {
        _registerInterface(_INTERFACE_ID_ERC165);
    }
    // 官方接口，验证 interfaceId 为真则代表接口已实现
    function supportsInterface(bytes4 interfaceId) external view override
returns (bool) {
        return _supportedInterfaces[interfaceId];
    }
    // 注册接口，不允许传入 0xffffffff
    function _registerInterface(bytes4 interfaceId) internal virtual {
        require(interfaceId != 0xffffffff, "ERC165: invalid interface id");
        _supportedInterfaces[interfaceId] = true;
    }
}
```

ERC-165 接口算是暂时搞定了，后面还要用到它。接着分步骤实现 ERC-721 接口。

步骤 01：数据结构定义。PXA 在实现时，需要引用 ERC165 及 IERC721，别忘了 import 对应的文件。

```
// PXA 实现
contract PXA721 is  ERC165, IERC721 {
    using SafeMath for uint256;

    // 验证接收者地址为合约时，是否支持接收 ERC721 tokenid
    bytes4 private constant _ERC721_RECEIVED = 0x150b7a02;
    // 记录 token 归属
    mapping (uint256 => address) private _tokenOwner;
    // 记录 token 授权情况
    mapping (uint256 => address) private _tokenApprovals;
    // 记录用户 token 数量
    mapping (address => uint256) private _ownedTokensCount;
    // 记录用户全部授权情况
    mapping (address => mapping (address => bool)) private _
operatorApprovals;
    ……// 未完待续
}
```

在实现构造函数时，需要把 ERC-165 标准要求的接口注册一下，也就是把 ERC-721 标准内提及的所有函数都通过 _registerInterface 接口注册一下，为了避免每个函数注册一遍，使用下面的代码更巧妙一些。

```
    /*
     *      bytes4(keccak256('balanceOf(address)')) == 0x70a08231
     *      bytes4(keccak256('ownerOf(uint256)')) == 0x6352211e
     *      bytes4(keccak256('approve(address,uint256)')) == 0x095ea7b3
     *      bytes4(keccak256('getApproved(uint256)')) == 0x081812fc
     *      bytes4(keccak256('setApprovalForAll(address,bool)')) ==
0xa22cb465
     *      bytes4(keccak256('isApprovedForAll(address,address)')) ==
0xe985e9c5
     *      bytes4(keccak256('transferFrom(address,address,uint256)'))
== 0x23b872dd
     *      bytes4(keccak256('safeTransferFrom(address,address,ui
nt256)')) == 0x42842e0e
     *      bytes4(keccak256('safeTransferFrom(address,address,uint25
6,bytes)')) == 0xb88d4fde
     *
     *      => 0x70a08231 ^ 0x6352211e ^ 0x095ea7b3 ^ 0x081812fc ^
```

```
    *           0xa22cb465 ^ 0xe985e9c ^ 0x23b872dd ^ 0x42842e0e ^
0xb88d4fde == 0x80ac58cd
    */
    bytes4 private constant _INTERFACE_ID_ERC721 = 0x80ac58cd;

    constructor () public {
        // register the supported interfaces to conform to ERC721 via
ERC165
        _registerInterface(_INTERFACE_ID_ERC721);
    }
```

步骤 02：实现 balanceOf 和 ownerOf。

由于已经使用 ownedTokensCount 记录用户的 token 数量，因此在实现 balanceOf 时，直接从 ownedTokensCount 内提取就可以了。Solidity 自 0.6.0 版本后增加了 override 关键字，用于重载函数。

```
function balanceOf(address owner) public view override returns (uint256) {
        require(owner != address(0), "ERC721: balance query for the
zero address");

        return _ownedTokensCount[owner];
    }
```

借助 _tokenOwner 这个 mapping 同样可以很容易实现 ownerOf，不过在处理时最好判断一下 owner 是否真实存在。

```
function ownerOf(uint256 tokenId) public view override returns (address) {
        address owner = _tokenOwner[tokenId];
        require(owner != address(0), "ERC721: owner query for nonexistent
token");

        return owner;
    }
```

步骤 03：实现 approve 和 getApproved。approve 的功能是授权，对应就是更新 tokenApprovals 这个 mapping。可以先实现一个仅限内部调用的函数 approve，代码如下：

```
function _approve(address to, uint256 tokenId) private {
        _tokenApprovals[tokenId] = to;
        emit Approval(ownerOf(tokenId), to, tokenId);
    }
```

此后再来实现 approve，它需要检测确认 tokenId 的所有者必须是调用者，只有这样它才能够授权。

```
function approve(address to, uint256 tokenId) public virtual override {
```

```
        address owner = ownerOf(tokenId);
        require(to != owner, "ERC721: approval to current owner");
        require(msg.sender == owner ,
            "ERC721: approve caller is not owner nor approved for all"
        );

        _approve(to, tokenId);
    }
```

getApproved 用来查看授权情况，因此直接返回 _tokenApprovals 内 tokenId 对应的账户地址就可以了。

```
    // 判断 tokenId 是否存在，也就是是否归属于某用户
    function _exists(uint256 tokenId) internal view returns (bool) {
        address owner = _tokenOwner[tokenId];
        return owner != address(0);
    }
    function getApproved(uint256 tokenId) public view override returns
(address) {
        require(_exists(tokenId), "ERC721: approved query for nonexistent
token");

        return _tokenApprovals[tokenId];
    }
```

步骤 04：实现 setApprovalForAll 和 isApprovedForAll。setApprovalForAll 的设置属于全权委托，这样设置后，operator 可以操作 owner 的所有资产。进行全部授权设置，其实也就是更新 _operatorApprovals 这个 mapping。

```
    function setApprovalForAll(address operator, bool approved) public
virtual override {
        require(operator != msg.sender, "ERC721: approve to caller");

        _operatorApprovals[msg.sender][operator] = approved;
        emit ApprovalForAll(msg.sender, operator, approved);
    }
```

isApprovedForAll 的实现也很简单，只是返回 _operatorApprovals 这个两层 mapping 中 owner 与 operator 对应的值。

```
    function isApprovedForAll(address owner, address operator) public
view override returns (bool) {
        return _operatorApprovals[owner][operator];
    }
```

步骤 05：实现 transferFrom。

transferFrom 在实现时，需要将 tokenId 的所有权替换，同时别忘了更新对应账户的 tokenId 数量。在转移前，需要先确认调用者是否拥有对该 tokenId 的操作权。为此，先实现一个 _isApprovedOr-Owner 函数。

```
    function _isApprovedOrOwner(address spender, uint256 tokenId) internal
view returns (bool) {
        require(_exists(tokenId), "ERC721: operator query for nonexistent
token");
        address owner = ownerOf(tokenId);
        return (spender == owner || getApproved(tokenId) == spender
|| isApprovedForAll(owner, spender));
    }
```

为了扩展性的需要，同样实现一个内部函数 _transferFrom 完全转移操作。

```
function _transferFrom(address from, address to, uint256 tokenId)
internal virtual {
        require(ownerOf(tokenId) == from, "ERC721: transfer of token
that is not own");
        require(to != address(0), "ERC721: transfer to the zero address");
        // 别忘了转移后要清空授权
        _approve(address(0), tokenId);
            // 更新用户余额
        _ownedTokensCount[from] -= 1;
        _ownedTokensCount[to] += 1;
            // 更改所有权
        _tokenOwner[tokenId] = to;
            // 事件通知
        emit Transfer(from, to, tokenId);
    }
```

准备好之后，可以完成一个 transferFrom 函数。

```
function transferFrom(address from, address to, uint256 tokenId) public
virtual override {
        // 判断是否有权限操作
        require(_isApprovedOrOwner(msg.sender, tokenId),
            "ERC721: transfer caller is not owner nor approved");
        // 调用内部转移函数
        _transferFrom(from, to, tokenId);
    }
```

步骤 06：实现 safeTransferFrom。

safeTransferFrom 比 transferFrom 更安全一些，这个安全体现在 safeTransferFrom 参数 to 可能是一个合约地址。因此我们需要先判断出一个地址是否为合约，这需要借助内联汇编语法，也就是 assembly 代码段。它的思路也非常简单，用 extcodesize 来计算一个地址是否拥有代码，如果代码长度超过 0，则代表是一个合约地址。

```
function isContract(address addr) internal view returns (bool) {
    uint256 size;
    // 内联汇编语法，计算地址对应的代码长度
    // 如果为合约，代码长度会大于 0
    assembly { size := extcodesize(addr) }
    return size > 0;
}
```

如果确定了 to 为一个合约，那么需要进一步判断 to 对应的合约是否具备接收 tokenId 的资格。这个资格判定主要是 to 是否实现了 IERC721Receiver 接口，其内部只有一种方法 onERC721Received。该接口如下：

```
abstract contract IERC721Receiver {
    function onERC721Received(address operator, address from, uint256 tokenId, bytes memory data)
    public virtual returns (bytes4);
}
```

接下来实现一个 checkOnERC721Received 函数，来判断某合约地址是否实现了 IERC721Receiver，这里主要借助 to.call(abi.encodeWithSelector(...)) 调用来获取返回值，如果调用成功，可以再判断前 4 个字节数据是否与 ERC721_RECEIVED 相同，相同则表示对方确实支持 ERC-721 这种 tokenId 的接收。

```
function _checkOnERC721Received(address from, address to, uint256 tokenId, bytes memory _data)
        private returns (bool)
    {
        if (!isContract(to)) {
            return true;
        }
        // 判断对方是否实现了 IERC721Receiver 接口
        // 只有实现了 IERC721Receiver 接口，才可以接收 ERC-721 标准的 token
        (bool success, bytes memory returndata) = to.call(abi.encodeWithSelector(
            IERC721Receiver(to).onERC721Received.selector,
            msg.sender,
```

```
        from,
        tokenId,
        _data
    ));
    if (!success) {
        revert("ERC721: transfer to non ERC721Receiver implementer");
    } else {
        bytes4 retval = abi.decode(returndata, (bytes4));
        return (retval == _ERC721_RECEIVED);
    }
}
```

准备了这么多，终于可以把安全转移的函数实现完成。

```
// 内部调用接口
    function _safeTransferFrom(address from, address to, uint256 tokenId,
bytes memory _data) internal virtual {
        _transferFrom(from, to, tokenId);
        // 检测对方是否支持接收 ERC-721 的 token
        require(_checkOnERC721Received(from, to, tokenId, _data),
"ERC721: transfer to non ERC721Receiver implementer");
    }
// tokenId 安全转移
    function safeTransferFrom(address from, address to, uint256 tokenId)
public virtual override {
        // 检测是否具备转移权限
        require(_isApprovedOrOwner(msg.sender, tokenId),
            "ERC721: transfer caller is not owner nor approved");
        // 调用内部接口
        _safeTransferFrom(from, to, tokenId, "");
    }
```

至此，我们已经把 ERC-721 标准实现了一遍。别忘了之前的设计，还要对这个资产 ID，也就是 tokenId 进行分割拍卖处理。因此，需要对 ERC-721 标准进行改造，以支持我们的个性化需求。

为了体现出一个 tokenId 可以被分割出售，我们设定一个 tokenId 最多可以分割 100 份，用户可以出售其拥有的任意份数，当其掌握一个 tokenId 的全部份额时，他才会获得该 tokenId 的所有权。用户获得的不完整资产通过一个 SplitAsset 来描述，我们为其定义下面的结构。

```
struct SplitAsset {
    uint256 weight;      // 掌握份额
    uint256 orgTokenID; // 原始 tokenId
}
```

另外，为了支持资产拍卖，需要定义一下原始 tokenId 对应的价格，这个价格可以随着拍卖的变化而变化。

```
// 定义原始 tokenId 的价格
    mapping (uint256 => uint256) private _tokenPrice;
    // 新 tokenId 对应的资产情况
    mapping (uint256 => SplitAsset) private _tokenSplitAsset;
        // 创建资产分割函数，仅限内部调用
        function _newSplitAsset(uint256 tokenId, uint256 weight)
internal {
            SplitAsset memory a = SplitAsset(tokenId, weight);
            _tokenSplitAsset[tokenId] = a;
        }
```

接下来，我们可以实现一个 uploadMint 函数，通过挖矿的形式赠予用户 tokenId，这也同时解决了 tokenId 的产生问题。

```
// 挖矿内部函数
    function _mint(address to, uint256 tokenId) internal virtual {
        require(to != address(0), "ERC721: mint to the zero address");
        require(!_exists(tokenId), "ERC721: token already minted");
        _tokenOwner[tokenId] = to;
        _ownedTokensCount[to]++;
        emit Transfer(address(0), to, tokenId);
    }
    // 安全挖矿，to 若为合约，必须实现了 OnERC721Received
    function _safeMint(address to, uint256 tokenId, bytes memory _
data) internal virtual {
        _mint(to, tokenId);
        require(_checkOnERC721Received(address(0), to, tokenId, _
data), "ERC721: transfer to non ERC721Receiver implementer");
    }
    // 上传即挖矿
    function uploadMint(address to, uint256 tokenID) external {
        _safeMint(to, tokenID, "");
        uint256 newTokenID = uint256(keccak256(abi.encode(tokenID, to)));
        _newSplitAsset(newTokenID, 100);
    }
```

最后，再实现一个部分转移的函数就行了。在实现时，需要对新 tokenId 如何产生设计一下，公式如下：

```
uint256 tokenID = uint256(keccak256(abi.encode(orgtokenId,
address)));
```

　　谁要获取原始 tokenId 的部分份额，那么用 orgtokenId 加上其地址计算 hash 再强转，就可以获得一个新的 tokenId，这样设计的好处是一个用户针对一个原始 orgtokenId 只会产生一个新 tokenId，当用户购买很多份额时，便于合并，同时也有利于查找，毕竟合约内生成的 tokenId 不好记录。

```
function partTransferFrom(address from, address to, uint256 orgtokenId,
uint256 weight, uint256 price) canTransfer(orgtokenId, from) external {
      // 推导新 tokenId
      uint256 tokenID = uint256(keccak256(abi.encode(orgtokenId, to)));
      uint256 fromTokenID = uint256(keccak256(abi.encode(orgtokenId,
from)));
      require(weight < 100 && weight > 0, "weight must between 0
and 100");
      require(_tokenSplitAsset[fromTokenID].weight >= weight) ;
      // 份额调整
        _tokenSplitAsset[tokenID].weight += weight;
      _tokenSplitAsset[fromTokenID].weight -= weight;
      // 如果转移方还有份额则更新，否则清 0
        if (_tokenSplitAsset[fromTokenID].weight > 0) {
          _tokenOwner[fromTokenID] = from;
      } else {
          _tokenOwner[fromTokenID] = address(0);
      }
        // 设立新 tokenId 所有权
      _tokenOwner[tokenID] = to;
        // 如果用户持有 100 份，则获得原始 tokenId 所有权
      if (_tokenSplitAsset[tokenID].weight == 100) {
          _tokenOwner[orgtokenId] = to;
      }
        // 调整价格
      _tokenPrice[orgtokenId] = price;
   }
```

　　既然新 tokenId 的生成原则确定了，我们顺便实现一个根据原始 tokenId+ 地址获得新 tokenId 的函数。

```
function getSplitToken(uint256 orgTokenID, address owner) external
view returns (uint256) {
      return uint256(keccak256(abi.encode(orgTokenID, owner)));
   }
```

　　至此，项目的合约部分全部完成了。

7.2　项目核心功能实现

在 7.1 节，我们已经完成了项目的需求分析和设计，在设计时使用了通证激励的思想，并且完成了智能合约的编码实现。在本节，我们将详细介绍项目的核心功能实现。

7.2.1　Go语言Echo框架搭建

在前文已经明确，本项目是一个 B-S 结构的项目，也就是说要实现一个 Web 服务器。Web 开发恰恰是 Go 语言应用的一个主要方向，Go 语言本身就有原生的 http 包，但是原生 http 包在开发上还是不如开源框架便捷。Go 语言的 Web 开源框架很多，如 Gin、Echo、Beego、Iris、Revel、Buffalo 等，根据标题读者应该知道，我们项目中将会采用 Echo 框架。

站在开发者的角度，选择每个框架都会有一些理由，选择 Echo 主要是因为它的高性能和简洁性。程序员都喜欢简单的事情，Echo 正好符合我们的口味。接下来，介绍一下 Echo 框架的安装和简单使用。安装教程可以参考官方教程：https://echo.labstack.com/guide。

说到这里，笔者也要吐槽一下，Echo 框架确实做到了极简，连介绍都有些简单。在没有"go mod"（Go 语言包管理工具）前，安装 Echo 这样的框架还真有些麻烦，因为它引用了 golang.org/x 下的一些包，而 golang.org 的资源在国内是无法直接下载的。此前的开发者都是借助 GitHub 下载 golang.org/x 包，并将下载的包放到 GOPATH 对应的目录下，这确实有点麻烦。在 Go 语言支持了 module 模式后，开发者再也不用担心安装依赖包的问题了。当然，即使使用"go mod"，Go 安装程序仍然需要去访问 golang.org，"go mod"可以通过设置代理解决这个问题，全球范围内有多家"go mod"镜像代理服务商（https://goproxy.io 就是其一），为广大开发者提供免费服务。在终端上，执行下面两条命令就可以完成"go mod"使用设置。

Mac/Linux 用户设置如下：

```
export GO111MODULE="on"
export GOPROXY="https://goproxy.io"
```

Windows 用户设置如下：

```
$env:GO111MODULE="on"
$env:GOPROXY="https://goproxy.io"
```

Echo 官方的示例教程非常简单，代码如下：

```
package main

import (
    "net/http"
    "github.com/labstack/echo/v4"
)
```

```go
func main() {
    // 创建 echo 对象
    e := echo.New()
    // 设置根目录请求服务
    e.GET("/", func(c echo.Context) error {
        return c.String(http.StatusOK, "Hello, World!")
    })
    // 服务启动
    e.Logger.Fatal(e.Start(":1323"))
}
```

这段代码交代了 Echo 框架的基本使用方式，"github.com/labstack/echo/v4"代表 Echo 框架目前是 V4 版本。在代码中，需要先使用 echo.New() 创建一个对象，利用这个对象可以设置基本的路由服务，最后再用 Start 方法就可以启动 Web 服务器了。运行这段代码，将会看到图 7-3 所示的效果。

在浏览器中输入：http://localhost:1323/，可以看到图 7-4 所示的效果。

图 7-3　Echo 启动效果图

图 7-4　浏览器请求效果图

正常情况下，在项目框架搭起来的同时，也应该完成数据库的设计及初始工作。由于数据库设计不是我们讨论的重点，因此涉及数据库的部分我们会直接使用，不会占用过多篇幅。

下面，我们用 Echo 来搭建版权交易系统的开发框架。除了正常的 HTTP 服务外，Echo 还为开发者提供了一些中间件功能，如日志处理、故障恢复和传输过程进行压缩等。创建一个工程目录（笔者的目录为"go-copyright-p2"），并填写如下代码到 main.go。

```go
package main

import (
    "github.com/labstack/echo/v4/middleware"
    "github.com/labstack/echo/v4"
)

var Pecho *echo.Echo //echo 框架对象全局定义
func main() {
    // 创建 echo 对象
```

```
    Pecho = echo.New()
    // 安装日志中间件
    Pecho.Use(middleware.Logger())
    // 安装故障恢复中间件
    Pecho.Use(middleware.Recover())
    // 在传输时使用压缩中间件
    Pecho.Use(middleware.GzipWithConfig(middleware.GzipConfig{
        Level: 5,
    }))
    Pecho.Logger.Fatal(Pecho.Start(":9527")) // 启动服务
}
```

需要注意，在一个 B-S 项目中，需要有前端和后端。我们的重心放在后端实现上，前端的部分在这里不做详细讨论。但前端的代码需要融合进整个项目中，对于 Echo 来说，html、css、js 这类文件属于静态文件，Echo 有专门的处理办法，只需要用 Static 来设置一下就可以了，Static 原型如下：

```
// 静态文件服务
Static(prefix, root string)
```

对于本项目来说，前端文件的目录结构如图 7-5 所示。

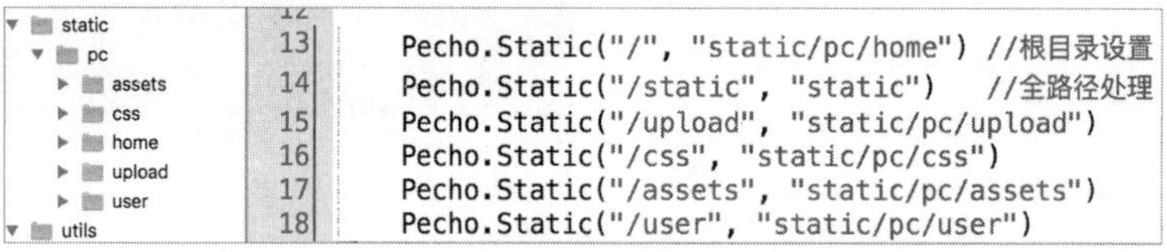

图 7-5　目录结构示意图

我们将整个 static 目录放在我们项目的根目录下，统一为其编写一套静态文件服务的处理原则。

```
func staticFile() {
    Pecho.Static("/", "static/pc/home")  // 根目录设置
    Pecho.Static("/static", "static")    // 全路径处理
    Pecho.Static("/upload", "static/pc/upload")
    Pecho.Static("/css", "static/pc/css")
    Pecho.Static("/assets", "static/pc/assets")
    Pecho.Static("/user", "static/pc/user")
    Pecho.Static("/contents", "static/contents") // 图片上传后的保存路径
}
```

服务器端正常通过 HTTP 协议与浏览器进行交互，但 HTTP 的响应码不足以满足一个庞大应用的描述需求。因此，一般开发者都会单独设计一套消息接口，作为 HTTP 响应消息的一部分发送给前端。我们在工程中创建一个 utils 目录，并在目录内创建一个 util.go 文件，在文件内增加如下的消息结构。

```
package utils
type Resp struct {
    Errno  string       `json:"errno"` // 错误编码
    ErrMsg string       `json:"errmsg"` // 消息
    Data   interface{} `json:"data"` // 消息携带数据，interface 代表可以是
任意形式
}
```

有了这个结构后，一般还要预定义一些可以预见的错误码及其对应的错误信息，为了不太占用
篇幅，笔者声明了以下几个错误编码：

```
const (
    RECODE_OK        = "0"
    RECODE_DBERR     = "4001"
    RECODE_LOGINERR  = "4002"
    RECODE_PARAMERR  = "4003"
    RECODE_SYSERR    = "4004"
    RECODE_ETHERR    = "4105"
    RECODE_UNKNOWERR = "4106"
)
var recodeText = map[string]string{
    RECODE_OK:        " 成功 ",
    RECODE_DBERR:     " 数据库操作错误 ",
    RECODE_LOGINERR:  " 用户登录失败 ",
    RECODE_PARAMERR:  " 参数错误 ",
    RECODE_SYSERR:    " 系统错误 ",
    RECODE_ETHERR:    " 与以太坊交互失败 ",
    RECODE_UNKNOWERR: " 未知错误 ",
}
// 通过编码获得对应信息
func RecodeText(code string) string {
    str, ok := recodeText[code]
    if ok {
        return str
    }
    return recodeText[RECODE_UNKNOWERR]
}
```

为了测试一下 utils 的效果，我们再创建一个 routes 目录，在 routes 目录下创建一个 route.go 文
件，并实现一个测试路由服务。按照官方例子，hello 的服务代码如下：

```
func hello(c echo.Context) error {
    return c.String(http.StatusOK, "Hello, World!")
}
```

我们需要将 hello 改造一下，响应消息方面替换为我们的 Resp 结构。在 route.go 内引用 utils 包和 echo 包，再实现一个响应消息函数 ResponseData，这个 ResponseData 函数以后的出镜率将会非常高。

```
package routes

import (
    "net/http"

    "github.com/labstack/echo/v4"
    "github.com/yekai1003/go-copyright-p2/utils"
)
//resp 数据响应
func ResponseData(c echo.Context, resp *utils.Resp) {
    resp.ErrMsg = utils.RecodeText(resp.Errno)
    c.JSON(http.StatusOK, resp)
}
```

这个时候可以把 hello 改成 PingHandler，在其中使用 ResponseData 响应消息。

```
// 测试路由服务
func PingHandler(c echo.Context) error {
    var resp utils.Resp
    resp.Errno = utils.RECODE_OK
    defer ResponseData(c, &resp)
    return nil
}
```

回到 main.go 文件，在 main 函数中增加路由规则。

```
staticFile() // 静态文件处理调用
    Pecho.GET("/ping", routes.PingHandler) // 路由测试函数
```

编译并启动服务后，在浏览器请求主页将会看到主页显示，如图 7-6 所示。

图 7-6　主页示意图

请求一下 http://localhost:9527/ping，将会看到图 7-7 所示的效果。

```
{"errno":"0","errmsg":"成功","data":null}
```

图 7-7　ping 测试效果图

写到这里，工程的架子才算是搭建完成了。

7.2.2　注册实现

注册是日常开发中最为常见的一个功能，它的基本流程是用户在浏览器填写好个人信息，通过 HTTP 协议发送给服务器端，服务器端通过路由规则接收到注册请求后，先要解析请求消息，然后将注册内容填写到数据库中，最后组织一个响应消息返回给浏览器，其中任何一个环节有问题，浏览器都会收到注册失败的响应消息，具体流程如图 7-8 所示。

图 7-8　传统注册流程图

由于我们的系统是基于区块链平台来建设的，因此在注册时需要再增加一个环节，为用户创建一个以太坊账户，修改后注册流程如图 7-9 所示。

图 7-9　新注册流程图

之所以在操作 DB 前创建以太坊账户，是为了把创建后的账户地址写入数据库中。大致思路清楚后，下面来分步骤实现注册功能。

步骤 01：数据库初始化。本步骤先完成数据库表 t_user 的创建，由于此前数据库没有创建，顺便创建一下。

```sql
drop database if exists copyright;
create database copyright character set utf8;
use copyright
-- 创建用户表
create table t_user
(
    user_id             int not null primary key auto_increment,
```

```
    email                varchar(50),
    username             varchar(30),
    password             varchar(100),
    address              varchar(256)
);
```

步骤 02：完成数据库写入功能。在工程内创建一个 dbs 目录，并在 dbs 目录内创建一个 db.go 文件。在 db.go 内先增加导入包，并定义 User 结构体。

```
package dbs

import (
    "database/sql"
    "fmt"

    _ "github.com/go-sql-driver/mysql"
)
// 用户表结构
type User struct {
    Email    string `json:"email"`
    Password string `json:"identity_id"`
    UserName string `json:"username"`
    Address  string `json:"address"`
}
```

定义一个全局连接句柄 DBConn，使用 init 函数完成数据库的连接初始化。

```
// 数据库连接的全局变量
var DBConn *sql.DB
//init 函数在本包被其他文件引用时自动执行，并且整个工程只会执行一次
func init() {
    DBConn = InitDB("admin:123456@tcp(127.0.0.1:3306)/
copyright?charset=utf8", "mysql")
}
// 初始化数据库连接
func InitDB(connstr, Driver string) *sql.DB {
    db, err := sql.Open(Driver, connstr)
    if err != nil {
        panic(err.Error())
    }

    if err != nil {
        panic(err.Error()) // proper error handling instead of panic
in your app
```

```
    }
    return db
}
```

为 User 结构增加一个 Add 方法。

```
func (u User) Add() error {
    _, err := DBConn.Exec("insert into t_user(email, username, password,
address) values(?,?,?,?)",
        u.Email, u.UserName, u.Password, u.Address)
    if err != nil {
        fmt.Println("failed to insert t_user ", err)
        return err
    }
    return err
}
```

步骤 03：封装账户创建方法。创建以太坊账户有很多选择，可以调用以太坊提供的 RPC 接口，也可以使用在第六章完成的钱包功能。先在工程内创建一个 eths 目录，并且在目录下增加一个 acc.go 文件，在文件内实现一个 NewAcc 方法。

```
package eths

import (
    "fmt"

    "github.com/yekai1003/blockchainwithme/walletdevlop/wallet"
)
// 创建账户功能
func NewAcc(pass string) (string, error) {
    // 调用钱包创建
    w, err := wallet.NewWallet("./data")
    if err != nil {
        fmt.Println("failed to NewWallet", err)
    }
    // 存储私钥
    err = w.StoreKey(pass)
    if err != nil {
        fmt.Println("failed to StoreKey", err)
    }
    return w.Address.Hex(), nil
}
```

步骤 04：组装 route 功能。

HTTP 服务器的特点是每一个请求都会有一个路由服务，我们要为 "/register" 请求提供一个

Register 函数，在 Register 内部，实现的就是整个注册的业务逻辑，需要解析数据，创建账户，保存到数据库，返回响应消息。

在实现 Register 函数时，一个关键点是与前端确定接口，其实在数据库表确定时，这个接口基本就确定了。观察 User 结构，需要用户提供的数据是用户名、邮箱和密码，账户地址是我们注册时自动生成的。这样也就确定了接口是 username、email、identity_id，我们希望前端将这三个信息以 json 的形式发起请求。在 Echo 中，解析 json 数据很方便，直接使用 echo.Context 对象的 Bind 函数就可以了。下面的代码就可以完成解析接口数据的功能：

```
//2. 解析数据
   // 注意前端消息要与接口字段名完全对应
   user := &dbs.User{}
   if err := c.Bind(user); err != nil {
       fmt.Println(user)
       resp.Errno = utils.RECODE_PARAMERR
       return err
   }
```

各个环节都清楚了，将 Register 组装一下，就形成了下面的代码：

```
// 注册功能 POST:/register {"email","username","identity_id"}
func Register(c echo.Context) error {
   //1. 响应数据结构初始化
   var resp utils.Resp
   resp.Errno = utils.RECODE_OK
   defer ResponseData(c, &resp)
   //2. 解析数据
   user := &dbs.User{}
   if err := c.Bind(user); err != nil {
       resp.Errno = utils.RECODE_PARAMERR
       return err
   }
   //3. 创建账户
   acc, err := eths.NewAcc(user.Password)
   if err != nil {
       resp.Errno = utils.RECODE_ETHERR
       return err
   }
   user.Address = acc
   //4. 操作 mysql- 增加用户
   err = user.Add()
   if err != nil {
       resp.Errno = utils.RECODE_DBERR
       return err
```

```
        }
        resp.Data = acc
        return nil
}
```

别忘了，Register 函数引用了 eths 和 dbs 包，需要在 route.go 文件中导入下面两个包。

```
"github.com/yekai1003/go-copyright-p2/dbs"
    "github.com/yekai1003/go-copyright-p2/eths"
```

Register 实现后，别忘了在 main 函数内加入路由规则，这样用户注册时，就可以触发 Register 函数了。注册要使用 POST 方法，对应的请求路径为 "/register"。

```
Pecho.POST("/register", routes.Register) // 注册函数
```

步骤 05：测试注册功能。在服务启动后，如果有前端页面，可以借助前端页面测试，在页面不存在的情况下可以借助 CURL 进行测试。测试命令如下：

```
curl -H "Content-type: application/json" -X POST -d
'{"email":"yekai@bc.com","username":"yekai","identity_id":"123"}'
"http://localhost:9527/register"
```

返回结果：

```
{"errno":"0","errmsg":" 成功 ","data":"0x865d84750b39d5870a3cec5a1f40A
6cdBeC4C018"}
```

当然了，看到成功未必就代表一定成功，还要去检查一下数据库，如图 7-10 所示。

```
MariaDB [copyright]> select * from t_user;
+---------+---------------+----------+----------+------------------------------------------------+
| user_id | email         | username | password | address                                        |
+---------+---------------+----------+----------+------------------------------------------------+
|       1 | yekai@bc.com  | yekai    | 123      | 0x865d84750b39d5870a3cec5a1f40A6cdBeC4C018     |
+---------+---------------+----------+----------+------------------------------------------------+
1 row in set (0.001 sec)
```

图 7-10　注册后数据库检测结果示意图

有点尴尬，密码竟然是明文存储的，想要把它变成密文其实也不难，使用 hash 函数处理一下就好了，这点小事难不住聪明的读者。

7.2.3　登录与session处理

登录和注册一般都是相伴相生的。所谓登录，也就是将用户传递过来的用户名和密码在数据库中进行查询，如果查询到结果就说明用户名及密码正确，可以登录，否则代表用户名或密码不正确，不允许登录。它的流程基本与注册类似，只不过不需要创建账户。登录的流程如图 7-11 所示。

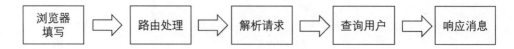

图 7-11 登录流程图

用户请求登录时，需要传递过来用户名和密码，接口也直接确定了，在解析时我们完全可以 copy 注册时的解析代码。确认用户名和密码是否正确，需要在 db.go 中增加一种查询方法。

```go
func (u *User) Query() (bool, error) {
    // 查询处理
    rows, err := DBConn.Query("select email,address from t_user where
username=? and password=?",
        u.UserName, u.Password)
    if err != nil {
        fmt.Println("failed to select t_user ", err)
        return false, err
    }
    // 有结果集
    if rows.Next() {
     // 扫描结果集到用户资料中
        err = rows.Scan(&u.Email, &u.Address)
        if err != nil {
            fmt.Println("failed to scan select t_user ", err)
            return false, err
        }
        return true, nil
    }
    return false, err
}
```

剩下的事情就是路由服务组装。

```go
// 登录 POST:/login {"username","identity_id"}
func Login(c echo.Context) error {
    //1. 响应数据结构初始化
    var resp utils.Resp
    resp.Errno = utils.RECODE_OK
    defer ResponseData(c, &resp)
    //2. 解析数据
    user := &dbs.User{}
    if err := c.Bind(user); err != nil {
        resp.Errno = utils.RECODE_PARAMERR
        return err
```

```
}
//3. 查询用户信息
ok, err := user.Query()
if err != nil {
    resp.Errno = utils.RECODE_DBERR
    return err
}
if !ok {
    resp.Errno = utils.RECODE_LOGINERR
}
return nil
}
```

别忘了，在 main 函数内增加 /login 对应的路由规则，它仍然是一种 POST 方法。

```
Pecho.POST("/login", routes.Login)          // 登录函数
```

接下来测试一下登录，同样使用 CURL 测试，请求消息与结果如下：

```
root:~ yk$ curl  -H "Content-type: application/json" -X POST -d
'{"username":"yekai","identity_id":"123"}' "http://localhost:9527/login"
{"errno":"0","errmsg":" 成功 ","data":null}
```

这样的登录功能并不能算是完结了，因为 HTTP 请求是彼此独立的，无法体现出用户的状态信息。换句话说，我们不能够确定一个请求是否为已经登录用户发起的请求。对于这个问题，已经有非常成熟的解决方案，比较常见的是使用 session 和 cookie。session 通常理解为会话，这里的 session 是指将用户登录的状态在服务器进行缓存，此时服务器需要为每个客户端分配独立的 sessionid，浏览器为了配合这件事情还要在浏览器端记录这个 sessionid，每次发起请求时都要携带这个 sessionid，这样服务器端就可以识别不同的客户端了，浏览器保存数据的这种机制正是 cookie。

在 Echo 框架中是支持 session 的，不过它是以中间件的形式实现的，令人遗憾的是笔者在尝试 V4 版本时，发现使用 session 的官方教程会报错。这些小事情难不住开发者，Echo 本身使用的也是 "github.com/gorilla/sessions" 工具包内的 session 功能，大不了直接在项目中使用就行了。

在 route.go 中引用 "github.com/gorilla/sessions" 包，然后定义一个 sessions.CookieStore 类型的全局变量，并在 init 函数内初始化它。

```
// 定义 session 全局变量
var session *sessions.CookieStore
// 通过 init 对 session 进行初始化
func init() {
    session = sessions.NewCookieStore([]byte("secret"))
}
```

初始化完成后，在登录时需要对 session 进行保存，否则在服务器端看来客户端还是处于无状态模式。在 Login 函数内，增加如下代码就可以了。这里用到的账户地址是在前面查询用户名和密

287

码正确时获取的，之所以将账户地址放入 session，是为了方便后面其他功能的使用。

```
//4. session 处理
    sess, _ := session.Get(c.Request(), "session")
    // session 选项，指定保存路径和协议
    sess.Options = &sessions.Options{
        Path:      "/",
        HttpOnly: true,
    }
    // session 内存储的数据
    sess.Values["address"] = user.Address
    // 存储数据
    sess.Save(c.Request(), c.Response())
```

因为前端也需要确认用户是否登录，所以需要我们实现一个 session 请求服务。

```
// GET /session
func Session(c echo.Context) error {
    var resp utils.Resp
    resp.Errno = utils.RECODE_OK
    defer ResponseData(c, &resp)
    // 处理 session
    sess, err := session.Get(c.Request(), "session")
    if err != nil {
        fmt.Println("failed to get session")
        resp.Errno = utils.RECODE_LOGINERR
        return err
    }
    // 取出 session 内的地址信息
    address := sess.Values["address"]
    // 地址不为空代表用户确实已经登录
    if address == "" {
        fmt.Println("failed to get session, user is nil")
        resp.Errno = utils.RECODE_LOGINERR
        return err
    }
    return nil
}
```

同样不要忘记了在 main 函数内增加路由规则，对应 GET 方法。

```
Pecho.GET("/session", routes.Session)     // 获取会话
```

将代码编译后启动服务，我们可以尝试在浏览器端登录，如图 7-12 所示。

在网页上检查元素，就可以看到浏览器保存的 session 数据了，如图 7-13 所示。

图 7-12　登录页面示意图

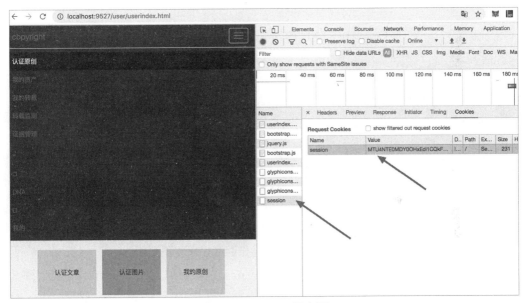

图 7-13　session 示意图

7.2.4　图片上传处理

图片上传是版权交易系统里非常重要的功能，上传图片本身没什么，关键是在其背后的操作。我们为图片分配了一个唯一的 PXA 资产。还是先梳理一下流程，如图 7-14 所示。

图 7-14　图片上传流程图

要完成这些事情还有很多工作要做，先分步骤实施准备工作。

步骤 01：数据库结构初始化。为了简化后续的数据库操作，我们在图片信息表里保存用户的地址，虽然这不符合 SQL 范式，但用起来确实很方便。

```sql
-- 图片信息表
create table t_content
(
    content_id              int not null primary key auto_increment,
    title                   varchar(100),
    content                 varchar(256),
    content_hash            varchar(100),
    address                 varchar(100),
    token_id                bigint,
    ts                      timestamp
);
```

有了数据库模型后，我们也可以定义结构体了。

```go
type Content struct {
    Title       string `json:"title"`          // 原图片名称
    ContentPath string `json:"content"`        // 图片保存路径
    ContentHash string `json:"content_hash"`   // 图片 hash
    Address     string `json:"address"`        // 图片上传用户地址
    TokenID     string `json:"token_id"`       // 图片 tokenid
}
```

在数据结构 Content 中，通过字段 ContentPath 记录图片存放路径，意味着需要为图片找到一个存放路径，如果是一个真实的生产环境，或许需要一个分布式文件系统来做这件事情，在本例中将它存放在 "static/contents" 即可，这样后面的服务操作起来也更方便。

在结构体定义之后，顺便实现一个 AddContent 方法，它的作用是将 Content 数据保存到数据库。

```go
func (c *Content) AddContent() error {
    _, err := DBConn.Exec("insert into t_content(title,content,content_
hash,address,token_id) values(?,?,?,?,?)",
        c.Title, c.ContentPath, c.ContentHash, c.Address, c.TokenID)
    if err != nil {
        fmt.Println("failed to insert t_content ", err)
        return err
    }
    return err
}
```

为了展示需要，还需要提供查询用户所有图片的方法，返回一个 Content 切片。

```go
func QueryContents(address string) ([]Content, error) {
    s := []Content{}
```

```
    // 1. 查询
    rows, err := DBConn.Query("select title,content,content_hash,token_
id from t_content where address =?", address)
    if err != nil {
        fmt.Println("failed to Query t_content ", err)
        return s, err
    }
    // 2. 处理结果集
    var c Content
    for rows.Next() {
        err = rows.Scan(&c.Title, &c.ContentPath, &c.ContentHash,
&c.TokenID)
        if err != nil {
            fmt.Println("failed to scan select t_content ", err)
            return s, err
        }
        s = append(s, c)
    }
    return s, nil
}
```

步骤 02：实现 tokenid 生成方法。

在介绍 ERC-721 标准时，我们提到过可以用 hash 作为一个 tokenid，但这样的 ID 对于我们来说还不够直观。因此在内部实现一个更简单直接的 tokenid，它的总长为 20，前 16 位是 YYYYM-MDDHHMMSS，也就是年月日时分秒，后 4 位是一个自增序号，当达到 10000 时从 0 继续开始，这样的 tokenid 协议 1 秒内最多支持 10000 个 tokenid。下面是一个模拟代码，利用到的核心思想正是在第 2 章介绍过的函数闭包。

```
// token 生成器结构
type TokenReader struct {
    f func() int64
}
// 全局结构
var tr *TokenReader
// init 自动初始化
func init() {
    tr = NewTokenReader(NextID())
}
// 构造 token 生成器
func NewTokenReader(f func() int64) *TokenReader {
    return &TokenReader{f}
}
// 闭包函数
```

```go
func NextID() func() int64 {
    var index int64 = 0
    return func() int64 {
        index++
        if index >= 10000 {
            index = 0
        }
        return index
    }
}
```

可以将其放在 utils.go 文件中，并实现一个 NewTokenID 函数对上述代码进行封装。

```go
func NewTokenID() int64 {
    value1 := big.NewInt(tr.f())
    value2 := big.NewInt(0)
    value2, _ = value2.SetString(time.Now().Format("20060102150405"), 10)
    return value2.Int64()*10000 + value1.Int64()
}
```

步骤 03：改造 wallet 加载方法。

在第 6 章 Go 语言离线钱包开发时实现了一个 LoadWallet 方法，在这里对它稍稍改造，密码获取方式由原来的命令行输入改为参数传入。改造是为了能够项目里更方便地对交易进行签名。

```go
func LoadWalletByPass(filename, datadir, pass string) (*HDWallet, error) {
    hdks := hdkeystore.NewHDkeyStoreNoKey(datadir)
    //filename 也是账户地址
    fromaddr := common.HexToAddress(filename)
    _, err := hdks.GetKey(fromaddr, hdks.JoinPath(filename), pass)
    if err != nil {
        log.Panic("Failed to GetKey ", err)
    }
    return &HDWallet{fromaddr, hdks}, nil
}
```

步骤 04：合约调用准备。单独创建一个 eth.go 文件来处理合约调用相关的操作，在本步骤需要调用 PXA 合约。因此先导入需要用的包。

```go
package eths
import (
    "fmt"
    "math/big"

    "github.com/ethereum/go-ethereum/common"
    "github.com/ethereum/go-ethereum/ethclient"
```

```
        "github.com/yekai1003/blockchainwithme/walletdevlop/wallet"
)
```

合约调用的两个关键因素是 ABI 和合约地址，先将 PXA 和 PXC 合约 ABI 文件翻译为 Go 代码，具体命令如下：

```
abigen -abi pxa721.abi -type pxa721 -pkg eths -out pxa721.go
abigen -abi pxc20.abi -type pxc20 -pkg eths -out pxc20.go
```

别忘了将 pxa721.go 和 pxc20.go 文件拷贝到项目的 eths 目录下。ABI 搞定了，还需要合约地址，分别部署 PXA 和 PXC 合约到 Geth 节点，获得合约地址后，将它们定义为全局变量。

```
//PXA 全局合约地址
var PXA_ADDR = "0x9Ec158d29387B16BbFd6903101a25EAdF2b023F1"
//PXC 全局合约地址
var PXC_ADDR = "0x89cB2C31a894e310B664A818F67eEec82e3dCB70"
```

由于每次合约调用都要涉及节点连接及合约实例的生成，完全可以在 init 函数将它们统一初始化。

```
//Geth 客户端全局连接句柄
var ethcli *ethclient.Client
// PXA 合约全局实例
var instancePXA *Pxa721
// PXC 合约全局实例
var instancePXC *Pxc20
func init() {
    cli, err := ethclient.Dial("http://localhost:8545")
    if err != nil {
        log.Panic("Failed to ethclient.Dial ", err)
    }
    ethcli = ethcli
    // PXA 合约全局实例
    instance, err := NewPxa721(common.HexToAddress(PXA_ADDR), cli)
    if err != nil {
        log.Panic("Failed to NewPxa721", err)
    }
    instancePXA = instance
    // PXC 合约全局实例
    ins, err := NewPxc20(common.HexToAddress(PXC_ADDR), cli)
    if err != nil {
        log.Panic("Failed to NewPxa721", err)
    }
    instancePXC = ins
}
```

步骤 05：封装 PXA 合约调用函数 UploadPic。上传图片时，实际上要为用户分配一个新的 tokenid，需要调用合约内的 UploadMint 函数，这对我们来说很简单，由于前面已经做好了连接和实例创建工作，在这里直接签名后调用就可以了。

```go
// 上传图片调用
func UploadPic(from, pass, to string, tokenid *big.Int) error {
    //3. 设置签名 -- 需要 owner 的 keystore 文件
    w, err := wallet.LoadWalletByPass(from, "./data", pass)
    if err != nil {
        fmt.Println("failed to LoadWalletByPass", err)
        return err
    }
    auth := w.HdKeyStore.NewTransactOpts()
    //4. 调用
    _, err = instance.UploadMint(auth, common.HexToAddress(to), tokenid)
    if err != nil {
        fmt.Println("failed to UploadMint  ", err)
        return err
    }
    return nil
}
```

步骤 06：路由服务编写。实际上，在本小节开头部分提到的流程恰恰是路由服务的处理流程，这一步不过是把前面的准备工作进行整合。先在 main 函数内增加 "/content" 的路由规则，它对应一个 POST 方法，服务函数为 routes.Upload。

```go
Pecho.POST("/content", routes.Upload)              // 上载图片
```

接下来就是实现这个 Upload 函数。图片上传时，前端借助二进制流的形式将内容传递给后端服务，需要提前商议好 FormFile 名称，本例中使用了 fileName，所谓的图片上传其实也就是文件传输。在 Upload 函数内，第一件事情仍然是处理响应消息的结构问题。

```go
//1. 响应数据结构初始化
var resp utils.Resp
resp.Errno = utils.RECODE_OK
defer ResponseData(c, &resp)
```

第二件事情仍然是解析请求数据，这一次要读 FormFile 数据。

```go
// 2.1 解析数据
content := &dbs.Content{}

h, err := c.FormFile("fileName")
if err != nil {
    fmt.Println("failed to FormFile ", err)
    resp.Errno = utils.RECODE_PARAMERR
```

```
    return err
}
src, err := h.Open()
defer src.Close()
```

在解析了数据之后，需要准备 Content 结构体的数据，这时需要获得一个新的 tokenid。

```
// 2.2 获得 tokenid
tokenid := utils.NewTokenID()
content.TokenID = fmt.Sprintf("%d", tokenid)
filename := fmt.Sprintf("static/contents/%d.jpg", content.TokenID)
content.Content = fmt.Sprintf("/contents/%d.jpg", content.TokenID)
// 从流中读取数据写到目标文件里，也就是文件上传完成
dst, err := os.Create(filename)
if err != nil {
    fmt.Println("failed to create file ", err, content.Content)
    resp.Errno = utils.RECODE_SYSERR
    return err
}
defer dst.Close()
```

准备工作做好之后，就可以把读到的数据写入服务器的文件中，同时利用文件内容计算一下 hash 值。

```
// 2.3 计算 hash
cData := make([]byte, h.Size)
n, err := src.Read(cData)
if err != nil || h.Size != int64(n) {
    resp.Errno = utils.RECODE_SYSERR
    return err
}
hash := eths.KeccakHash(cData)
content.ContentHash = fmt.Sprintf("%x", hash)
// 写入文件
dst.Write(cData)
content.Title = h.Filename
```

在将数据保存到数据库之前，需要将图片信息与账户地址进行绑定，账户地址已经保存到了 session 中，因此并未要求用户通过接口传递。为了方便操作，在用户登录时我们也将其密码保存在 session 中，这其实不太安全，每次交易时用户应该再次输入密码确认。

```
//3. 从 session 获取账户地址
sess, _ := session.Get(c.Request(), "session")
content.Address, _ = sess.Values["address"].(string)
// 从 session 获取密码，登录时需要像 address 一样保留 password
pass, ok := sess.Values["password"].(string)
```

```
    if !ok || content.Address == "" || pass == "" {
        resp.Errno = utils.RECODE_LOGINERR
        return errors.New("no session")
    }
```

后面的两个操作就是数据库和以太坊操作了，直接调用相关方法即可。

```
//4. 操作mysql- 新增数据
    err = content.AddContent()
    if err != nil {
        resp.Errno = utils.RECODE_DBERR
        return err
    }
    //5. 操作以太坊
    err = eths.UploadPic(content.Address, pass, content.Address, big.
NewInt(tokenid))
    if err != nil {
        resp.Errno = utils.RECODE_ETHERR
        return err
    }
    return nil
```

启动服务后，我们可以在浏览器测试图片上传功能，如图 7-15 所示。

图 7-15　图片上传操作示意图

上传成功后，前端会立即请求用户已经上传的图片信息，我们需要再封装一个服务。

在 main 函数内增加路由规则，一个请求 "/content" 的 GET 方法。

```
Pecho.GET("/content", routes.GetContents) // 查看用户图片
```

由于给用户返回的数据可能较多，因此需要分页显示，在 Resp 返回数据的 Data 域，再放置一个子 json 数据，代码如下：

```
// 查看用户所有图片
func GetContents(c echo.Context) error {
    // 1. 响应消息提前初始化
    var resp utils.Resp
    resp.Errno = utils.RECODE_OK
    defer ResponseData(c, &resp)
    // 2. 从 session 获得用户地址
    sess, _ := session.Get(c.Request(), "session")
    address, ok := sess.Values["address"].(string)
    if address == "" || !ok {
        resp.Errno = utils.RECODE_LOGINERR
        return err
    }
    // 3. 查询数据库
    contents, err := dbs.QueryContents(address)
    if err != nil {
        resp.Errno = utils.RECODE_DBERR
        return err
    }
    // 4. 组织响应数据内容
    mapResp := make(map[string]interface{})
    mapResp["total_page"] = int(len(contents))/5 + 1 // 总页数
    mapResp["current_page"] = 1   // 当前页
    mapResp["contents"] = contents // 用户图片信息切片
    resp.Data = mapResp
    return nil
}
```

代码改造完，再次启动服务，登录后，在我的资产内就可以看到已经上传的图片了，如图 7-16 所示。

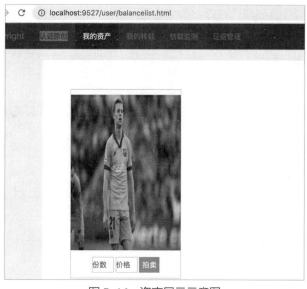

图 7-16　资产展示示意图

7.2.5 拍卖功能实现

根据前面的设计分析，拍卖是版权交易系统设计的亮点之一。读者应该也感觉到了，不管任何功能，对于 HTTP 服务器来说就是一个个接口。要想确定拍卖功能的接口，我们先梳理一下正常拍卖的过程，其基本流程如下：

（1）资产拥有者发起拍卖。

（2）用户竞拍。

（3）平台方结束竞拍，进行交割。

分析一下后端要提供的接口，首先必须要提供一个发起拍卖的接口，其他用户想要参与，还要有一个查询当前竞拍的接口，用户看到感兴趣的竞拍时可以发起竞拍，这也是一个接口，对于平台方来说还需要一个结束竞拍的接口。为了简化操作，我们不去实现平台方结束竞拍的接口，而是假设用户竞拍时就是最高价结束竞拍。因此，要实现以下 3 个接口：

（1）发起拍卖。

（2）拍卖查询。

（3）用户竞拍。

按照习惯，第一件事情还是梳理一下流程，确保这个业务可以跑通。由于拍卖时的 seller（资产出让用户）与竞拍用户（buyer）并非直接交易，因此 seller 在拍卖时需要将 PXA 资产的转移权利授权给平台方，buyer 在拍卖时，把 PXC 转移给 seller，同时平台方将 PXA 资产转移给 buyer。经过分析，可以得到发起拍卖及用户竞拍的操作流程，如图 7-17 所示。

发起拍卖流程：

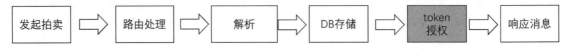

用户竞拍流程：

图 7-17　拍卖流程图

先来分析一下发起拍卖功能，seller 发起拍卖时，应明确要拍卖的 token 资产，拍卖份额及单价。这样一分析，接口也就确定了。接下来，按照步骤来实现这个发起拍卖功能。

步骤 01：数据库与结构体初始化。

发起拍卖要包含资产 ID、百分比、价格，此外拍卖也要涉及状态变化。因此数据库表 t_auction 做如下设计：

```
create table t_auction
(
    token_id            bigint,
```

```
    weight              int,
    price               int,
    status              int,
    ts                  timestamp
);
```

按理说一般结构体与表结构会对应，不过笔者为了后面接口实现起来方便，在 Auction 结构体内增加了一些元素，如将图片路径及归属账户地址一并放在了 Auction 结构体中。

```
type Auction struct {
    ContentPath string `json:"content"`    // 图片路径
    Address     string `json:"address"`    // 图片归属账户
    TokenID     string `json:"token_id"`   // 图片 tokenid
    Weight      int    `json:"weight"`     // 拍卖百分比
    Price       int    `json:"price"`      // 百分比单价
}
```

Auction 结构体确定后，再为其实现一个 Add 方法。

```
func (a Auction) Add() error {
    _, err := DBConn.Exec("insert into t_auction(token_
id,weight,price) values(?,?,?)",
        a.TokenID, a.Weight, a.Price)
    if err != nil {
        fmt.Println("failed to insert t_auction ", err)
        return err
    }
    return err
}
```

步骤 02：封装一个授权函数。发起拍卖的核心操作就是将 PXA 资产授权给平台方，以便后面平台方的交割。具体代码对于我们来说应该是非常熟悉了。代码注释部分写的是 3 和 4，是为了提醒读者，合约调用步骤是 4 步。

```
// 定义平台方地址
const adminAddr = "0x3f8712acd6ed891ec329fd5ae0a93dd713237e5d"
// 授权
func SetApprove(from, pass string, tokenid *big.Int) error {
    //3. 设置签名 -- 需要 owner 的 keystore 文件
    w, err := wallet.LoadWalletByPass(from, "./data", pass)
    if err != nil {
        fmt.Println("failed to LoadWalletByPass", err)
        return err
    }
    auth := w.HdKeyStore.NewTransactOpts()
```

```
//4. 调用授权函数，赋权给平台方
    _, err = instancePXA.Approve(auth, common.HexToAddress(adminAddr),
tokenid)
    if err != nil {
        fmt.Println("failed to Approve  ", err)
        return err
    }
    return nil
}
```

步骤 03：实现拍卖的路由服务。首先，在 main 函数内增加路由规则，一个请求 "/auction" 的 POST 方法。

```
// 拍卖相关
    Pecho.POST("/auction", routes.Auction)                    // 发起拍卖
```

接下来，再来实现这个 Auction 函数，它的基本流程包括组织响应消息结构、解析请求消息、获取 session、DB 存储及合约调用。

先把组织响应消息结构和解析请求消息做了，步骤都是固定的。

```
//1. 响应数据结构初始化
    var resp utils.Resp
    resp.Errno = utils.RECODE_OK
    defer ResponseData(c, &resp)
//2. 解析数据
    auction := &dbs.Auction{}
    if err := c.Bind(auction); err != nil {
        resp.Errno = utils.RECODE_PARAMERR
        return err
    }
```

接下来，在 session 中获取用户地址和密码。

```
//3. session 获取
    sess, err := session.Get(c.Request(), "session")
    if err != nil {
        fmt.Println("failed to get session")
        resp.Errno = utils.RECODE_LOGINERR
        return err
    }
    addr, ok := sess.Values["address"].(string)
    pass, ok := sess.Values["password"].(string)
    auction.Address = addr
    if addr == "" || !ok {
        fmt.Println("failed to get session,address is nil")
```

```
        resp.Errno = utils.RECODE_LOGINERR
        return err
    }
```

最后是存储层面的操作，将拍卖数据保存到 DB，然后调用合约的授权函数。

```
//4. 操作 mysql- 新增
    err = auction.Add()
    if err != nil {
        resp.Errno = utils.RECODE_DBERR
        return err
    }
    //5. 操作 eth
    // 转换 string 类型为 int64，因为 JavaScript 无法支持太大整型数
    strconv.ParseInt(auction.TokenID, 10, 64)
    value := big.NewInt(0)
    value, _ = value.SetString(auction.TokenID, 10)
    err = eths.SetApprove(auction.Address, pass, value)
    if err != nil {
        resp.Errno = utils.RECODE_ETHERR
        return err
    }
    return nil
```

将服务运行，用户上传图片后可以选择拍卖自己的资产，需要填入具体份额和单价。效果如图7-18 所示。

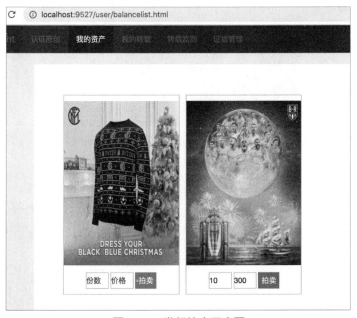

图 7-18　发起拍卖示意图

图 7-19　授权查看示意图

单击【拍卖】按钮后，用户需要在数据库内检查 t_auction 表数据是否正确，同时也要检查 PXA 授权（在 remix 检查）是否正常，如图 7-19 所示。

至此，发起拍卖功能已经顺利完成，我们需要马上再实现拍卖查询接口。拍卖查询不会涉及区块链操作，它主要是将正在拍卖的数据过滤出来。因为拍卖时要展示图片、拍卖的份额和单价，所以这三样信息必不可少。另外用户竞拍时需要 tokenid 和卖方地址，因此也需要把卖方地址和 tokenid 放到接口中。说到这里或许大家就明白了，发起拍卖环节 Auction 结构比 t_auction 字段多的原因，很显然，在拍卖查询的接口里，返回的数据应是一个 Auction 切片。虽然很简单，我们仍然按照步骤来实现它。

步骤 01：实现拍卖查询的 DB 操作。

这一步主要解决 Auction 数据构成问题，它的数据来源有 t_content 和 t_auction，数据过滤的条件有两个，第一是非本人发起的拍卖，第二是这个拍卖还在进行中（status 为 null）。

```go
func QueryAuctions(address string) ([]Auction, error) {
    s := []Auction{}
    // 1.查询
    rows, err := DBConn.Query("select a.content,a.address,b.price,b.percent,a.token_id from t_content a,t_auction b where a.token_id=b.token_id and a.address <> ? and status is null", address)
    if err != nil {
        fmt.Println("failed to Query t_auction ", err)
        return s, err
    }
    var a Auction
    // 2.处理结果集
    //a.content,a.address,b.price,b.percent,a.token_id
    for rows.Next() {
        err = rows.Scan(&a.ContentPath, &a.Address, &a.Price, &a.Weight, &a.TokenID)
        if err != nil {
            fmt.Println("failed to scan select t_aution & t_content ", err)
            return s, err
        }
        s = append(s, a)
    }
    return s, nil
}
```

步骤 02：路由功能实现。首先，还是在 main 函数内增加路由规则，一个请求 "/auctions" 的 GET 方法。

```go
Pecho.GET("/auctions", routes.GetAuctions)        // 查看拍卖
```

然后，就是把 GetAuctions 函数实现一下，其实也就是把之前写过的代码进行组装。

```go
// 查看拍卖
func GetAuctions(c echo.Context) error {
    //1. 响应数据结构初始化
    var resp utils.Resp
    resp.Errno = utils.RECODE_OK
    defer ResponseData(c, &resp)
    //2. 处理 session
    sess, _ := session.Get(c.Request(), "session")
    address, ok := sess.Values["address"].(string)
    if address == "" || !ok {
        fmt.Println("failed to get session,address is nil")
        resp.Errno = utils.RECODE_LOGINERR
        return err
    }
    //3. 查询数据库
    auctions, err := dbs.QueryAuctions(address)
    if err != nil {
        resp.Errno = utils.RECODE_DBERR
        return err
    }
    resp.Data = auctions
    return nil
}
```

启动服务，再注册一个用户，登录后，就可以查看到当前正在进行的拍卖了，如图 7-20 所示。

图 7-20　用户竞拍示意图

发起拍卖接口和查询拍卖接口都已经顺利完成，接下来还剩下用户竞拍功能。具体流程在本小节开始部分已经介绍过了，所以在这里直接按步骤进行设计。

步骤 01：数据库和数据结构初始化。

想要把拍卖的历史记录下来，最好还是定义一个表。考虑到数据结构肯定要涉及接口内容，用户竞拍时至少要记录 token_id、份额、单价及买家地址。因此，表结构设计如下：

```
create table t_auction_his
(
    his_id              int not null primary key auto_increment,
    token_id            bigint,
    weight              int,
    price               int,
    buyer               varchar(100),
    ts                  timestamp
);
```

表结构确定后，再定义一个 AuctionHis 结构体。

```
type AuctionHis struct {
    Buyer    string `json:"buyer"`      // 拍卖者
    Address  string `json:"address"`    // 图片归属账户
    TokenID  string `json:"token_id"`   // 图片 tokenid
    Weight   int64  `json:"weight"`     // 拍卖百分比
    Price    int64  `json:"price"`      // 百分比单价
}
```

再为 AuctionHis 实现一个 Add 方法，将数据存放到 t_auction_his 中。

```
func (ah AuctionHis) Add() error {
    _, err := DBConn.Exec("insert into t_auction_his(buyer,token_id,weight,price) values(?,?,?,?)",
        ah.Buyer, ah.TokenID, ah.Weight, ah.Price)
    if err != nil {
        fmt.Println("failed to insert t_auction_his ", err)
        return err
    }
    return err
}
```

步骤 02：区块链资产交割功能封装。资产交割涉及两部分，第一部分是拍卖者将 PXC 转账给 PXA 出让者。

```
// 转移 erc20
func TransferPXC(from, pass, to string, value *big.Int) error {
    //3. 设置签名 -- 需要 owner 的 keystore 文件
```

```
    w, err := wallet.LoadWalletByPass(from, "./data", pass)
    if err != nil {
        fmt.Println("failed to LoadWalletByPass", err)
        return err
    }
    auth := w.HdKeyStore.NewTransactOpts()
    //4. 调用
    _, err = instancePXC.Transfer(auth, common.HexToAddress(to), value)
    if err != nil {
        fmt.Println("failed to Transfer  ", err)
        return err
    }
    return nil
}
```

第二部分是平台方将 PXA 资产份额转移给拍卖者，这里直接借助平台方 keystore 来签名调用 PartTransferFrom。

```
// 平台方 keystore 信息
const adminkey = `{"address":"3f8712acd6ed891ec329fd5ae0a93dd71323
7e5d","crypto":{"cipher":"aes-128-ctr","ciphertext":"623b85925792e49a
c809f474c96a6dc46080d865e5fe1fa89df6c3410fbbfda1","cipherparams":{"iv
":"4f0521483a5577b1573f0f63d88b0ede"},"kdf":"scrypt","kdfparams":{"dk
len":32,"n":4096,"p":6,"r":8,"salt":"c8ac5e6ee11526b43c2b66a44d0c0bd0
06fdaff23d22bd64e968406f61e38244"},"mac":"5fd86fc981d37bda5fdab0374db7
916244b3dbb3eb71e92b9b6e509e21f9f009"},"id":"2785cb09-649d-4deb-88d2-
de152eb78bd5","version":3}`

// 转移 erc721
func PartTransferPXA(from, to string, tokenid, weight, price *big.Int)
error {
    //3. 设置签名 -- 需要 owner 的 keystore 文件
    keyin := strings.NewReader(adminkey)
    auth, err := bind.NewTransactor(keyin, "123")
    //4. 调用
    _, err = instancePXA.PartTransferFrom(auth, common.HexToAddress(from),
common.HexToAddress(to), tokenid, weight, price)
    if err != nil {
        fmt.Println("failed to TransferPXA  ", err)
        return err
    }
    return nil
}
```

步骤 03：用户竞拍路由功能实现。先在 main 函数内增加路由规则，一个请求 "/auction/bid" 的 POST 方法。

```
Pecho.POST("/auction/bid", routes.BidAuction) //用户竞拍
```

用户竞拍服务的操作环节会比其他功能多一些，它包含组织响应消息结构、请求消息解析、获取 session 信息、数据库操作（保存拍卖历史）、资产交割、数据库操作（修改拍卖状态）。确定了基本流程后，剩下的可能就是【Ctrl+C】（复制）和【Ctrl+V】（粘贴）了。

先来搞定组织响应消息结构和参数解析的事情。

```
//1. 组织响应数据
    var resp utils.Resp
    resp.Errno = utils.RECODE_OK
    defer ResponseData(c, &resp)
//2. 获取参数
    ah := &dbs.AuctionHis{}
    if err := c.Bind(ah); err != nil {
        resp.Errno = utils.RECODE_PARAMERR
        return err
    }
```

接着从 session 中获取用户地址和密码。

```
//3. session 获取地址和密码
    sess, err := session.Get(c.Request(), "session")
    if err != nil {
        fmt.Println("failed to get session")
        resp.Errno = utils.RECODE_LOGINERR
        return err
    }
    address, ok := sess.Values["address"].(string)
    pass, ok := sess.Values["password"].(string)
    if address == "" || !ok {
        fmt.Println("failed to get session,address is nil")
        resp.Errno = utils.RECODE_LOGINERR
        return err
    }
    ah.Buyer = address
```

AuctionHis 数据组织好之后，就可以调用 Add 方法，把它们保存到数据库中。

```
//4. 数据库操作
    err = ah.Add()
    if err != nil {
        resp.Errno = utils.RECODE_DBERR
```

```
    return err
  }
```

接下来，就需要完成资产交割了。

```
//5. eth 交割
    err = eths.TransferPXC(address, pass, ah.Address, big.NewInt(ah.
Weight*ah.Price))
    if err != nil {
      resp.Errno = utils.RECODE_ETHERR
      return err
    }
    //PXA 资产转移
    value := big.NewInt(0)
    value, _ = value.SetString(ah.TokenID, 10)
    err = eths.PartTransferPXA(ah.Address, address, value, big.NewInt(ah.
Weight), big.NewInt(ah.Price))
    if err != nil {
      resp.Errno = utils.RECODE_ETHERR
      return err
    }
```

资产交割完，还有一步，需要将拍卖过程结束，在 db.go 内增加一个 SetAuction 方法。

```
func (a Auction) SetAuction() error {
    _, err := DBConn.Exec("update t_auction set status = 1 where token_
id = ?", a.TokenID)
    if err != nil {
      fmt.Println("failed to update t_auction ", err)
      return err
    }
    return err
  }
```

接下来，回到 BidAuction 调用一下它就可以了。

```
//6. 数据库状态变更
    auction := dbs.Auction{
      TokenID: ah.TokenID,
    }
    err = auction.SetAuction()
    if err != nil {
      resp.Errno = utils.RECODE_DBERR
      return err
    }
```

编译后运行服务，就可以测试竞拍功能。在这里提醒一下读者，竞拍测试时，竞拍用户需要持有足额的 PXC，在我们实现的接口内并不包含此部分。正常的业务操作应该是用户充值后获得 PXC，测试时可以通过 remix 调用 mint 发给用户。验证竞拍效果，同样可以通过 remix 查询账户 PXC 余额和 PXA 资产持有情况来验证。

7.2.6 投票功能实现

设计投票功能是为了选出优秀的图片，但是，如果让用户非常自由地投票，可能又会导致恶意投票，这就背离了原来的目标。因此，我们在设计投票时，可以考虑让用户付出真金白银，如消耗固定数量的 PXC 才能进行投票。另外，如果用户光是消耗，没有奖励，用户的参与度又会降低。因此在优秀作品选出时，应该对那些作出贡献的用户进行奖励。如何奖励，可以参考某些游戏的设计，如开设日榜、周榜、月榜等，至于奖励的具体数量和玩法，需要请经济学专家来设计了，在这里笔者就不班门弄斧了。投票的流程如下：

（1）平台方公布参与投票的图片。

（2）用户投票。

（3）结束后，投票奖励。

平台方公布参与投票的图片环节涉及平台后台管理，在这里不实现它，主要实现用户投票功能。用户发起投票时，只要提交对应的 token_id 及一些评语就可以了，这样就确定了投票接口。下面分步骤来实现用户投票的功能。

步骤 01：数据库结构初始化。投票时，为了记录用户投票情况，也需要把用户地址记录下来。

```
create table t_vote
(
    vote_id              int primary key auto_increment,
    address              varchar(100),
    token_id             int,
    vote_time            timestamp,
    comment              varchar(100)
);
```

对照着数据库表结构，再定义一个 VoteInfo 结构。

```
type VoteInfo struct {
    Address string `json:"address"`  // 图片归属账户
    TokenID string `json:"token_id"` // 图片 tokenid
    Comment string `json:"comment"`   // 评语
}
```

再为 VoteInfo 实现一个 Add 方法。

```
func (v VoteInfo) Add() error {
```

```
    _, err := DBConn.Exec("insert into t_vote(address,token_id,comment)
values(?,?,?)",
        v.Address, v.TokenID, v.Comment)
    if err != nil {
        fmt.Println("failed to insert t_vote ", err)
        return err
    }
    return err
}
```

步骤 02：封装 PXC 质押功能。

为了防止用户恶意投票，前文提到过，在设计投票时，让用户付出一定的代价，也就是质押一定数量的 PXC 给平台方，如果用户投票最后落选奖励榜，将会失去这部分 PXC。因此，我们需要一个将 PXC 转移给平台方的函数，每次投票消耗 10 个 PXC。

```
// 投票消耗 erc20
func VotePXC(from, pass string) error {
    //3. 设置签名 -- 需要 owner 的 keystore 文件
    w, err := wallet.LoadWalletByPass(from, "./data", pass)
    if err != nil {
        fmt.Println("failed to LoadWalletByPass", err)
        return err
    }
    auth := w.HdKeyStore.NewTransactOpts()
    //4. 调用
    _, err = instancePXC.Transfer(auth, common.HexToAddress(adminAddr),
big.NewInt(10))
    if err != nil {
        fmt.Println("failed to Transfer  ", err)
        return err
    }
    return nil
}
```

步骤 03：用户投票路由功能实现。固定套路，先在 main 函数建立路由规则，一个请求"/vote"的 POST 方法。

```
// 投票
    Pecho.POST("/vote", routes.Vote) // 用户投票
```

接下来，实现 Vote 功能，整理一下思路，它需要包含组织响应消息、解析请求消息、读取 session、操作 DB 及 PXC 资产转移。思路明确，剩下的就都是体力活了。先搞定组织响应消息和解析请求消息的事情。

```
//1. 响应数据结构初始化
   var resp utils.Resp
   resp.Errno = utils.RECODE_OK
   defer ResponseData(c, &resp)

   //2. 解析数据
   vote := &dbs.VoteInfo{}
   if err := c.Bind(vote); err != nil {
       fmt.Println(vote)
       resp.Errno = utils.RECODE_PARAMERR
       return err
   }
```

由于要记录用户投票的地址，并且后面资产转移时也要用到密码，因此在读取 session 时，同时获取用户地址和密码。

```
//3. session 获取
   sess, err := session.Get(c.Request(), "session")
   if err != nil {
       fmt.Println("failed to get session")
       resp.Errno = utils.RECODE_LOGINERR
       return err
   }
   addr, ok := sess.Values["address"].(string)
   pass, ok := sess.Values["password"].(string)
   vote.Address = addr
   if addr == "" || !ok {
       fmt.Println("failed to get session,address is nil")
       resp.Errno = utils.RECODE_LOGINERR
       return err
   }
```

剩下的事情就是操作 DB 和 PXC 资产转移了。

```
//4. 操作 mysql- 新增
   err = vote.Add()
   if err != nil {
       resp.Errno = utils.RECODE_DBERR
       return err
   }
   //5. 操作 eth
   err = eths.VotePXC(vote.Address, pass)
   if err != nil {
       resp.Errno = utils.RECODE_ETHERR
```

```
        return err
    }
    return nil
```

编译并运行整个工程，就可以测试投票服务了。相信写到这里，读者也发现了后端服务开发的固定套路了，无外乎就是数据解析、消息响应、DB 操作、区块链资产转移等。投票奖励的功能，就作为一个开放性问题，留给读者去思考和实现吧。

 疑难解答

No.1：ERC-20 与 ERC-721 区别是什么？

答：两者都是用户在以太坊平台上的数字资产，具体区别体现在 ERC-20 是同质化的，同一个合约内的 ERC-20 代币没有区别，完全是相同的，多用在项目内部流通上；ERC-721 是非同质化的，即使是同一个合约内的 ERC-721 代币也代表不同的资产，多用在项目内定义唯一资产。

No.2：项目是如何解决版权痛点的？

答：版权最大的痛点就是维权难，很多用户很可能因为麻烦就放弃了维权操作。版权交易系统是从激励角度出发，通过用户出让部分所有权的操作让更多的用户持有同一资产的所有权，这样维权的利益就和更多人绑定了。

本章总结

本章主要介绍了版权交易系统的设计与实现。通过对本章的学习，读者可以了解区块链系统的设计思路，掌握 ERC-721 标准及实现、Go 语言 HTTP 服务器的开发、去中心化分布式应用（DApp）的实现步骤等，学习完成后，读者就可以尝试开发属于自己的 DApp 了。由于篇幅原因，本章只是实现了版权交易系统的核心功能，有些细节并未实现，并未将系统完整地呈现在读者面前。对于很多开发者来说，所谓的开发也不过是数据库的 CURD 操作，在区块链系统里不过是增加了智能合约及调用部分而已。当技术上没有难点之后，开发就变成体力活了！

参考文献

［1］郝林 .Go 并发编程实战［M］.2 版 . 北京：人民邮电出版社，2017.

［2］许式伟，吕桂华，等 .Go 语言编程［M］. 北京：人民邮电出版社，2012.

［3］Fabian Vogelsteller, Vitalik Buterin.EIP-20：ERC-20 Token Standard［EB/OL］.［2015-11-19］. https://eips.ethereum.org/EIPS/eip-20.

［4］William Entriken, Dieter Shirley, Jacob Evans, Nastassia Sachs.EIP 721：ERC-721 NonFungible Token Standard［EB/OL］.［2018-01-24］.https://eips.ethereum.org/EIPS/eip-721.

［5］Ivan Kuznetsov.Building Blockchain in Go. Part 2：Proof-of-Work［EB/OL］.［2017-08-22］https:// jeiwan.net/posts/building-blockchain-in-go-part-2/.

［6］Ivan Kuznetsov.Building Blockchain in Go. Part 4：Transactions 1［EB/OL］.［2017-09-04］.https:// jeiwan.net/posts/building-blockchain-in-go-part-4/.

［7］Ivan Kuznetsov.Building Blockchain in Go. Part 5：Addresses［EB/OL］.［2017-09-11］https://jei-wan.net/posts/building-blockchain-in-go-part-5/.